极致——中文版 3ds Max+VRay 产品设计案例深度解析

王丽莎　万　璞　许光扬　编著

清华大学出版社

北京

内 容 简 介

本书通过 10 个不同领域的实例，详细讲解了使用 3ds Max 进行产品设计的各种高级技术。具体内容包括产品设计的专业知识，3ds Max 和 VRay 的基本操作，香水瓶、茶具、榨汁机、箱包、长号、相机、气垫船、歼击机、摩托车、汽车的设计与渲染。通过学习本书，读者可掌握使用 3ds Max 进行快速精确的产品设计与渲染的方法和技巧。

本书提供了实例的场景文件，以及讲解实例制作全过程的语音视频教学文件。通过视频教学可使读者快速掌握产品设计的方法和技巧。

本书适合产品设计、动漫设计、室内设计、建筑设计的从业人员学习，也适合广大三维设计爱好者及大专院校相关专业的学生使用。

图书在版编目(CIP)数据

极致：中文版 3ds Max+VRay 产品设计案例深度解析 /王丽莎，万璞，许光扬编著. —北京：清华大学出版社，2020.10

　　ISBN 978-7-302-56555-0

　　Ⅰ．①极…　Ⅱ．①王…　②万…　③许…　Ⅲ.①室内装饰设计—计算机辅助设计—三维动画软件—案例　Ⅳ.①TU238.2-39

　　中国版本图书馆 CIP 数据核字(2020)第 191290 号

责任编辑：韩宜波
装帧设计：李　坤
责任校对：吴春华
责任印制：丛怀宇

出版发行：清华大学出版社
　　　　　网　　　址：http://www.tup.com.cn, http://www.wqbook.com
　　　　　地　　　址：北京清华大学学研大厦 A 座　　　邮　　编：100084
　　　　　社 总 机：010-62770175　　　　　　　　　邮　　购：010-62786544
　　　　　投稿与读者服务：010-62776969, c-service@tup.tsinghua.edu.cn
　　　　　质量反馈：010-62772015, zhiliang@tup.tsinghua.edu.cn
印 装 者：大厂回族自治县彩虹印刷有限公司
经　　销：全国新华书店
开　　本：190mm×260mm　　　印　张：20　　　字　　数：486 千字
版　　次：2020 年 12 月第 1 版　　　　　　印　　次：2020 年 12 月第 1 次印刷
定　　价：79.80 元

产品编号：075805-01

前言

3ds Max 在国内拥有庞大的用户群，是目前世界上应用较广泛的三维建模、动画、设计和渲染软件，完全可以满足制作高质量动画、游戏、设计效果等领域的需要，被广泛应用于影视、建筑、家具、工业产品造型设计等各个行业。

1. 本书内容

本书详细讲解了使用 3ds Max 和 VRay 进行产品设计的方法、流程和各种高级技术。具体包括产品设计的必备知识，建模的常用方法以及各种修改器的使用，并通过实战案例的设计过程，讲解 3ds Max 和 VRay 相结合进行产品设计的核心技术。

全书共分 12 章。第 1 章介绍了产品设计的相关专业知识，为后面学习、掌握必要的产品设计知识打下基础。第 2 章主要介绍了在产品设计中使用频率比较高的 3ds Max 和 VRay 的命令和工具的使用方法和操作技巧。第 3～12 章，通过 10 个不同领域的案例，详细讲解了使用 3ds Max 进行产品设计的各种高级技术。具体内容包括香水瓶、茶具、榨汁机、箱包、长号、相机、气垫船、歼击机、摩托车、汽车的设计与渲染。通过学习本书，读者可掌握使用 3ds Max 进行快速精确的产品设计与渲染的方法和技巧。

2. 本书特色

在安排本书内容的时候，充分考虑到读者的实际需求，将有限的篇幅放在讲解实用的核心技术上。在案例选择上，也尽量挑选实际的设计项目，让读者掌握实战技术。

本书由浅入深地通过 10 个实例，引领读者从产品的建模开始一直到渲染成图，将每一个步骤都完整地呈现给读者。书中尤其突出了模型塑造和线面布局以及渲染技巧等关键技术，并将各种设计中可能出现的问题也一并进行讲解，让读者少走弯路，提高工作效率。

(1) 实例丰富，技术实用，实战性强：本书的每一个实例均来自典型的产品设计项目，针对性强，专业水平高，因此可以真实地表现产品的特点。

(2) 讲解细致，一步一图，易学易懂：在介绍操作步骤时，每一个操作步骤后均附有对应的图示，使读者在学习的过程中能够直观、清晰地看到操作的过程及效果，以便于理解掌握。

(3) 视频讲解，学习高效，举一反三：全程语音视频教学不仅对书中的每个实例都给出详细的制作过程，同时还拓展了很多相关知识，可帮助读者快速掌握所学内容，并轻松应对工作中遇到的各种问题。

3. 读者对象

本书包含的技术点全面，表现技法讲解详细，非常适合产品设计、模型制作等专业的读

者以及中高级进阶读者学习。具体适用于：

(1) 产品设计人员；

(2) 在校学生；

(3) 从事三维设计的工作人员；

(4) 在职设计师；

(5) 培训人员。

本书由昭通学院的王丽莎、万璞、许光扬编著，其中王丽莎负责编写第 1～5 章，万璞负责编写第 6～9 章，许光扬负责编写第 10～12 章。其他参与编写的人员还有于香芝、王东华、田君、于秀青、韩成斌、尚士峰、武宝川、田羽等，在此一并表示感谢。

书中的错误和不足之处敬请广大读者批评指正。

编　者

本书提供了案例的场景、贴图以及教学视频，通过扫描下面的二维码，推送到自己的邮箱后下载获取。

| 第 3 章 | 第 4 章 | 第 5 章 | 第 6 章 | 第 7 章 |

| 第 8 章 | 第 9 章 | 第 10 章 | 第 11 章 |

目录

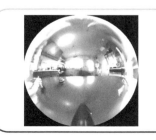

目录

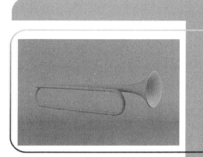

第1章

产品设计简介

产品设计，一个创造性的综合信息处理过程，通过多种元素如线条、符号、数字、色彩等方式的组合把产品的形状以平面或立体的形式展现出来。它是将人的某种目的或需要转换为一个具体的物理或工具的过程；是把一种计划、规划设想、问题解决的方法，通过具体的操作，以理想的形式表达出来的过程。

目前社会上开设有产品设计专业。产品设计专业是一门集人文艺术和计算机技术于一体的综合性学科，适应社会主义市场经济需要的德、智、体、美全面发展，具有良好的工业产品艺术造型设计修养和素质，掌握必备产品造型设计专业基础理论知识以及较强的实践应用能力的高素质技能型人才。

在我们的生活中，产品设计无处不在。例如，一把勺子，是什么材质，羹匙与长柄的比例，怎样的弧度更容易盛取食物；一组移动抽屉，如何合理地搁置文件、档案、文具及隐藏纠缠的电线；一件珠宝，从首饰表现方式，到雕蜡、加工、镶嵌、金工制作，都是产品设计需要考虑的问题。

好的产品设计，不仅能表现出产品功能上的优越性，而且便于制造，生产成本低，从而使产品的综合竞争力得以增强。所以说，产品设计是集艺术、文化、历史、工程、材料、经济等各学科的知识于一体的创造性活动，是技术与艺术的完美结合，反映着一个时代的经济、技术和文化水平。所以，一个好的产品设计师要学的东西很多。比如，设计素描、设计色彩、平面构成、立体构成、计算机辅助设计、思维与创意、设计概论、表现技法等。由于产品设计涉及社会生活的方方面面，各院校的课程设置根据培养方向和教学特点也有所不同：有的偏重于家居装饰，有的偏重于纺织，有的偏重于陶瓷，有的侧重于公共设施设计，有的侧重于工业产品的外观。

1.1 产品设计的原则

产品设计一般遵循的原则为亲密性、美观性、对比性和重复性。

1. 亲密性

所谓亲密性，就是把所有相关的东西放在一起。如果把多个具有相关性的东西放在一起，便可以得到更加全面实用的一件产品，甚至产生意想不到的效果。

2. 美观性

设计中的所有元素都不应该是随意放置的，它们的存在和位置都应该是有理由、有原因的。每个元素都应该与整体和单个元素之间具有某种联系，这样就能形成一种和谐、美观的视觉感受。

3. 对比性

对比的核心目的就是要形成主次关系，什么是优先传递的信息，什么是次要的辅助信息。

4. 重复性

重复是设计中一个非常重要的元素，能让整个设计看起来更具有一致性，从而形成统一的设计表现形式。

1.2 产品设计的意义

产品设计反映着一个时代的经济、技术和文化。

由于产品设计阶段要全面确定整个产品策略、外观、结构、功能，从而确定整个生产系统的布局。因而，产品设计的意义重大，具有"牵一发而动全身"的重要意义。如果一个产品的设计缺乏生产观念，那么生产时就将耗费大量费用来调整和更换设备、物料和劳动力。相反，好的产品设计，不仅表现在功能上的优越性，而且便于制造，生产成本低，从而使产品的综合竞争力得以增强。许多在市场竞争中占优势的企业都十分注意产品设计的细节，以便设计出造价低而又具有独特功能的产品。许多发达国家的公司都把设计看作热门的战略工具，认为好的设计是赢得顾客的关键。

1.3 产品设计要求

一项成功的设计，应满足多方面的要求。这些要求，有社会发展方面的，有产品功能、质量、效益方面的，也有使用要求或制造工艺要求。一些人认为，产品要实用，因此，设计产品首先是功能，其次才是形状；而另一些人认为，设计应是丰富多彩的、异想天开的和使人感到有趣的。设计人员要综合考虑这些方面的要求。下面详细讲述这些方面的具体要求。

1. 社会发展要求

设计和试制新产品，必须以满足社会需要为前提。这里的社会需要，不仅是当前的社会需要，而且要看到较长时期的发展需要。为了满足社会发展的需要，开发先进的产品，加速技术进步是关键。为此，必须加强对国内外技术发展的调查研究，尽可能吸收世界先进技术。有计划、有选择、有重点地引进世界先进技术和产品，有利于赢得时间，尽快填补技术空白，培养人才和取得经济效益。

2. 经济效益要求

设计和试制新产品的主要目的之一，是为了满足市场。

好的设计可以解决顾客所关心的各种问题，如产品功能如何、手感如何、是否容易装配、能否重复利用、产品质量如何等；同时，好的设计可以节约能源和原材料、提高劳动生产率、降低成本等。所以，在设计产品结构时，一方面要考虑产品的功能、质量；另一方面要考虑原料和制造成本的经济性；同时，还要考虑产品是否具有投入批量生产的可能性。

3. 使用要求

新产品要为社会所承认，并能取得经济效益，就必须从市场和用户需要出发，充分满足使用要求。这是对产品设计的起码要求。使用的要求主要包括以下几方面的内容。

(1) 使用的安全性。设计产品时，必须对使用过程的种种不安全因素采取有力措施，加以防止和防护。同时，设计还要考虑产品的人机工程性能，易于改善使用条件。

(2) 使用的可靠性。可靠性是指产品在规定的时间内和预定的使用条件下正常工作的概率。可靠性与安全性相关联。可靠性差的产品，会给用户带来不便，甚至造成使用危险，使企业信誉受到损失。

(3) 易于使用。对于民用产品(如家电等)，产品易于使用十分重要。

(4) 美观的外形和良好的包装。产品设计还要考虑和产品有关的美学问题，产品外形和使用环境、用户特点等的关系。在可能的条件下，应设计出用户喜爱的产品，提高产品的欣赏价值。

4. 制造工艺要求

生产工艺对产品设计的最基本要求就是产品结构应符合工艺原则。也就是在规定的产量规模条件下，能采用经济的加工方法，制造出合乎质量要求的产品。这就要求所设计的产品结构能够最大限度地降低产品制造的劳动量、减轻产品的重量、减少材料消耗、缩短生产周期和制造成本。

1.4　设　计　程　序

设计程序包括技术任务书、技术设计和工作图设计。

1. 技术任务书

技术任务书是产品在初步设计阶段内，由设计部门向上级对计划任务书提出体现产品合理设计方案的改进性和推荐性意见的文件。经上级批准后，作为产品技术设计的依据。其目的在于正确地确定产品最佳总体设计方案、主要技术性能参数、工作原理、系统和主体结构，并由设计员负责编写(其中，标准化综合要求会同标准化人员共同拟订)，其编号内容和程序作如下规定。

(1) 设计依据(根据具体情况可以包括一个或数个内容)。

① 部、省安排的重点任务：说明安排的内容及文件号。

② 国内外技术信息：在产品的性能和使用性方面赶超国内外先进水平或产品品种方面填补国内"空白"。

③ 市场经济信息：在产品的形态、形式(新颖性)等方面满足用户要求，适应市场需要，具有竞争能力。

④ 企业产品开发长远规划和年度技术组织措施计划，详述规划的有关内容，并说明现在进行设计时机上的必要性。

(2) 产品用途及使用范围。

(3) 对计划任务书提出有关修改和改进意见。

(4) 基本参数及主要技术性能指标。

(5) 总体布局及主要部件结构叙述：用简略画法勾出产品基本外形，轮廓尺寸及主要部件的布局位置，并叙述主要部件的结构。

(6) 产品工作原理及系统：用简略画法勾出产品的原理图、系统图，并加以说明。

(7) 国内外同类产品的水平分析比较：列出国内外同类型产品主要技术性能、规格、结构、特征一览表，并作详细的比较说明。

(8) 标准化综合要求。

① 应符合产品系列标准和其他现行技术标准情况，列出应贯彻标准的目标与范围，提出贯彻标准的技术组织措施。

② 新产品预期达到的标准化系数：列出推荐采用的标准件、通用件清单，提出一定范围内的标准件、通用件系数指标。

③ 对材料和元器件的标准化要求：列出推荐选用标准材料以及外购元器件清单，提出一定范围内的材料标准化系数和外购件系数标准。

④ 与国内外同类产品标准化水平对比，提出新产品标准化要求。

⑤ 预测标准化经济效果：分析采用标准件、通用件、外购件以及贯彻材料标准和选用标准材料后预测的经济效果。

(9) 关键技术解决办法及关键元器件，特殊材料资源分析。

(10) 对新产品设计方案进行分析比较，运用价值工程，着重研究确定产品的合理性能(包括消除剩余功能)及通过不同结构原理和系统的比较分析，从中选出最佳方案。

(11) 组织有关方面对新产品设计的方案进行评价，共同商定设计或改进的方案是否能满足用户的要求和社会发展的需要。

(12) 叙述产品既满足用户需要，又适应该企业发展要求的情况。

(13) 新产品设计试验，试用周期和经费估算。

2. 技术设计

技术设计的目的是在已批准的技术任务书的基础上完成产品的主要计算和主要零部件的

设计。

(1) 完成设计过程中必需的试验研究(新原理结构、材料元件工艺的功能或模具试验)，并写出试验研究大纲和研究试验报告。

(2) 作出产品设计计算书(如对运动、刚度、强度、振动、热变形、电路、液气路、能量转换、能源效率等方面的计算、核算)。

(3) 画出产品总体尺寸图、产品主要零部件图，并校准。

(4) 运用价值工程，对产品中造价高的、结构复杂的、体积笨重的、数量多的主要零部件的结构、材质精度等选择方案进行成本与功能关系的分析，并编制技术经济分析报告。

(5) 绘制出各种系统原理图(如传动、电气、液气路、联锁保护等系统)。

(6) 提供特殊元件、外购件、材料清单。

(7) 对技术任务书的某些内容进行审查和修正。

(8) 对产品进行可靠性、可维修性分析。

3. 工作图设计

工作图设计的目的，是在技术设计的基础上完成供试制(生产)及随机出厂用的全部工作图样和设计文件。设计者必须严格遵守有关标准规程和指导性文件的规定，设计绘制各项产品工作图。

(1) 绘制产品零件图、部件装配图和总装配图。

① 零件图：图样格式、视图、投影、比例、尺寸、公差、形位公差、表面粗糙度、表面处理、热处理要求及技术条件等应符合标准。

② 部件装配图：除保证图样规格外，包括装配、焊接、加工、检验的必要数据和技术要求。

③ 总装配图：给出反映产品结构概况，组成部分的总图，总装加工和检验的技术要求，给出总体尺寸。

(2) 产品零件、标准件明细表，外购件、外协件目录。

(3) 产品技术条件包括技术要求、试验方法、检验规则、包装标志与储运。

(4) 编制试制鉴定大纲。

试制鉴定大纲是样品及小批试制必备技术文件。

① 能考核和考验样品(或小批产品)技术性能的可靠性、安全性，规定各种测试性能的标准方法及产品试验的要求和方法。

② 能考核样品在规定的极限情况下使用的可行性和可靠性。

③ 能提供分析产品核心功能指标的基本数据。

④ 试制鉴定大纲还必须提出工艺、工装、设备、检测手段等与生产要求、质量保证、成本、安全、环保等相适应的要求。

(5) 编写文件目录和图样目录。

① 文件目录包括图样目录、明细表、通(借)用件、外购件、标准件汇总表、技术条件、使用说明书、合格证、装箱单、其他。

② 图样目录包括总装配图、原理图和系统图、部件装配图、零件图、包装物图及包装图、安装图(只用于成套设备)。

(6) 包装设计图样及文件(含内、外包装及美术装潢和贴布纸等)。

(7) 随机出厂图样及文件。

(8) 产品广告宣传备样及文件。

(9) 标准化审查报告是指产品工作图设计全部完成，工作图样和设计文件经标准化审查后，由标准化部门编写的文件，以便对新设计的产品在标准化、系列化、通用化方面作出总的评价，是产品鉴定的重要文件。标准化审查报告分样品试制标准化审查报告和小批试制标准化审查报告。

1.5 设计步骤

1. 项目前期沟通

前期沟通是项目立项的前提和资料输入来源，必须和客户就设计方向、设计内容、设计风格等进行深入探讨和沟通。俗话说：磨刀不误砍柴工，只有前期细致的工作才能保证日后项目的顺利运行。

2. 市场调查

市场调查是产品日后能与市场相融合的必不可少的一环，只有抱着从零开始的态度，认真分析市场上成功与失败的案例，才能取长补短，做出既有新的创意又迎合市场的设计。

3. 产品策划

产品策划是产品实现产业化的核心。无法实现产业化的设计是纯粹废品。

4. 概念设计

此阶段工作的核心是创意，设计公司将前一阶段调查所得的信息资料进行分析总结，提出具有创新性的解决方案。提出概念、创意和设想，进行工作者环境、效率以及使用界面方面的调查，从而进一步完善改进创意。

5. 外观设计

设计公司对其创意的可行性加以论证，并通过优化，协调该产品在外观、颜色、细节、特性以及功能等方面的复杂关系，从而使该创意更具可操作性；然后，完成外观模型以及概念设计原型的制作；最后，运用三维辅助软件完成具体的设计工作，制作出样品。

6. 结构设计

结构设计就是通过三维软件设计好产品的内部结构，并确定零件的材质、表面状态、结构强度以及模具优化等工作，并确定生产中所需的规格和技术，测算材料和制造成本，配合好相关供应商进行下一步的生产工作。

7. 电路设计

电子电路设计通常面对的是电路系统没有标准化的、比较简单的电气设计，这类产品一般用量不会特别大，如果能把电子电路设计做好做完善，那么对产品的实用性和产品价值方面就会有很大程度的提升。

8. 软件设计

软件设计主要指的是人机交互界面和产品控制软件，而通常不包括增值类的软件，如工具软件、游戏等。软件设计在产品中的价值只需要对照 Nokia 和 Apple 的产品就能明显感觉出来，Nokia 的产品偏实用，而 Apple 的产品有着无与伦比的娱乐性和人机交互体验，而这些都跟庞大的软件设计团队有着直接的关系。

9. 试产跟踪

跟踪试产的目的是在结构件的第一次试装配中能更快速、更全面地发现并解决出现的问题，从而加快整个项目运行的速度，确定产品加工工艺。

10. 市场反馈

无论做什么样的工作，总结和分析永远是有效且必需的。工业设计的反馈可以通过客户的销售部门和售后部门来获取，也可以通过小范围的市场调查来获取，具体使用什么样的方法则取决于项目的重要性，以及当时具体的情况。

1.6　设 计 方 法

1. 组合设计

组合设计(又称模块化设计)是将产品统一功能的单元，设计成具有不同用途或不同性能的可以互换选用的模块式组件，以便更好地满足用户需要的一种设计方法。当前，模块式组件已广泛应用于各种产品设计中，并从制造相同类型的产品发展到制造不同类型的产品。组合设计的核心是要设计一系列的模块式组件。为此，要从功能单元入手，即研究几个模块式组件应包含多少零件、组件和部件，以及在组合设计时每种模块式组件需要多少等。

在面临竞争日益加剧、市场分割争夺异常激烈的情况下，仅仅生产一种产品的企业是很难生存的。因此，大多数制造厂家都生产很多品种。这不仅对企业生产系统的适应能力提出新的要求，而且考验产品设计的技能。生产管理的任务之一，就是要寻求新的途径，使企业的系列产品能以最低的成本设计并生产出来。而组合设计则是解决这个问题的有效方法之一。

2. 计算机辅助设计

计算机辅助设计是运用计算机的能力来完成产品和工序的设计。其主要职能是设计计算和制图。设计计算是利用计算机进行机械设计等基于工程和科学规律的计算，以及在设计产品的内部结构时，为使某些性能参数或目标达到最优而应用优化技术所进行的计算。计算机制图则是通过图形处理系统来完成，在这一系统中，操作人员只需把所需图形的形状、尺寸和位置的命令输入计算机，计算机就可以自动完成图形设计。计算机辅助设计常用软件有 3ds Max、Maya、Alias、Rhino、AutoCAD、Pro/E、CATIA、SolidWorks、UG NX 等。

3. 面向对象设计

面向可制造与可装配的设计是在产品设计阶段设计师与制造工程师进行协商探讨，利用这种团队工作，避免传统的设计过程中"我设计，你制造"的方式而引起的各种生产和装配问题以及由此产生的额外费用的增加和最终产品交付使用的延误。

1.7 基本原则

1. 需求原则

产品的功能要求来自需求。产品要满足客观的需求，这是一切设计最基本的出发点。不考虑客观需要会造成产品的积压和浪费。客观需求是随着时间、地点的不同而发生变化的，这种变化了的需求是设计升级换代产品的依据。客观需求有显需求和隐需求之分，显需求的发展可导致产品的不断改进、升级、更新、换代；隐需求的开发会导致创造发明，形成新颖的产品。

2. 信息原则

设计过程中的信息主要有市场信息、科学技术信息、技术测试信息和加工工艺信息等。设计人员应全面、充分、正确和可靠地掌握与设计有关的各种信息。用这些信息来正确引导产品规划、方案设计与详细设计，并使设计不断改进提高。

3. 创新原则

设计人员的大胆创新，有利于冲破各种传统观念和惯例的束缚，创造出各种各样原理独特、结构新颖的机械产品。

4. 系统原则

每个机械产品都可以看作一个特定的技术系统，设计产品就是用系统论的方法来求出功能结构系统，通过分析、综合与评价决策，使产品达到综合最优。

5. 收敛原则

为了寻求一个崭新的产品，在构思功能原理方案时，采用发散思维；为了得到一个新型产品，则必须综合多种信息，采用收敛思维。在发散思维基础上进行收敛思维，通常都会取得很好的效果。

6. 优化原则

这属于广义优化，包括方案择优、设计参数优化、总体方案优化。也就是高效、优质、经济地完成设计任务。

继承原则：将前人的成果，有批判地吸收，推陈出新，加以发扬，为我所用，这就是继承原则。设计人员灵活地运用继承原则，可以事半功倍地进行创新设计，可以集中主要精力去解决设计中的主要问题。

7. 效益原则

设计中必须讲求效益，既要考虑技术经济效益，又要考虑社会效益。

8. 时间原则

加快设计研制时间，以抢先占领市场。同时，在设计时，要预测产品研制阶段内同类产品可能发生的变化，保证设计的产品投入市场后不至于沦为过时货。

9. 定量原则

方案评选、造型技术美学、产品技术性能、经济效益等的评价，都尽量采用科学的定量方法。

10. 简化原则

在确保产品功能的前提下，应力求设计出的产品简化，以降低产品成本，并确保质量。在产品初步设计阶段和改进设计阶段，尤应突出运用这个基本原则。

11. 审核原则

要实现高效、优质、经济的设计，必须对每一项设计步骤的信息，随时进行审核，确保每一步做到正确无误，竭力提高产品设计质量。

1.8　设　计　流　程

典型的产品设计过程包含 4 个阶段，分别为概念开发与产品规划阶段、详细设计阶段、小规模生产阶段和增量生产阶段。

1. 概念开发与产品规划阶段

在概念开发与产品规划阶段，将有关市场机会、竞争力、技术可行性、生产需求的信息综合起来，确定新产品的框架。

这个框架包括新产品的概念设计、目标市场、期望性能的水平、投资需求与财务影响。在决定某一新产品是否开发之前，企业还可以用小规模实验对概念、观点进行验证。实验可包括样品制作和征求潜在顾客意见。

2. 详细设计阶段

一旦方案通过，新产品项目便转入详细设计阶段。该阶段的基本活动是产品原型的设计与构造以及商业生产中使用的工具与设备的开发。

详细产品工程的核心是"设计—建立—测试"循环。所需的产品与过程都要在概念上定义，而且体现于产品原型中(利用超媒体技术可在计算机中或以物质实体形式存在)，接着应进行对产品的模拟使用测试。如果原型不能体现期望性能特征，工程师则应寻求设计改进以弥补这一差异，重复进行"设计—建立—测试"循环。详细产品工程阶段结束以产品的最终设计达到规定的技术要求并签字认可作为标志。

3. 小规模生产阶段

在小规模生产的阶段，在生产设备上加工与测试的单个零件已装配在一起，并作为一个系统在工厂内接受测试。在小规模生产中，应生产一定数量的产品，也应当测试新的或改进的生产过程应对商业生产的能力。正是在产品开发过程中的这一时刻，整个系统(设计、详细设计、工具与设备、零部件、装配顺序、生产监理、操作工、技术员)组合在一起。

4. 增量生产阶段

在增量生产阶段中，开始是一个相对较低的数量水平上进行生产；当组织对自己(和供应商)连续生产能力及市场销售产品的能力的信心增强时，产量开始增加。

1.9　产品设计就业前景

科学技术的突飞猛进推动着产品的发展和演化，而设计则是将科技成果转换为现实生产力的媒介。近几年，许多企业已意识到设计的重要性。今天的文化、艺术、食品、汽车、手机、计算机市场中，各企业越来越关注设计问题，谁的设计有创新，谁就能取胜，谁就能赢得市场。

苹果产品已经在消费者心目中有了鲜明的印记，它以优越的性能、独特的外形和完美的设计，一度成为"酷"和"时尚"的代表，风靡全球。

我国的产品设计正处在由"中国制造"向"中国创造"的转折点上。各种新产品都希望以新颖独特的外观和性能吸引大众的目光。各行各业对设计人才的需求日渐凸显。学习产品设计的毕业生可从事的工作很多，如可以在互联网、手机、电子、纺织、机械、仪器仪表、交通、家居、家用电器、奢侈品、装饰品、手工艺品、生活用品、食品、旅游产品等行业从事产品开发设计、展示设计、交互设计、设施设计等工作；也可从事产品开发相关的媒体、印刷、包装、广告、营销等研究与管理工作；还可在高校从事教学、科研、产品研究以及顾问等工作。

以上就是产品设计的一些基础介绍，由于它涉及面广，涉及内容太多，本书不可能全都讲解到。所以本书以外观设计为主，通过 3ds Max 软件来着重学习一些产品的设计与制作过程。

第2章

3ds Max 基本操作与 VRay 基础

2.1　3ds Max 简介

　　3ds Max 是 Autodesk 公司开发的基于 PC 系统的三维动画渲染和制作软件，广泛应用于广告、影视、工业设计、建筑设计、多媒体制作、游戏、辅助教学以及工程可视化等领域。

　　3ds Max 从最初的版本逐步发展至今已有 20 多个版本，基本上每年都会推出一个新的版本，每个版本的推出都会增加一些相应的功能，所以发展至今，功能越来越多，但是随之而来的就是它的体积也变得越来越庞大，真的希望在下一个版本把淘汰掉的一些命令和功能进行精简。

3ds Max 相对于其他一些设计软件来说还是有一定优势的。

1. 上手容易

　　初学者比较关心的问题就是 3ds Max 是否容易上手，这一点完全可以放心，3ds Max 的制作流程十分简洁高效，可以使用户很快上手，所以先不要被它的大堆命令吓倒，只要用户的操作思路清晰，上手是非常容易的，后续的高版本操作也十分简便，操作的优化更有利于初学者学习。

2. 用户多，便于交流

3ds Max 在国内拥有庞大的用户群，便于交流，教程也很多。随着互联网的普及，关于 3ds Max 的论坛在国内也相当火爆，如果有问题可以在网上与大家一起讨论，非常方便。

3. 应用领域广

3ds Max 目前广泛应用于广告影视动画、游戏角色设计、室内室外效果图设计及动画制作、产品设计、虚拟场景设计、家具设计、军事医疗、3D 打印等。

2.2　3ds Max 基本界面

我们首先来熟悉一下 3ds Max 的界面构成，便于用户进入后面章节进行学习。

2.2.1　3ds Max 操作界面

启动 3ds Max 软件后可以看到它的操作界面，如图 2.1 所示。3ds Max 安装完后的初始界面是英文版本，颜色界面是黑色，图 2.1 中的颜色界面做了更改。

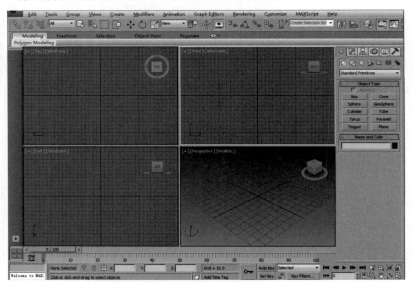

图 2.1

选择菜单 Customize (自定义)｜Load Custom UI Scheme(加载自定义用户界面方案)命令，然后在弹出的 Load Custom UI Scheme 对话框中选择 ame-light.ui，单击"打开"按钮，如图 2.2 所示。这样就把初始界面设置为灰色。

3ds Max 包含许多语言版本，默认开启为英文版本，如何开启中文版呢？很简单，在"开始"菜单中打开 Autodesk 文件夹，然后打开 Autodesk 3ds Max 2016 下的 3ds Max 2016-Simplified Chinese 即可打开中文版本，如图 2.3 所示。当再次双击桌面上的 3ds Max 快捷方式图标时，系统会记录上次开启的语言版本进行自动匹配。也就是说，当上次开启的是英文版本时，双击快捷方式图标，打开的就是英文版本；当上次开启的是中文版本时，再次双击快捷方式图标，打开的就是中文版。

1. 标题栏

标题栏位于界面的最上方，它显示了用户所使用的软件类型、版本型号等信息，如图 2.4 所示。

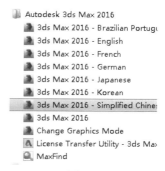

图 2.2

图 2.3

图 2.4

2. 菜单栏

3ds Max 的菜单栏中包含了软件的所有命令，用户可以通过单击菜单选择命令来使用，如图 2.5 所示。

图 2.5

3. 工具栏

在菜单栏的下方是工具栏，3ds Max 为了给用户最快捷的帮助，将用户常用的命令放置在工具栏中，以方便用户操作时的调用，提高工作效率，如图 2.6 所示。

图 2.6

4. 石墨建模工具及群集动画设置工具栏

该区域为石墨建模工具栏，可以快速设置与编辑多边形下的各种命令。在 3ds Max 2016 版本中新增了群集动画设置工具，可以快速制作人物的群集动画，如图 2.7 所示。

图 2.7

5. 视图区

视图区是用户对物体进行观察和操作的区域。3ds Max 分为四视图显示。默认情况下分为 Top(顶)视图、Front(前)视图、Left(左)视图和 Perspective(透视)图，如图 2.8 所示。

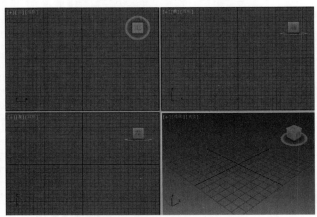

图 2.8

6. 命令面板

在视图区的右侧是为用户提供的命令面板区，它将命令的类型进行分类，如将创建命令放在一个板块、修改命令放在另一个板块等，通过分类让用户能够更好地调用命令，避免烦琐的操作，如图 2.9 所示。

图 2.9

7. 动画控制面板

在界面的最下方是 3ds Max 的动画控制面板，它提供了播放、时间长度、类型、记录动画等，如图 2.10 所示。

图 2.10

8. 视图控制区

视图控制区位于界面的右下方，为用户提供了对视图的各种操作，如缩放、最大化显示、旋转视图等，如图 2.11 所示。

图 2.11

2.2.2　工具栏

工具栏中有 3ds Max 设计需要的工具按钮，用户在需要时直接单击后即可使用。各工具的具体说明如下。

1. ▨(选择并链接)

使用"选择并链接"按钮可以将两个对象链接为父子层级关系，子级将继承应用父级的变换(移动、旋转、缩放)，但是子级的变换对父级没有影响。

2. (取消链接选择)

使用"取消链接选择"按钮可移除两个对象之间的层关系，将子对象与其父对象分离开来，还可以链接和取消链接图解视图中的层次。

3. (绑定到空间扭曲)

使用"绑定到空间扭曲"按钮可把当前选择附加到空间扭曲。

4. 选择过滤器列表

使用"选择过滤器"下拉列表(见图 2.12)，可以限制所选定的对象。例如，如果选择"L-灯光"选项，则使用选择工具只能选择场景中的灯光物体，一般适用于复杂的场景中物体的选择。通过该过滤器列表可以很方便地选择几何体、图形、灯光、摄影机、辅助对象、骨骼等。

图 2.12

5. (选择对象)

"选择对象"的意思很简单，就是简单地选择一个或者多个物体。

6. (选择列表)

在一个场景中物体比较多或者场景比较复杂的情况下，通过列表选择物体是一个很直观和快捷的方法。单击该按钮，会弹出"从场景选择"对话框，如图 2.13 所示。

如果要进行分类筛选可以取消或打开 区域中的某一项，比如选择场景中的几何体，只开启 按钮，其他的按钮关闭，这样场景中只会列出几何体的名称以便直观地选择，如图 2.14 所示。

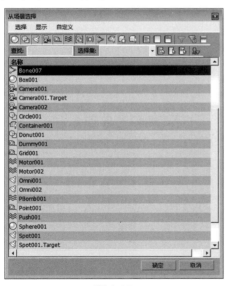

图 2.13

图 2.14

7. (选择区域弹出按钮)

长按 按钮时会弹出如图 2.15 所示的下拉按钮。

默认为方框选择方式，也就是在框选物体时是以方框形式进行框选的，如图 2.16 所示。

当长按▥按钮后，在弹出的下拉按钮中选择圆形图标时，在框选物体时是以圆形形式进行选择，如图 2.17 所示，以此类推。

图 2.15　　　　　　　　　图 2.16　　　　　　　　　图 2.17

8. ▣(窗口/交叉选择切换)

3ds Max 默认为窗口选择模式。窗口选择模式是指在选择时框选物体的所有部分，该物体才能被选择。如图 2.18 所示，右侧的两个茶壶物体全部被框选在内，松开鼠标后即可被选择，左侧的两个茶壶虽然部分也被框选，但是并没有完全包含在内，所以不会被选择。单击该按钮图标会变成▣，即变为交叉选择，该模式下如果想选择物体，只要物体的部分区域被选择，就能选择该物体。

9. ✥(选择并移动)

该工具非常简单，就是选择并移动物体，但这里要注意一点，当选择一个物体后，它有 X、Y、Z 三个轴向，要沿着 X 轴移动物体，将光标放在 X 轴上拖动即可。当光标放置在相对应的轴向上时，坐标轴会发生颜色变化。如果想同时沿着两个轴向进行移动，只需将光标放置在两个轴向相交叉的方框上即可，如图 2.19 所示。

10. ◯(选择并旋转)

选择并旋转物体，旋转的方式可以沿着 X、Y、Z 和当前屏幕轴向进行旋转。这里只介绍以屏幕轴向方式旋转的方法。在旋转图标的最外侧的灰色圆即为屏幕旋转轴，将光标放置在外侧圆上进行旋转时即为按照当前屏幕的坐标旋转物体，如图 2.20 所示。

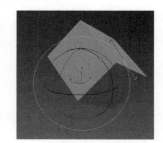

图 2.18　　　　　　　　　图 2.19　　　　　　　　　图 2.20

11. ▦(选择并缩放)

长按▦按钮会弹出如图 2.21 所示的下拉按钮。从上到下 3 个按钮分别为选择并均匀缩放(即等比例缩放)、选择并非均匀缩放、选择并挤压。这里用得最多的是"选择并均匀缩放"按钮，在缩放时可以单独沿着某一个轴进行缩放，也可以沿着 XY、YZ、XZ 轴向同时缩放，当然也可以同时沿着 X、Y、Z 3 个轴向等比例缩放。

12. 视图 ▼(坐标选择方式)

单击弹出一个下拉列表，如图 2.22 所示。在此可以选择物体的坐标方式，一般比较常用的有屏幕坐标方式、局部坐标方法和拾取。它们的区别在后面的实例中会进行讲解，这里不进行详述。

13. (坐标轴心切换工具)

长按按钮会弹出如图 2.23 所示的下拉按钮。从上到下 3 个按钮分别为使用轴点中心、使用选择中心和使用变换坐标中心。

14. (选择并操纵)

使用"选择并操纵"按钮可以通过在视口中拖动"操纵器"来编辑某些对象、修改器和控制器的参数。

15. (键盘快捷键覆盖切换)

使用"键盘快捷键覆盖切换"按钮可以在只使用"主用户界面"快捷键和同时使用主快捷键和组(如编辑/可编辑网格、轨迹视图、NURBS 等)快捷键之间进行切换。

当"覆盖"切换关闭时，只识别"主用户界面"快捷键。启用"覆盖"时，可以同时识别主 UI 快捷键和功能区域快捷键；然而，如果指定给功能的快捷键与指定给主 UI 的快捷键之间存在冲突，则启用"覆盖"时，以功能快捷键为先。

16. (捕捉、2.5D 捕捉、3D 捕捉)

长按按钮会弹出如图 2.24 所示的下拉按钮。

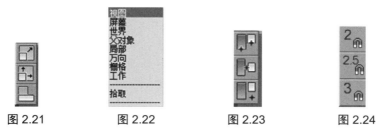

图 2.21　　　　图 2.22　　　　图 2.23　　　　图 2.24

从上到下 3 个按钮分别为 2D 捕捉、2.5D 捕捉和 3D 捕捉。"对象捕捉"用于创建和变换对象或子对象期间捕捉现有几何体的特定部分。也可以捕捉栅格，捕捉切换、中点、轴点、面中心和其他选项。当切换级别时，所选的模式维持其状态。

在该按钮上右击可以弹出"栅格和捕捉设置"对话框，如图 2.25 所示。从该对话框中可以选择要捕捉的方式。

17. (角度捕捉切换)

"角度捕捉切换"确定多数功能的增量旋转，包括标准旋转变换。随着旋转对象(或对象组)，以设置的增量围绕指定轴旋转。右击可以弹出一些角度捕捉的选项，如图 2.26 所示。一般这里保持默认即可。

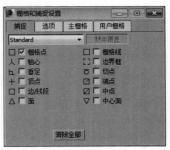

图 2.25

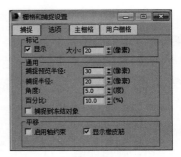

图 2.26

18. ▦(百分比捕捉切换)

"百分比捕捉切换"通过指定的百分比增加对象的缩放。右击"百分比捕捉切换"按钮，弹出"栅格和捕捉设置"对话框。在该对话框中设置捕捉百分比增量，默认设置为10%。这是通用捕捉系统，该系统应用于涉及百分比的任何操作，如缩放或挤压。

19. ▦(微调器捕捉切换)

使用"微调器捕捉切换"设置 3ds Max 中所有微调器单击一次的增加或减少值。

20. ▦(编辑命名选择集)

单击"编辑命名选择"按钮，弹出"编辑命名选择"对话框，可用于管理子对象的命名选择集。与"命名选择集"对话框不同，它仅适用于对象，是一种模式对话框，这意味着必须关闭此对话框，才能在 3ds Max 的其他区域工作。此外，只能使用现有的命名子对象选择，不能使用该对话框创建新选择。

21. ▦(镜像)

单击"镜像"按钮可以弹出"镜像：屏幕 坐标"对话框，如图 2.27 所示。在该对话框中可以设置镜像的轴向以及镜像的复制方式。

22. ▦(对齐工具)

长按▦按钮会弹出如图 2.28 所示的下拉按钮。

图 2.27

图 2.28

按从上到下的顺序，这些按钮依次为对齐、快速对齐、法线对齐、高光对齐、对齐摄影机和对齐到视图。

23. ▨(层管理器)

通过层管理器可以查看和编辑场景中所有层的设置，以及与其相关联的对象。使用层管理器可以指定光能传递解决方案中的名称、可见性、可渲染性、颜色，以及对象和层的包含。在层管理器中，对象在可扩展列表中按层组织。通过单击"+"或"-"，可以分别展开或折叠各个层的对象列表。也可以单击列头部的任何部位对层进行排序。另一个有用的工具是可以通过单击相应的图标直接从层管理器中打开一个或多个高亮对象或层的"对象属性"对话框或"层属性"对话框。

24. ▨(切换功能区)

▨按钮为石墨建模工具栏的开启与关闭。

25. ▨(曲线编辑器)

"曲线编辑器"是一种"轨迹视图"模式，用于以图表上的功能曲线来表示运动。利用它可以查看运动的插值、软件在关键帧之间创建的对象变换。使用曲线上找到的关键点的切线控制柄，可以轻松查看和控制场景中各个对象的运动和动画效果。

"曲线编辑器"界面由菜单栏、工具栏、控制器窗口和关键点窗口组成。在界面的底部还拥有时间标尺、导航工具和状态工具。通过从曲线编辑器添加"参数曲线超出范围类型"，以及为增加控制而将增强或减缓曲线添加到设置动画的轨迹中，可以超过动画的范围循环动画。

26. ▨(图解视图)

"图解视图"是基于节点的场景图，通过它可以访问对象属性、材质、控制器、修改器、层次和不可见场景关系，如关联参数和实例。在此处可以查看、创建并编辑对象之间的关系，可以创建层次，指定控制器、材质、修改器或约束。

可以使用"图解视图显示"浮动框控制希望看到和使用的实体及实体间的关系。使用"图解视图"可浏览拥有大量对象的复杂层次或场景。使用"图解视图"可理解和探索不是自己创建的文件的结构。

其中一个强大的功能是列表视图。可以在一个文本列表中查看节点，并根据规则进行排序。列表视图可以用来迅速浏览那些极其复杂的场景，可以在"图解视图"中使用关系或实例查看器来查看场景中的灯光包含或参数关联，也可以控制实例的显示或查看对象的列表。

"图解视图"也可以使用背景图像或栅格，并可以根据物理场景的摆放自动排列节点。这使排列角色装备节点更为容易。从各种排列选项中选择，以便可以选择自动排列，或使用自由模式。节点布局可以用命名后的"图解视图"窗口保存，可以加载一个背景图像作为窗口中布局节点的模板。

27. ▨(材质编辑器)

3ds Max 提供了两种材质编辑器，一个是之前用到的材质球编辑器，如图 2.29 所示；另一个是新的节点方式编辑器，如图 2.30 所示。

28. ▨▨▨(渲染设置、渲染帧窗口和渲染产品)

单击▨按钮可以打开"渲染设置：默认扫描线渲染器"对话框，如图 2.31 所示。打开该对话框的快捷键为 F10。通过该对话框可以设置最终的渲染属性，这些参数控制着最终的渲染效果。单击■按钮可以打开最后一次渲染图像面板。单击■按钮开始渲染，快捷键为 F9。

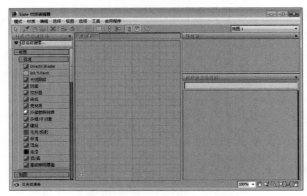

图 2.29

图 2.30

图 2.31

2.2.3　常用建模方法

　　三维建模是三维动画处理和可视化设计的基础，处于所有工作流程的开始阶段，起着极其重要的作用。在 3ds Max 中有非常多的建模方法，如几何体建模、二维图形建模、多边形建模、面片建模、NURBS 建模等。面对如此多的建模方法，应充分了解每个方法的优势和不足，掌握其特点及适用对象，选择最合适的创建方法，可以创建出逼真的效果。

1．几何体建模

　　几何体建模也是最基础的建模方法，包括长方体、圆锥体、球体、圆柱体、管状体、平面、异形体、切角长方体、切角圆柱体、胶囊等，一些常见的桌子、楼梯、凳子、栏杆、墙体等都可以使用这种方法快速创建。

　　虽然这种方法可以创建简单的模型，但同时也是复杂模型的基础。从理论上说，任何复杂的物体都可以拆分成多个标准内置模型；反之，多个标准的内置模型也可以合成任何复杂的物体模型。简单的物体可以使用内置模型进行创建，通过参数调整其大小、比例和位置，最后形成物体的模型。更为复杂的物体可以先由内置模型进行创建，然后利用编辑修改器进行弯曲、扭曲等变形操作，最后形成所需要的物体模型。

2. 二维图形建模

二维图形是指由一条或多条样条线组成的对象。二维图形创建在复合物体、面片建模中，应用比较广泛，它可以作为几何形体直接渲染输出，更重要的是可以通过二维基础、旋转、斜切等编辑修改，使二维图形转换为三维图形，或作为动画的路径和放样的路径来使用，还可以将二维图形直接设置为可渲染的(如创建霓虹灯等这类效果)模型。

3ds Max 包含 3 种重要的线类型：样条线、NURBS 曲线、扩展样条线。在许多方面它们的用处是相同的，其中的样条线继承了 NURBS 曲线和扩展样条线所具有的特性，绝大部分默认的图形方式为样条方式。样条线建模是指调用样条线的可塑性，并配合样条线自身的可渲染性、样条线专用修改器及放样的创建方法，制作形态富于变化的模型。一般多用于复杂模型的外部形状或不规则物体的截面轮廓。

3. 面片建模

面片建模是在多边形的基础上发展而来的，它解决了多边形表面不易进行编辑的难题，采用 Bezier 曲线的方法编辑曲面。多边形的边只能是直线，而面片的边可以是曲线，因此多边形模型中单独的面只能是平面，而面片模型的一个单独的面却可以是曲面，使面内部的区域更光滑。它的优点是用较少的细节表现很光滑物体表面和表皮褶皱，适合创建生物模型。面片建模有两种方法：一种是雕塑法，利用编辑面片修改器调整面片的次对象，通过拖拉节点、调整节点的控制柄，将一块四边形面片塑造成模型；另一种是蒙皮法，绘制模型的基本线框，然后进入其子对象层级中编辑子对象，最后加一个曲面修改器而形成三维模型。

面片的创建可由系统提供的四边形面片或者三角形面片直接创建，或将创建好的几何模型塌陷为面片物体，但塌陷得到的面片物体结构过于复杂，而且会导致出错。

4. NURBS 建模

NURBS 是一种非常优秀的建模方式，它使用数学函数来定义曲线和曲面，自动计算出表面精度。相对面片建模，NURBS 可使用更少的控制点来表现相同的曲线，但由于曲面的表现是由曲面的算法决定的，而 NURBS 曲线函数相对高级，因此对计算机的要求也很高。其最大的优势是表面精度的可控性，可以在不改变外面的前提下自由控制曲面的精细程度。

简单来说，NURBS 就是专门做曲面物体的一种造型方法。由于 NURBS 造型总是由曲线和曲面来定义的，所以要在 NURBS 表面里生成一条有棱角的边是很困难的。就是因为这一特点，我们可以用它做出各种复杂的曲面造型和表现特殊的效果，如人的皮肤、面貌或流线型的跑车等。不足的是造型方法不易入门和理解，不够直观。另外，还有一个原因是 NURBS 建模的不稳定性，所以现在很少有人使用该方法。

5. 多边形建模

在这里，我们之所以把多边形建模放在最后讲，是因为多边形建模是最为传统和经典的一种建模方式，也是使用最广泛和最多的一种建模方式。3ds Max 的多边形建模方法比较容易理解，非常适合初学者学习，并且在建模的过程中有更多的想象空间和可修改余地。3ds Max中的多边形建模主要有两个命令：可编辑网格和可编辑多边形，几乎所有的几何体都可塌陷为可编辑的多边形，曲线也可以塌陷，封闭的曲线可以塌陷为曲面。如果不想使用塌陷操作，还可以给它指定一个可编辑多边形修改器。

可编辑多边形是 3ds Max 最基本的建模方法，它也是最稳定的一种建模方法，制作模型时占用系统资源少，运行速度快，在较少面数下也可制作复杂模型。多边形建模方法涉及的技术主要是推拉表面构建基本模型，再增加平滑网格修改器进行表面的平滑和精度的提高。这种技术大量使用点、线、面的编辑操作，对空间控制能力要求比较高，适合创建复杂模型。

2.3　多边形建模命令

可编辑多边形是一种可编辑对象，它包含 5 个子对象层级：顶点、边、边界、多边形和元素。其用法与可编辑网格对象的用法相同。"可编辑多边形"有各种控件，可以在不同的子对象层级中将对象作为多边形网格进行操作。但是，与三角形面不同的是，多边形对象的面是包含任意数目顶点的多边形。

要生成可编辑多边形对象，有以下几种方法。

第一，首先选择某个对象，如果没有对该对象应用修改器，可在"修改"面板的修改器堆栈中右击，然后在弹出的快捷菜单中选择"可编辑多边形"命令，如图 2.32 和图 2.33所示。

第二，右击所需对象，然后在弹出的快捷菜单中选择"转换为"|"转换为可编辑多边形"命令，如图 2.34 所示。

图 2.32

图 2.33

图 2.34

第三，在修改器下拉列表中先添加"编辑多边形"修改器，如图 2.35 所示。如果需要将修改器塌陷，可以直接在物体上右击并选择"转换为多边形物体"命令即可，也可以在修改器名称上右击，选择"塌陷到"或"塌陷全部"命令，如图 2.36 所示。

将对象转换为"可编辑多边形"物体时，将会删除所有的参数控件，包括创建参数。例如，可以不再增加长方体的分段数、对圆形基本体执行切片处理或更改圆柱体的边数。应用于某个对象的任何修改器同样可以合并到网格中。转换后，留在修改器堆栈中唯一的选项是"可编辑多边形"。

图 2.35　　　　　　　　　　　　　　　　图 2.36

2.4　多边形参数面板

2.4.1　多边形参数面板组成

对几何体使用了"转换为可编辑多边形"修改命令后，单击 命令面板，可以看到编辑多边形命令面板大致分为 6 个部分，如图 2.37 所示。它们依次为软选择、选择、编辑几何体、细分曲面、细分置换和绘制变形。

2.4.2　"选择"卷展栏

"选择"卷展栏为用户提供了对几何体各个子物体级的选择功能，位于顶端的 5 个按钮对应了几何体的 5 个子物体级，分别为 (顶点)、 (边)、 (边界)、 (面)以及 (元素)。当按钮显示为黄色时，则表示该级别被激活，再次单击该按钮将退出这个级别。当然也可以使用快捷键 1、2、3、4、5 来实现各个子物体级别之间的切换。

图 2.37

- 按顶点：该复选框的功能只能在顶点以外的 4 个子物体级中使用。以多边形的"边"级别为例，未勾选此复选框时直接可以选择所需要的边；在勾选此复选框后，当光标放置在物体的边上时，不能被选择了，而只有边线交叉位置的点可以选择。当在交叉点上单击时，与之相邻的所有边会被选择上，如图 2.38 所示。
- 忽略背面：该复选框的功能很容易理解，也很实用，就是只选择法线方向对着视图的点、线、面。这个功能在制作复杂模型时会经常用到。
- 按角度：该复选框的功能只在"面"级别下有效，通过面之间的角度来选择相邻的面。在该复选框后面的微调框中输入数值，可以控制角度的阈值范围。
- 收缩、扩大：这两个按钮的功能分别为缩小和扩大选择范围。图 2.39 所示为收缩选择和扩大选择的效果比较。
- 环形、循环：这两个按钮的功能只在"边"和"边界"级别下有效。当选择了一段边线后，单击"环形"按钮可以选择所选线段平行的边线，当然也可以通过双击该线段来达到同样的效果。单击"循环"按钮可以选择所选线段纵向相连的边线。图 2.40 所示为环形和循环的效果对比。

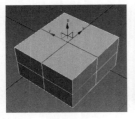

图 2.38

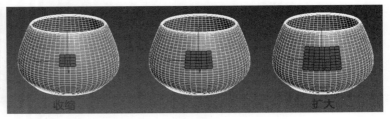

图 2.39

图 2.40

位于"选择"卷展栏最下面的是当前选择状态的信息显示，比如提示当前有多少个点被选择。另外，结合 Ctrl 和 Alt 键可以实现点、线、面的加选和减选。

2.4.3 "软选择"卷展栏

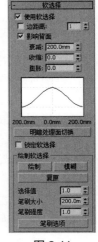

图 2.41

软选择功能可以在对子物体进行移动、旋转、缩放等修改的时候，也同样影响相邻的点、线、面。在制作模型时，可以用它来修整模型的大致形状和比例，是比较有用的功能。要使用软选择功能，需要先勾选"使用软选择"复选框，这样才打开软选择的功能。"软选择"卷展栏如图 2.41所示。当打开该功能后，在模型表面选择点、线、面后，模型的表面会有一个很好的颜色渐变效果，如图 2.42 所示。

"软选择"卷展栏大致可分为对点、线、面的软选择和画笔软选择两部分。当使用软选择复选框后，此功能被开启，卷展栏中的参数才可以使用。

● 边距离：控制多少距离内的点、线、面会受到影响。其数值可以在"边距离"选项右侧的微调框中输入。以点选择为例，图 2.43 和图 2.44 所示的是值分别为 1 和 5 时的选择变化效果。

图 2.42

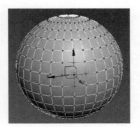

图 2.43

图 2.44

"边距离"选项在实际中一般不这样使用，以系统提供的茶壶为例，茶壶是分为壶盖、壶体、壶嘴和壶把几个部分，在未勾选"边距离"复选框时，保持默认的衰减值为 200 不变，此时的选择效果如图 2.45 所示。当勾选"边距离"复选框时，同样保持衰减值为 200 不变，更改边距离值为 6，此时的选择效果如图 2.46 所示。

图 2.45　　　　　　　　　　　　　　　　图 2.46

通过两个图的对比可以得知，未勾选"边距离"复选框时，系统以选择的点或者线、面为中心，整体向外衰减选择，它不管多边形是由多少个物体组成的。而当勾选"边距离"复选框时，系统只会以当前选择的子物体为对象向外进行距离的衰减，像壶盖、壶嘴和壶把和壶体不是一个子物体，所以它们不会被衰减选择。

"边距离"这个功能还是非常重要的，特别是调整一些由多个子物体组成的多边形物体时，只希望调整单独的一个子物体，而每个子物体之间又离得非常近，又不希望影响到其他的子物体，那么此时该功能就非常有效了。

- 影响背面：控制作用力是否影响到物体背面。系统默认为被选择状态。
- 衰减、收缩、膨胀：可以控制衰减范围的形态。"衰减"控制衰减的范围，"收缩"和"膨胀"控制衰减范围的局部效果。参数可以通过输入数值调节，也可以使用微调按钮调节。调节的效果可以在图形框中看到。图 2.47 所示为衰减图形框和工作视图的对照。

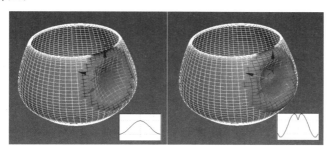

图 2.47

- 明暗处理面切换：单击该按钮，视图中的面将显示被着色的面效果。再次单击该按钮即可切换明暗对比效果。图 2.48 和图 2.49 所示是两者的对比效果。
- 锁定软选择：可以对调节好的参数进行锁定。
- 绘制："软选择"卷展栏中的绘制软选择区域为画笔选择区域，该功能非常实用。单击"绘制"按钮就可以使用这个功能在物体上进行任意选取控制，如图 2.50 所示。当开启画笔软选择时，该卷展栏上方的参数控制区域将变为灰色不可调状态。
- 模糊：可以对选取的衰减效果进行柔化处理。
- 复原：删除所选区域。

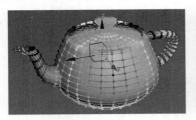
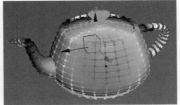

图 2.48　　　　　　　　　　图 2.49　　　　　　　　　　图 2.50

- 选择值：设置画笔的最大重力(强度值)是多少，默认值为 0～2。

- 笔刷大小：设置好笔刷的大小。调整笔刷大小的快捷方法为 Ctrl+Shift+鼠标左键推拉即可。

- 笔刷强度：类似 Photoshop 软件中笔刷的透明度控制，调整笔刷强度的快捷方法为 Ctrl+Alt+鼠标左键推拉即可。

- 笔刷选项：对笔刷进一步控制。单击"笔刷选项"按钮后可弹出笔刷控制的更多选项，如图 2.51 所示。

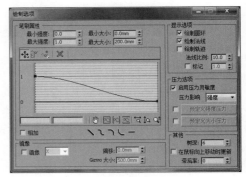

图 2.51

2.4.4 　"编辑顶点"卷展栏

当选择"点"级别后，"编辑顶点"卷展栏才会出现，其主要提供针对顶点的编辑功能，如图 2.52 所示。

- 移除：该功能不同于删除，它可以在移除顶点的同时保留顶点所在的面。图 2.53 所示为单击"移除"按钮和按 Delete 键的对比。"移除"功能的快捷键为 Backspace。

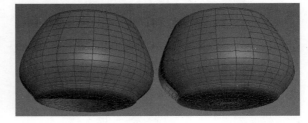

图 2.52　　　　　　　　　　　　图 2.53

- 断开：选择一个顶点，然后单击"断开"按钮，移动顶点后，可以看到它已经被打断。图 2.54 和图 2.55 所示为打断顶点后和未打断顶点时移动顶点的效果。

- 挤出：该按钮有两种操作方式，一种是选择好要挤压的顶点，然后单击该按钮，再在视图上单击顶点并拖动鼠标，左右拖动可以控制挤压根部的范围，上下拖动可以控制顶点被挤压后的高度。图 2.56 所示为顶点的挤出效果。另一种方式是单击"挤出"按钮右侧的■按钮，在弹出的高级设置框中进行相应的参数调整，如图 2.57 所示。

- 切角：将一个点切成几个点的效果。使用方法和"挤出"按钮类似。图 2.58 所示为点切角之后的效果。

● 焊接：该按钮可以把多个在规定范围内的点合并并焊接成一个点。单击"焊接"按钮右侧的 ▣ 按钮，可以在高级设置框中设定这个范围的大小。有时在选择了两个点，单击"焊接"按钮后，这两个点并没有焊接，这是因为系统默认的范围值太小，此时只需要单击 ▣ 按钮，将参数值调大即可，如图 2.59 所示。

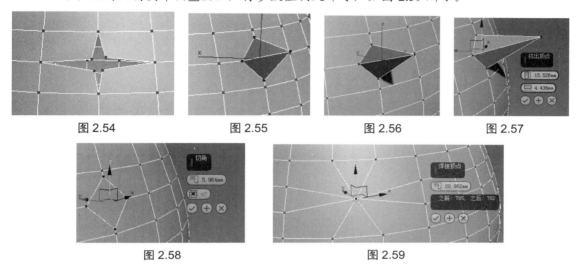

图 2.54   图 2.55   图 2.56   图 2.57

图 2.58   图 2.59

● 目标焊接：单击该按钮，然后拖动视图上的一个顶点到另一个顶点上，即可把两个顶点焊接合并，如图 2.60 所示。

● 连接：该按钮可以在顶点之间连接出新的线段，但前提是顶点之间没有其他边线阻挡。如图 2.61 所示，在选择 3 个点之后，单击"连接"按钮，就可以在它们之间连接边线，另外它的快捷键为 Ctrl+Shift+E，此快捷键一定要牢牢记住，这在以后的模型制作过程中要大量使用，可以大大提升工作效率。

● 移除孤立顶点：可以将不属于任何物体的孤立点删除。

● 移除未使用的贴图顶点：可以将孤立的贴图顶点删除。

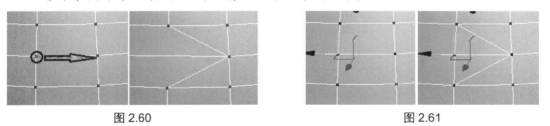

图 2.60   图 2.61

● 权重：可以调节顶点的权重值，在对物体细分一次后，可以看到效果。默认值为 0～2。图 2.62 所示为右下角的点分别设置权重为 1、5 和 20 时的效果。

图 2.62

2.4.5 "编辑边"卷展栏

图 2.63

"编辑边"卷展栏只在"边"级别下出现,可以针对边线进行修改。"编辑边"卷展栏和"编辑顶点"卷展栏非常相似,如图 2.63 所示。有些功能也非常接近,为了避免重复学习,接下来只对"编辑边"卷展栏作选择性的讲解。

- 插入顶点:该按钮可以在边线上任意地添加顶点。
- 移除:和点的移除类似,在保留面的基础上将线段移除。
- 分割:将选择的线段分割开,首先选择要分割的线段,然后单击 "分割"按钮即可,再用移动工具移动调整,效果如图 2.64 所示。
- 切角:将选择的边切角处理,对比效果如图 2.65 和图 2.66 所示。线段的切角也有两种方式,一是直接单击"切角"按钮,在线段上单击并拖动鼠标即可。另外一种方式是通过参数的控制,单击"切角"按钮右侧的口按钮可以打开参数面板。

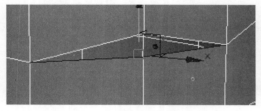

图 2.64

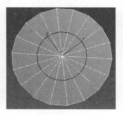

图 2.65

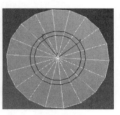

图 2.66

"切角"功能的高级设置框中的参数还是比较多的(如图 2.67 所示),但是经常用的就是调整切角个数和切角距离两个值。接下来分别学习一下各个参数的含义。首先是参数 1,单击右侧的小三角会弹出 ▲ 标准切角 和 ▣ 四边形切角 两种方式,默认为标准切角。图 2.68 中分别为标准切角和四边形切角的对比效果。

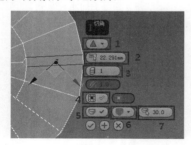

图 2.67

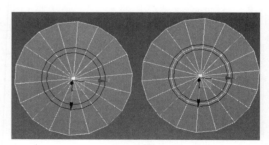

图 2.68

参数 2 为切角距离。被切出线段的距离控制,这个参数很容易理解。

参数 3 为切角线段的数量。默认为1,可以增加调整线段的数量,如图 2.69 所示。

参数 4 为切角是否打开。图 2.70 所示为开启"打开切角"时的切角效果。注意:当开启 "打开切角"时,右侧的▣▾按钮将变得可控,单击该按钮时可以将切角反转打开,如图 2.71 所示。

参数 5 为 🙂 ✓ 平滑开关。为了更加直观地说明该按钮的作用,先创建一个球体,并将其转换为可编辑多边形物体,然后清除所有面的平滑(后面会讲解如何清除),选择一个线段切角，在未打开平滑时的效果如图 2.72 所示。单击 按钮，开启平滑时的切角效果如图 2.73 所示。对比两图可以发现，开启平滑后，系统自动将多边形物体进行了平滑处理。

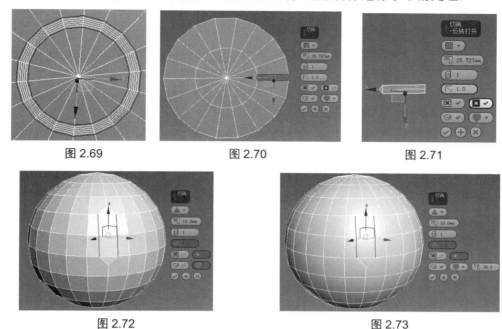

图 2.69　　　　　　　图 2.70　　　　　　　图 2.71

图 2.72　　　　　　　　　　　　图 2.73

注意

开启平滑后，后面的参数 6 和参数 7 将变为可用。单击参数 6 的小三角按钮，会弹出平滑选项(如图 2.74 所示)，默认为平滑整个对象，如图 2.73 所示。当选择"仅平滑切角"选项时，它只会将切角位置的面自动平滑处理，如图 2.75 所示。

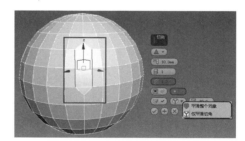

图 2.74　　　　　　　　　　　　图 2.75

参数 7 是用来调整平滑阈值的，也就是平滑的程度。

● 桥：将选择的线段之间桥接出新的面。比如，图 2.76 中两个附加在一起的多边形面片物体，单击"桥"按钮后会自动生成中间的面，如图 2.77 所示。

当然，也可以单击"桥"按钮右侧的 按钮，通过参数来控制桥接效果，如图 2.78 所示。一般常用的参数是调节桥接面的线段数量，其他参数不常用。

"桥"命令是有使用限制的。如果选择的线段组成有两个面，那么选择这些线段后单击"桥"按钮是没有任何作用的。比如，图 2.79 中选择的线段，单击"桥"按钮后没有任何效果。

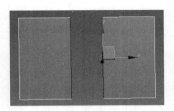

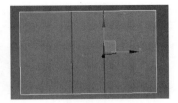

图 2.76　　　　　　　　　　　　　　　　　图 2.77

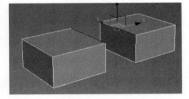

图 2.78　　　　　　　　　　　　　　　　　图 2.79

● 连接：该按钮可以在被选择的边线之间生成新的边线。单击"连接"按钮右侧的▣按
钮，可以调节生成边线的数量。默认值是新增一个边线，如图 2.80 所示。

 注意

这里有几个非常重要的参数，最上面的参数用来调节新增边线的数量，中间值用来控制
新增线段同时向两侧位移的多少，最下面值用来调节新增的边线偏向哪边靠拢，如图 2.81～
图 2.83 所示。

● 利用所选内容创建图形：在所选择边线的位置上创建曲线。首先选择要复制分离出
去的边线，然后单击"利用所选内容创建图形"按钮，在弹出的"创建图形"对话
框中为生成的曲线命名，选择分离之后的曲线类型是光滑还是保持直线样式，然后
单击"确定"按钮即可，如图 2.84 所示。

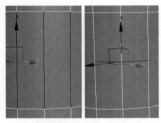

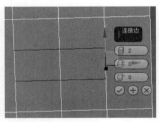

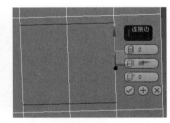

图 2.80　　　　　　　　　　图 2.81　　　　　　　　　　图 2.82

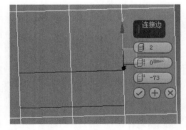

图 2.83　　　　　　　　　　　　　　　　　图 2.84

● 编辑三角形：多边形物体一般是显示的四边面，但是实际上它还是有两个三角面组

成的，只是系统把这些三角面的线段屏蔽掉了。单击"编辑三角形"按钮，物体上就会显示出三角面的分布情况，然后单击顶点所在的位置，拖动鼠标到另外的顶点就可以改变三角面的走向。图 2.85 所示分别为未打开编辑三角形和打开编辑三角形之后以及改变边线走向之后的对比。

- 旋转：同样是一个修改三角面的工具。单击该按钮，然后在物体上单击三角面的虚线，三角面的走向就会改变，再次单击边线就会还原走向。

注意

"编辑三角形"和"旋转"按钮有的用户会说我的软件中没有啊，找不到。是的，系统把这两个按钮和"硬""平滑"按钮放置在一起了，也许是因为系统问题，也许是因为开发人员觉得这两个功能没什么用了，索性将这两个按钮隐藏了。

- 硬：将选择的线段处理为硬边。图 2.86 所示为将右侧的环形线段处理为硬边的对比效果。

图 2.85　　　　　　　　　　　　　　　　　图 2.86

- 平滑：将选择的硬边线段处理为平滑效果。

2.4.6　"编辑边界"卷展栏

"编辑边界"卷展栏中的选项用来修改边界，如图 2.87 所示。接下来，同样对"编辑边界"卷展栏中特有的选项进行讲解。

- 挤出：将选择的边界线挤出面处理。一般情况下很少用到该按钮功能，但是常用的边界线挤出方法是选择边界线按住 Shift 键配合移动或缩放工具挤出面即可。
- 封口：选择边界，然后单击"封口"按钮就可以把边界封闭，使用非常简便，如图 2.88 所示。
- 连接：如图 2.89 所示，它不仅可以把两个边界或者面连接起来，还可以通过高级参数设置进行搭桥的锥化、扭曲等操作。该功能在制作人体模型时，可以使用它来连接人体的各个部分。

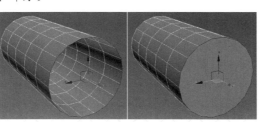
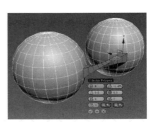

图 2.87　　　　　　　　　图 2.88　　　　　　　　　图 2.89

2.4.7 "编辑多边形"卷展栏

"编辑多边形"卷展栏是多边形修改命令中比较重要的一部分。单击多边形下的"面"级别，就可以看到"编辑多边形"卷展栏，如图2.90所示。

- 插入顶点：使用该按钮可以在物体的多边形面上任意添加顶点。单击"插入顶点"按钮，然后在物体的多边形面上单击就可以添加一个新顶点，如图2.91所示。
- 挤出：单击"挤出"按钮右侧的■按钮就可以看到高级设置框，如图2.92所示。单击小三角按钮可以看到有3种模式，分别为"组""局部法线"和"按多边形"，如图2.93所示。

图2.90

图2.91

图2.92

图2.93

"组"选项以群组的形式整体向外挤出面；"局部法线"选项以法线的方式向外挤出；"按多边形"选项以每个面单独向外挤出。它们的区别如图2.94~图2.96所示。

- 轮廓：该按钮可以使被选择的面沿着自身的平面坐标进行放大和缩小。
- 插入：在选择面的基础上插入一个面，如图2.97所示。

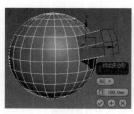
图2.94

图2.95

图2.96

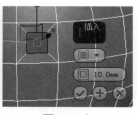
图2.97

- 倒角：该按钮是"挤出"和"轮廓"的结合。对多边形面挤压后还可以让面沿着自身的平面坐标进行放大和缩小，如图2.98和图2.99所示。此功能非常重要，模型制作的过程中会大量使用。
- 桥：与"边界"级别中的"桥"是相同的，只不过这里选择的是对应的多边形。
- 翻转：该按钮可以将物体上选择的多边形面的法线翻转到相反的方向。
- 从边旋转：该按钮能够让多边形面以边线为中心来完成挤压，往往需要单击■按钮，在弹出的对话框中对挤压的效果进行设置，如图2.100所示。此方法不是很容易控制，不推荐使用。
- 沿样条线挤出：首先创建一条样条曲线，然后在物体上选择好多边形面，单击"沿样条线挤出"按钮右侧的■按钮，在弹出的高级设置框中单击红色方框的按钮，然后拾取图中创建的样条曲线，效果对比如图2.101和图2.102所示。

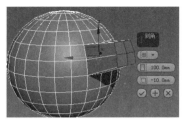
图 2.98

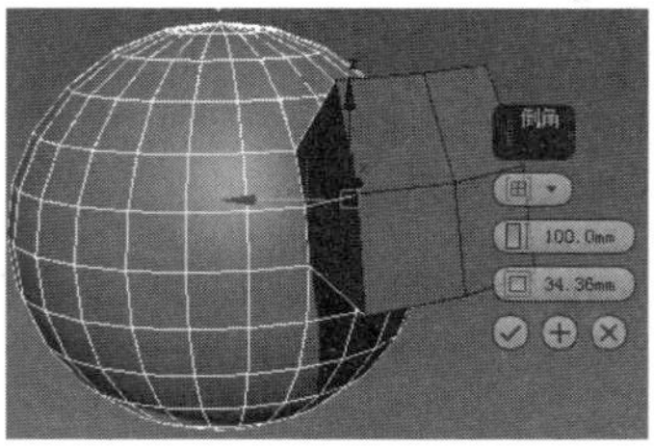

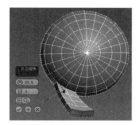

图 2.99

图 2.100

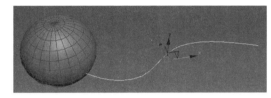
图 2.101

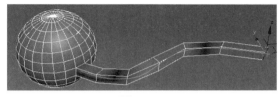
图 2.102

同时可以调整锥化、扭曲、旋转等参数值来达到不同的效果，如图 2.103 所示。

图 2.103

- 编辑三角部分：和前面讲到的编辑三角面一样，这里不再赘述。
- 重复三角算法：该按钮可以将超过四条边的面自动以最合理的方式重新划分为三角面。

2.4.8　"编辑几何体"卷展栏

"编辑几何体"卷展栏中的选项可以用于整个几何体，不过有些选项要进入相应的子级别才能使用，如图 2.104 所示。

- 重复上一个：使用该按钮可以重复应用最近一次的操作。
- 约束：在默认状态下是没有约束的，这时子物体可以在三维空间中不受任何约束地进行自由变换。这里的约束一般很少使用。
- 保持 UV：在 3ds Max 默认的设置下，修改物体的子物体时，贴图坐标也会同时被修改。勾选"保持 UV"复选框后，当对子物体进行修改时，贴图坐标将保留它原来的属性不被修改，如图 2.105 所示。
- 创建：当单击"创建"按钮时，系统会自动跳转到"面"级别，此时依次单击创建 4 个点，最后在起始点上闭合就会创建出一个新的面。
- 塌陷：将多个顶点、边线和多边形面合并成一个，塌陷的位置

图 2.104

为原选择子物体的中心。

- 附加：该按钮可以把其他的物体合并进来。单击右侧的■按钮可以在高级设置框中选择合并物体。它实质上是将多个物体附加合并成一个可同时被编辑的子物体。
- 分离：该按钮可以把物体分离。选择需要分离的子物体，单击"分离"按钮就会弹出分离对话框，如图2.106所示。在该对话框中可以对要分离的物体进行设置。

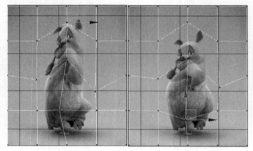

图2.105   图2.106

- 切片平面：其功能就像用刀切西瓜一样将物体的面分割。单击"切片平面"按钮，在调整好界面的位置后单击"切片"按钮完成分割，如图2.107所示。单击"重置平面"按钮可以将截面复原。
- 快速切片：和"切片平面"的功能很相似，单击"快速切片"按钮，然后在物体上单击第一点确定起始位置，再次单击确定第二点的位置完成切片操作。相对于"切片平面"来说该功能更加快捷、自由。
- 切割：一个可以在物体上任意切割的工具，如图2.108所示。此功能主要在手动调整模型的布线时使用。

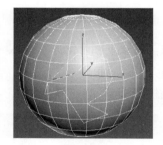

图2.107   图2.108

- 网格平滑：该按钮可以使选择的子物体细分并平滑处理，但平滑的同时将增加物体的面数。
- 细化：该按钮可以在所选物体上均匀地细分，细分的同时不改变所选物体的形状。"网格平滑"和"细化"都是细分模型，它们之间的区别是细化会保留原始模型的形状并成倍地增加布线，如图2.109所示。
- 平面化：将选择的子物体变换在同一平面上，后面三个按钮的作用是分别把选择的子物体变换到垂直于X、Y和Z轴向的平面上，如图2.110所示。
- 视图对齐、栅格对齐：这两个按钮分别用于把选择的子物体与当前视图对齐并挤压成一个平面，以及将选择的物体的子物体与视图中的网格对齐并挤压成一个平面。

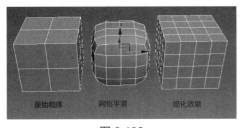
图 2.109

图 2.110

- 松弛：该按钮可以使被选择的子物体的相互位置更加均匀。
- 隐藏选定对象、全部取消隐藏、隐藏未选定对象：这 3 个按钮是用来控制子物体的显示与隐藏的选项。
- 复制、粘贴：这两个按钮是在不同的对象之间复制和粘贴子物体的命名选择集。

2.4.9   "顶点属性"卷展栏

"顶点属性"卷展栏(见图 2.111)实现的功能主要分为两个部分：一部分是顶点着色的功能，另一部分是通过顶点颜色选择顶点的功能。

注意

此卷展栏仅用于可编辑多边形对象；在"编辑多边形"修改器中不可用。该卷展栏在建模时基本上用不到，所以这里不再详细赘述。

图 2.111

2.4.10   "多边形：材质 ID"卷展栏

"多边形：材质 ID"卷展栏中的选项主要包括多边形面的 ID 设置，如图 2.112 所示。

首先来看一下多边形面 ID 的设置。选择要设置 ID 的面，然后设置 ID，可以在输入框中直接输入要设置的数值，也可以在微调框中单击上下箭头快速调节。设置好面的 ID 后，就可以通过 ID 号来选择相对应的面了。在"选择 ID"按钮右侧的微调框中输入要选面的 ID 号，然后单击 Select ID 按钮，对应这个 ID 号的所有面就会被选中。如果当前的多边形已经被赋予了多维子物体材质，那么在下面的下拉列表框中

图 2.112

就会显示出子材质的名称，通过选择子材质的名称就可以选中对应的面。下面的"清除选定内容"复选框如果处于选择状态，则新选择的多边形会将原来的选择替换掉。如果处于未选择状态，那么新选择的部分会累加到原来的选择上。

2.4.11   "多边形：平滑组"卷展栏

"多边形：平滑组"卷展栏可以在选择多边形面后单击一个数字按钮来为其制定一个光滑组，如图 2.113 所示。

- 按平滑组选择：如果当前的物体有不同的平滑组，单击"按平滑组选择"按钮，在弹出的对话框中单击列出的平滑组就可以选中相应的面，如图 2.114 所示。

- 清除全部：从选择的多边形面中删除所有的平滑组。图 2.115 所示为自动平滑和清除所有平滑后的效果对比。用户可能会觉得这个功能没有用，其实在某些地方，它的用处还是很大的，比如需要做一些硬表面时就需要清除平滑组。

图 2.113

图 2.114

图 2.115

- 自动平滑：基于面之间所形成的角度来设置平滑组。如果两个相邻的面所形成的角度小于右侧微调框中的数值，那么这两个面会被指定同一平滑组。

2.4.12　"细分曲面"卷展栏

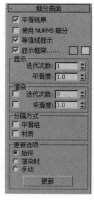
图 2.116

"细分曲面"卷展栏(见图 2.116)的添加是 Poly 建模走向成熟的一个标志。

- 平滑结果：该复选框设置是否对平滑后的物体使用同一个平滑组。
- 使用 NURMS 细分：该复选框可以开启细分曲面功能。此功能非常重要。在制作模型时，要随时开启/关闭该功能来对比观察模型细分之后的效果。系统默认是没有快捷键的，通过自定义快捷键可以快速地开启与关闭该功能。在后面我们会详细讲解该快捷键的设置。图 2.117 所示为关闭和开启"使用 NURMS 细分"复选框的对比。

勾选"使用 NURMS 细分"复选框后，会在视图区域弹出一个参数面板，如图 2.118 所示。默认的细分次数为 1，一般该值设置在 1～3 即可，常用的参数是设置为 2。

单击参数面板中向右的小三角按钮可以打开更多的参数控制，如图 2.119 所示。这些参数在常规参数面板中都可以找到。

图 2.117

图 2.118

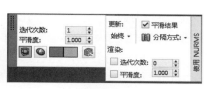
图 2.119

- 等值线显示：该复选框可以控制平滑后的物体是否显示细分后的网格。图 2.120 中左侧为开启时的效果，右侧为关闭时的效果。简单来说就是否显示细分后的线段。
- 显示、渲染：这两个选项组分别控制了物体在视图中的显示和渲染时的平滑效果。

图 2.120

图 2.121

"显示"选项组中的"迭代次数"和"使用 NURMS 细分"参数
面板中的"迭代次数"是一致的，都是控制物体细分的级别。

- 分隔方式：该选项组中有两个复选框，分别是通过平滑组细分和
  通过材质细分。
- 更新选项：该选项组提供了细分物体在视图中更新的一些相关功
  能。"始终"单选按钮用于即时更新物体平滑后在视图中的状
  态；"渲染时"单选按钮表示只在渲染时更新；"手动"单选按
  钮用于手动更新，更新时需要单击  按钮。

2.4.13　"细分置换"卷展栏

"细分置换"卷展栏(见图 2.121)的功能是可以控制置换贴图在多边
形上生成面的情况。该卷展栏通常情况下很少使用。

勾选"细分置换"复选框，开启"细分置换"卷展栏中的功能。

勾选"分割网格"复选框后，多边形在置换之前会分离成独立的多边形，这有利于保存
纹理贴图。未勾选该复选框，多边形不分离并使用内部方法来指定纹理贴图。

在"细分预设"选项组中有 3 种预设按钮，用户可以根据多边形的复杂程度选择适合的
细分预设。

"细分方法"选项组为详细细分算法设置区域。

2.4.14　"绘制变形"卷展栏

"绘制变形"卷展栏(见图 2.122)可以通过使用鼠标在物体上绘画来修改模型，效果如
图 2.123 所示。

图 2.122

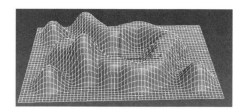

图 2.123

- 推/拉：单击该按钮后，可以在物体上绘制图形，用法非常简便、直观。
- 松弛：该按钮可以对尖锐的表面进行圆滑处理。
- 复原：该按钮能使被修改过的面恢复原状。
- 原始法线：选中该单选按钮后，推拉的方向会随着子物体法线的变化而变化。
- 变形法线：选中该单选按钮后，可以设定推拉的方向，有 X、Y、Z 轴可以选择。
- 推/拉值：决定一次推拉的距离，正值为向外拉出，负值为向内推进。
- 笔刷大小：用来调节笔刷的大小。快速调整笔刷大小的方法为按住 Ctrl+Shift 键的同

时按住鼠标左键拖动。

● 笔刷强度：用来调节笔刷的强度。快速调整笔刷强度的方法为按住 Ctrl+Alt 键的同时按住鼠标左键拖动。

2.5　石墨建模工具

自从 3ds Max 加入强大的多边形建模工具后，通过整合收购 PolyBoost 插件并做了一些自身优化，称之为石墨建模工具。系统默认为开启石墨工具。石墨建模工具位于工具栏的下方，如图 2.124 所示。

图 2.124

石墨建模工具集也称为 Modeling Ribbon，代表一种用于编辑网格和多边形对象的新范例。它具有基于上下文的自定义界面，该界面提供了完全特定于建模任务的所有工具(且仅提供此类工具)；且仅在用户需要相关参数时才为用户提供对应的访问权限，从而最大限度地减少了屏幕上的杂乱现象。Ribbon 控件包括所有现有的编辑/可编辑多边形工具以及大量用于创建和编辑几何体的新型工具。

图 2.125

石墨建模工具可通过水平或垂直配置模式浮动或停靠。此工具栏包含 5 个选项卡，分别为"建模""自由形式""选择""对象绘制"和"填充"，如图 2.125 所示。

石墨建模工具的显示切换可以单击 按钮来切换显示方式。切换显示效果如图 2.126 所示。

图 2.126

石墨建模工具的每个选项卡都包含许多面板，这些面板显示与否将取决于多边形物体的选择对象，如活动子对象层级等。用户可以使用右键菜单确定将显示哪些面板，还可以分离面板以使它们单独地浮动在界面上。通过拖动任一端即可水平调整面板大小，当使面板变小时，面板会自动调整为合适的大小。

石墨工具栏可以单独浮动显示，也可以嵌入 3ds Max 界面中水平或垂直显示。默认为水平显示。要使浮动显示，只需拖动左边的工具条，把该工具栏拖拉出来即可，如图 2.127 所示。当然，也可以拖动该工具栏到左侧或者右侧边框上释放即嵌入软件左侧或右侧中，如

图 2.128 所示。

图 2.127

图 2.128

石墨建模工具栏水平显示方式有 3 种，分别为最小化选项卡、最小化面板标题、最小化面板按钮，如图 2.129～图 2.131 所示。

图 2.129

图 2.130

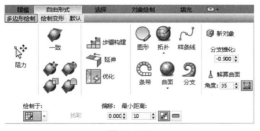

图 2.131

单击工具栏中的 按钮可以开启或关闭石墨建模工具。

石墨建模工具除了包含可编辑多边形建模的所有功能外，还增加了许多实用的功能。最强大之处就是"自由形式"选项卡，其面板如图 2.132 和图 2.133 所示。

图 2.132

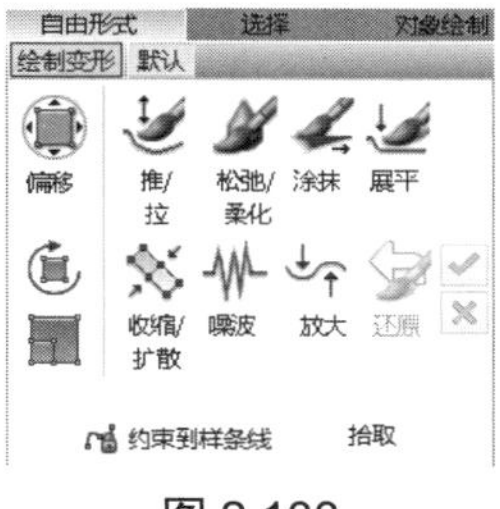

图 2.133

该选项卡不仅增加了拓扑功能，还增加了许多变形绘制功能，可以使创作者更加随心所欲地创作出自己的作品。石墨建模工具选项众多，如果要详细讲解的话，能编写一本书，所以这里就不再详细讲解了，有兴趣的用户可以专门来好好研究一下。要想学习每一个功能，其实也很简单，3ds Max 对石墨建模工具的说明也做了很大的努力，当光标放在石墨建模工具上时，会自动弹出该工具的使用方法同时配有文字图片说明，一目了然。

除此之外，石墨建模工具还提供了"对象绘制"选项卡，可以以拾取的模型为对象，在物体表面随意进行绘制复制。

2.6　软件常规基础设置

3ds Max 安装完成之后，系统自带了各种语言包，用户可以使用中文版、英文版、法语版、日语版等。在"开始"菜单中打开 Autodesk 文件夹，可以看到安装的各种 3ds Max 版本，选择所需要的版本即可打开相对应的语言版本，如图 2.134 所示。

本书主要以中文版 3ds Max 软件学习模型的制作方法。

在开始制作之前，首先来设置一些常用的快捷键，选择"自定义"|"自定义用户界面"命令，如图 2.135 所示。

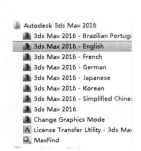

图 2.134

图 2.135

在弹出的自定义用户界面对话框的"类别"下拉列表框中选择 Editable Polygon Object(编辑多边形物体)选项，在下面的列表框中找到"NURMS 切换(多边形)"选项，在右侧的"热键"文本框中输入 Ctrl+Q，单击"指定"按钮，如图 2.136 所示。

用同样的方法在"类别"下拉列表框中选择 Views 选项，在下面的列表框中找到"以边面模式显示选定对象"选项，在右侧的"热键"文本框中输入 Shift+F4，单击"指定"按钮，如图 2.137 所示。该快捷键把当前选择的物体设置为显示线框。

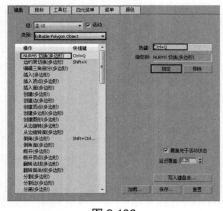

图 2.136

图 2.137

设置好快捷键后，接下来看一下如何使用快捷键。首先在视图中创建一个 Box 物体，按 Alt+W 快捷键把透视图最大化显示，然后按 J 键取消物体 4 个角的边框显示，按 F4 键打开自身的线框显示效果，右击，在弹出的快捷菜单中选择"转换为可编辑多边形"命令，此时就把该 Box 物体转换为可编辑的多边形物体。

　　按 Ctrl+Q 快捷键，模型就会自动细分显示，在弹出的参数面板中将"迭代次数"设置为 2，它的意思就是给模型 2 级的细分，如图 2.138 所示。按设定的 Ctrl+Q 快捷键就相当于打开了"使用 NURMS 细分"选项，浮动面板中的"迭代次数"值相当于常规参数面板中的"迭代次数"值。再次按 Ctrl+Q 快捷键，即可关闭细分显示效果。

　　接下来看一下 Shift+F4 快捷键的作用。正常情况下按 F4 键时，物体就会以"线框+实体"的方式显示，虽然这种显示方式比较直观，但是一旦场景中的模型较多时，就比较占用系统资源，有时也不便于观察。按 Shift+F4 快捷键，然后再次按 F4 键，此时只有被选中的物体才会显示边框+实体，如图 2.139 所示。要取消该显示效果，再次按 Shift+F4 快捷键即可。

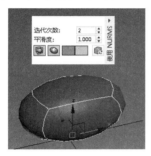
图 2.138

图 2.139

1. 自动保存设置

　　选择"自定义"｜"首选项"菜单命令，在弹出的"首选项设置"对话框中切换到"文件"选项卡，然后在"自动保存"选项组中设置"Autobak 文件数"为 3、"备份间隔/分钟"为 15 或者 20，这两个值的意思就是让 3ds Max 软件自身每隔多少分钟来自动保存一次文件，总共要保存多少个文件，如果"Autobak 文件数"的值为 3，就是总共要保存 3 个文件，然后依次覆盖保存。这里用户可以根据需要自行设置，默认值为每隔 5 分钟保存一次。其实，如果用户有良好的手动保存文件的习惯，在这里完全可以取消系统的自动保存功能。关闭之后的好处就是可以避免大型文件中的自动保存出现卡顿和耗时的情况，坏处就是，如果用户忘记手动保存文件，出现软件崩溃的情况下就会造成不可挽救的损失(当然，现有的 3ds Max 版本在出现软件崩溃时会提示用户保存文件)。

2. ViewCube 显示设置

　　3ds Max 软件默认打开时，在顶视图、前视图、侧视图和透视图中右上角会有一个图标的显示，如图 2.140 所示。

　　在制作模型的过程中，有时用户可能会觉得这个功能很碍事，一不小心就会点到它，造成视图的变换，很不方便，所以这个功能只需要在激活的视图中显示即可。在图标上右击，在弹出的快捷菜单中选择"配置"命令，在弹出的对话框中切换到 ViewCube 选项卡，选中"仅在活动视图中"单选按钮，设置"ViewCube 大小"为"细小"，设置"非活动不透明度"为 25%，如图 2.141 所示。

　　通过这样的设置后，ViewCube 就只在当前激活的视图中才会显示。

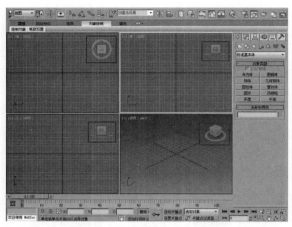

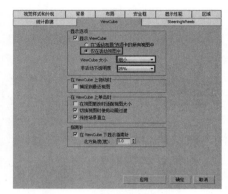

图 2.140

图 2.141

2.7　VRay 基础知识

　　VRay 是目前业界最受欢迎的渲染引擎之一。基于 VRay 内核开发的有 3ds Max、Maya、SketchUp、Rhino 等诸多软件，为不同领域的优秀 3D 建模软件提供了高质量的图片和动画渲染功能，方便使用者渲染各种作品。

　　VRay 渲染器提供了一种特殊的材质——VRayMtl。在场景中使用该材质能够获得更加准确的物理照明(光能分布)，更快的渲染，反射和折射参数调节更方便。使用 VRayMtl，用户可以应用不同的纹理贴图，控制其反射和折射，增加凹凸贴图和置换贴图，强制直接全局照明计算。

　　VRay 的安装也比较简单，下载好软件安装时系统会自动寻找 3ds Max 目录进行安装，可能一些版本在安装后需要进行激活或者破解设置，这里就不再说明破解方法了。

　　VRay 的调用也比较简单，按 F10 键打开渲染设置面板，在"渲染器"下拉列表中选择 VRay 渲染器即可，如图 2.142 所示。VRay 的渲染参数面板如图 2.143～图 2.145 所示。

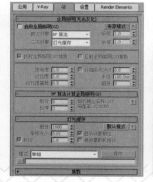

图 2.142　　　　　　　　　　图 2.143　　　　　　　　　　图 2.144　　　　　　　　　　图 2.145

注意

在 VRay 3.0 之后的版本中，渲染参数面板中提供了"默认模式""高级模式"和"专家模式"，通过单击这些按钮可以实现模式的切换。"默认模式"下的选项较少，适合初学者使用；"高级模式"下的选项相对多一些，适合对 VRay 有一定基础的人使用；"专家模式"下的选项也相对多一些，适合对 VRay 有一定深入了解的人调节参数使用。以"发光图"卷展栏为例，3 种模式下的不同参数面板如图 2.146～图 2.148 所示。

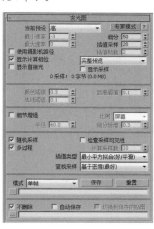

图 2.146　　　　　　　　　图 2.147　　　　　　　　　图 2.148

VRay 提供了一些内部的 VRay 材质，要使用 VRay 材质必须先设定渲染器为 VRay 渲染器，设定好后，按 M 键打开"材质编辑器"对话框，单击 Standard 按钮，在弹出的"材质/贴图浏览器"对话框中即可看到 VRay 材质，如图 2.149 所示。

除此之外，VRay 还提供了一些 VR-基本体。单击 (创建) | (几何体)按钮，在其下拉列表(见图 2.150)，选择 VRay 选项，可以看到提供的一些工具(见图 2.151)。除此之外，还提供了 VRay 灯光、VRay 相机、VRay 辅助对象等，如图 2.152～图 2.154 所示。有关内容将在后面的章节中进行讲解。

图 2.149　　　　　　　　　图 2.150　　　　　　　　　图 2.151

图 2.152

图 2.153

图 2.154

本章内容主要介绍了 3ds Max 和 VRay 的一些基础界面和简单的操作方法，目的是让用户认识和熟悉一些简单的使用操作，便于后面知识点的详细讲解。

第3章

香水瓶的制作与渲染

　　香水是很多女性比较钟爱的物品，香水品牌的推广，有很多的方式，比如广告、影视等，而香水瓶的设计对于香水品牌的推广也有一定的促进作用，所以，一款设计精巧、时尚的香水瓶是可以使很多人记住这个品牌的，对于提升香水的销售量有一定的帮助。下面就来详细了解一下香水瓶设计的理念和技巧。

　　好的香水应该是不寻常、不怪诞、有较强个性的，能使人记住的，并且是有活力和强度的，醇厚香气是逐渐散发出来的，不会中断、扩散好、有持久力、香气稳定、氛围香、经久不散。同时，也要有独特的香水瓶型和香水包装，形成有机的统一体，给人以高贵、典雅之感。空中的香气味道本是无法通过包装留下来的，但是好的设计会使人感受到空气中的味道。香水包装的造型、色彩、结构、文字及辅助的形象设计，都能打动观者的嗅觉习惯，仿佛能辨别出空气中香水的味道。

　　香水瓶设计包装无论是从瓶型、色彩，还是外包装设计上，都应该符合香水本身的特质。如：有的香水表现的是浪漫、温柔和性感；有的是追求优雅得体、细腻、宁静、和谐；有的是表现高贵、典雅；也有的是纯情、可爱、清新、充满自信与幸福。

　　现在大家对于香水瓶设计的理念和技巧的相关知识有了基本的了解，瓶子的设计要注意体现时尚、纯情、自信等的理念。

设计思路

本章中学习的香水瓶制作，瓶身以方形为主，加以适当的形状变形；瓶盖以半圆形为主，并在表面上赋予条纹的凹凸纹理，着重表现出高贵、典雅的气质。

效果剖析

本章的香水瓶制作过程如下。

香水瓶制作流程图

技术要点

本章的技术要点如下。

- 创建长方体时参数中分段参数的控制；
- 多边形建模时加线的方法和注意事项；
- 多边形建模时细分后物体边缘圆角的控制；
- VRay 渲染器渲染引擎的原理和选择；
- 贴图设置；
- 渲染设置。

制作过程

先制作瓶身，然后制作瓶盖，最后是材质贴图设定以及最终的渲染。

3.1 瓶身的制作

在制作模型之前，首先设置一下软件系统单位。选择菜单"自定义"｜"单位设置"命令，在弹出的"单位设置"对话框中，选择"公制"下拉列表中的"毫米"选项，如图 3.1 所示。

step 01 单击 ✳(创建)｜◯(几何体)｜ 长方体 按钮，在视图中创建一个长方体。设置"长度"为 45mm、"宽度"为 80mm、"高度"为 80mm、"长度"分段为 2、"宽度"分段为 2、"高度"分段为 3，效果及参数如图 3.2 和图 3.3 所示。

本书中的模型制作均用到多边形建模的方法，所谓多边形建模，就是将物体转换为可编辑的多边形，然后进行点、线、面等调节的过程。将物体转换为可编辑多边形有以下几种方法。

图 3.1

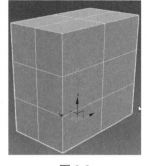

图 3.2

图 3.3

(1)　右击模型，在弹出的快捷菜单中选择"转换为"|"转换为可编辑多边形"命令(如图 3.4 所示)，将模型转换为可编辑的多边形物体。然后单击 按钮，进入"修改"命令面板，可以看到多边形建模的常用命令和工具，如图 3.5 所示。

当依次单击 按钮时，即可快速进入多边形建模的"点""线""边界""面"和"元素"级别。当进入不同级别时，下方的工具面板也会随之发生变化。

(2)　单击 按钮，进入"修改"命令面板，单击"修改器列表"右侧的小三角按钮，在其中拉列表中选择"编辑多边形"修改器，如图 3.6 所示。使用这种方法可以添加多边形建模修改器命令对物体进行多边形的修改调整。

图 3.4

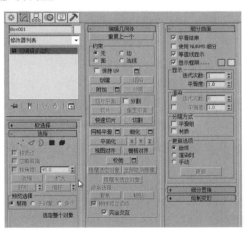

图 3.5

图 3.6

(3)　依次在石墨建模工具面板中单击"建模"|"多边形建模"|"转化为多边形"按钮(如图 3.7 所示)，也可以快速将物体转换为多边形物体。

step 02　按 1 键，进入多边形的"顶点"级别，在顶视图中分别将左右、上下位置的点使用缩放工具缩放调整至图 3.8 所示。按 2 键，进入多边形的"边"级别，选择图 3.9 中的一条边，单击 按钮快速选择环形线段，如图 3.10 所示。此处需要加线调整，加线的方法也有两种，第一种是右击物体，在弹出的快捷菜单中单击"连接"命令前面的 按钮(如图 3.11 所示)，即可打开加线高级设置框。第二种方法是单击"修改"命令面板中的"连接"按钮后面的 按钮(如图 3.12 所示)，即可打开加线高级设置框。这两种方法位置虽然不同，但是命令参数完全一致。

图 3.7

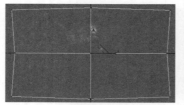

图 3.8

图 3.9

图 3.10

图 3.11

图 3.12

选择好图 3.10 中的环形线段后，通过调整加线高级设置框中的参数可以调整加线的数量、所加线段的偏移等。图 3.13 和图 3.14 所示的分别为第一个参数为 1 和 2 的不同效果。

第二个参数用来控制线段扩张或者收缩的偏移。当调整数值为 30 时，效果如图 3.15 所示。当该参数为默认值 0 时，所添加的线段是平均分布的，当调整该值时，可以控制线段是向两边扩张还是向中间收缩，前提是所添加线段的数量要大于 1，当该值为 1 时，该值不起任何作用。第三个参数用来控制所加线段同时向哪一边偏移。当偏移数值为 60 时的对比效果如图 3.16 所示。

图 3.13

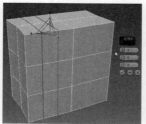

图 3.14

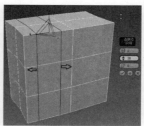

图 3.15

图 3.16

step 03 接下来分别在长方体的上下左右前后边缘位置加线，如图 3.17～图 3.20 所示。按 Ctrl+Q 快捷键细分该模型，将"迭代次数"设置为 2，如图 3.21 所示，效果如图 3.22 所示。

从图 3.22 中观察可以发现，物体在细分之后边缘棱角的圆角值太小，也就是棱角过于尖锐，那么如何调整边缘的圆角值大小呢？在"线"级别下，分别选择图 3.23 和图 3.24 中的线段，使用缩放工具将线段向内收缩调整，再次按 Ctrl+Q 快捷键细分该模型，细分效果如图 3.25 所示。对比图 3.22 和图 3.25 可以发现，图 3.25 中 8 条边的细分圆角要大于图 3.22 中的圆角，看上去更加圆润光滑一些。

如需边缘更加圆滑，可以将顶部和底部所有点向内缩放调整，如图 3.26 所示。细分效果
如图 3.27 所示。

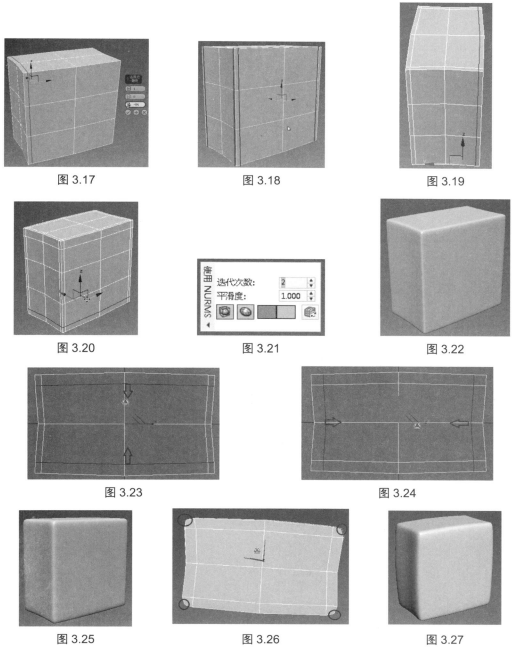

图 3.17　　　　　　　　图 3.18　　　　　　　　图 3.19

图 3.20　　　　　　　　图 3.21　　　　　　　　图 3.22

图 3.23　　　　　　　　　　　　　图 3.24

图 3.25　　　　　　　　图 3.26　　　　　　　　图 3.27

step 04　单击 (创建) | (图形) | 多边形 按钮，在前视图中创建一个多边形，然后单击
按钮，进入"修改"命令面板，设置"半径"为 11mm、"边数"为 12。右击多边形，在
弹出的快捷菜单中选择"转换为" | "转换为可编辑样条线"命令，将矩形转换为可编辑的

样条线。按 2 键，进入"线"级别，框选所有线段，如图 3.28 所示。设置"拆分"按钮右侧的数值为 1，并单击该按钮，将线段平均拆分，效果如图 3.29 所示。注意：如果数值设置为 2，线段会被平均拆分成 3 部分，依次类推。

选择所有拆分的点，如图 3.30 所示。此时希望将所有选择的点以样条线的中心向内整体缩放，但是默认的坐标轴心不在物体的中心位置上，所以要先设置一下物体的轴心。长按 按钮，在弹出的下拉按钮中单击如图 3.31 所示的按钮，这样就切换了选择物体的公共轴心，结果如图 3.32 所示。

使用缩放工具沿 XY 轴方向向内缩放调整，如图 3.33 所示。右击，在弹出的快捷菜单中选择 Bezier 命令，将选择的点转换为 Bezier 点，如图 3.34 所示。

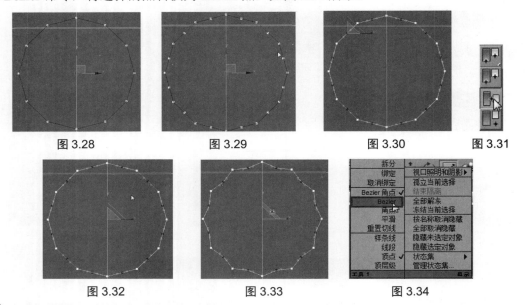

图 3.28　　　　　　　图 3.29　　　　　　　图 3.30　　　　　图 3.31

图 3.32　　　　　　　图 3.33　　　　　　　图 3.34

知识点

在创建线时，需要注意的是它的拖动类型，如图 3.35 所示。当拖动类型选择"角点"时，拖动创建的点为角点，如图 3.36 所示。当拖动类型选择"平滑"时，创建的点为平滑点，如图 3.37 所示。当拖动类型选择 Bezier 时，创建的点为 Bezier 点。Bezier 点和平滑点在创建时看上去没什么区别，但是当进入"修改"命令面板中的"点"级别时，选择某个点时就会发现它们有很大的区别。

"角点""Bezier 角点"Bezier 和"平滑"可以互相转换。转换的方法：右击，在弹出的快捷菜单中选择要转换点的类型即可，如图 3.38 所示。

那么，什么是"角点""Bezier 角点"Bezier 和"平滑"呢？"角点"比较容易理解，就是用于创建带有角度的线段，线段与线段之间过渡比较直接，可以理解为两条线段之间的夹角。"Bezier 角点"和 Bezier 有些类似，都有两个可控的手柄，"Bezier 角点"的两个手柄可以单独调整方向，从而控制线段的形状，如图 3.39 和图 3.40 所示。Bezier 的两个手柄是关联在一起的，调整其中的任意一个手柄，另一个也会跟随变化调整，如图 3.41 所示。"平滑"可以将连接的线段与线段平滑过渡，但是没有可控的手柄调节，如图 3.42 所示。

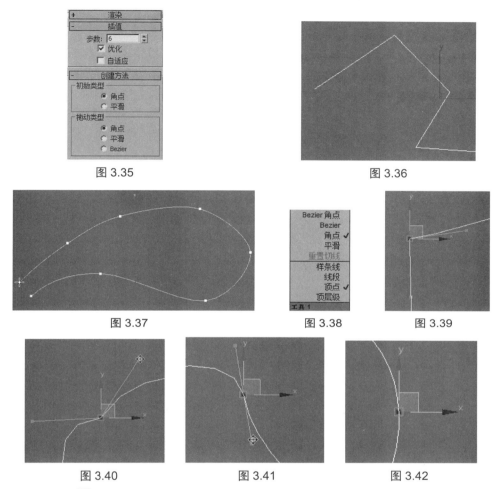

图 3.35　　　　　　　　　　图 3.36

图 3.37　　　　　　　　图 3.38　　　　　　图 3.39

图 3.40　　　　　　　　图 3.41　　　　　　　图 3.42

step 05 ▶ 单击 ⁂(创建)｜◻(图形)｜⎡　线　⎤按钮，在视图中创建如图 3.43 所示的样条线，单击◻按钮，在弹出的镜像对话框中设置参数，如图 3.44 所示。镜像出另一半后移动调整好位置，如图 3.45 所示。单击⎡ 附加 ⎤按钮，拾取复制的样条线并将其附加为一个整体，框选对称中心位置的点，单击⎡ 焊接 ⎤按钮将两点焊接起来，效果如图 3.46 所示。

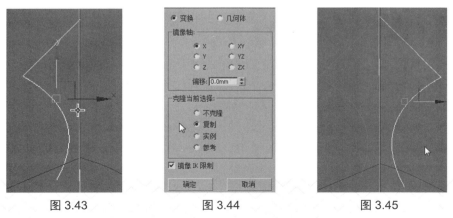

图 3.43　　　　　　　　图 3.44　　　　　　　图 3.45

该样条线需要将底部封口，其处理方法有两种。

（1）在"点"级别下，右击，从弹出的快捷菜单中选择"细化"命令，在底部点的附近线段上单击添加一个点，然后将底部的点移动到右侧点的位置，并使用焊接工具将两点焊接起来。

（2）右击 ![按钮]，在弹出的"栅格和捕捉设置"对话框中勾选"顶点"复选框，如图3.47所示。然后单击 ![按钮]开启捕捉开关，分别在底部两点之间创建一条直线，如图3.48所示。注意，创建的这条直线虽然和原有的样条线同属于一个物体级别，但是点与点之间是独立的。当选择一个点并移动时可以直观地观察到(如图3.49所示)，所以此处需要将这些点焊接调整。框选重叠的两个点，单击 ![焊接]按钮将两点焊接，另一侧的两个点执行相同操作。

如果需要将角点调整为圆角，该如何处理呢？可以通过 ![圆角]和 ![切角]来实现。图3.50所示分别为圆角和切角的不同效果。此处将中间位置的点调整为切角，如图3.51所示。

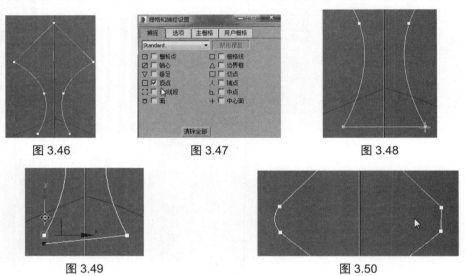

图3.46　　　　　　　图3.47　　　　　　　图3.48

图3.49　　　　　　　　　　图3.50

切换到旋转工具，从图3.52中可以得知当前它的坐标轴心在自身上，此处希望将其沿着外侧的红色样条线旋转复制，所以还是要先调整它的旋转轴心，在工具栏的"视图"下拉列表中选择"拾取"选项，如图3.53所示。

拾取红色样条线，样条线的轴心没有发生任何变化，长按 ![按钮]按钮，选择 ![按钮]按钮，如图3.54所示。设置好轴心后的效果如图3.55所示。单击 ![按钮]按钮，打开角度捕捉，快捷键为A，按住Shift键旋转30°复制，如图3.56所示。在弹出的对话框中设置"副本数"为11，单击"确定"按钮后的复制结果如图3.57所示。

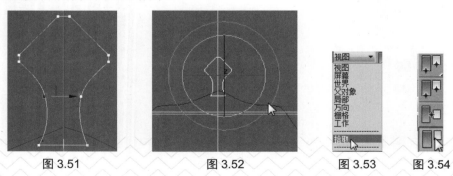

图3.51　　　　　　　图3.52　　　　　　　图3.53　　　　图3.54

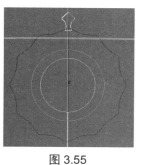
图 3.55

图 3.56

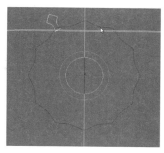
图 3.57

 知识点

　　接下来要用到样条线与样条线之间的布尔运算制作出所需要的形状。首先创建一个圆形和矩形，将其中的一个转换为可编辑的样条曲线，单击 附加 按钮，拾取圆形或者矩形将两者附加为一个物体(样条线之间的布尔运算必须为一个物体级别)。按 3 键，进入"样条线"级别，选择圆形，如图 3.58 所示。单击 (并集)按钮，然后单击 布尔 按钮，拾取矩形，并集运算效果如图 3.59 所示。

　　图 3.60 和图 3.61 所示分别是单击 (差集)和 (交集)按钮后布尔运算的效果。

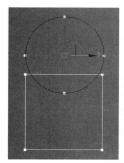
图 3.58

图 3.59

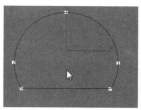
图 3.60

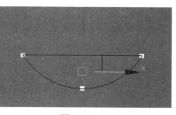
图 3.61

step 06 单击 附加 按钮将旋转复制的所有样条线附加起来，如图 3.62 所示。然后按 3 键，进入"样条线"级别，选择中间的线段，如图 3.63 所示。单击 (并集)按钮，然后单击 布尔 按钮，拾取外侧所有样条线，运算后的效果如图 3.64 所示。

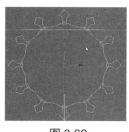
图 3.62

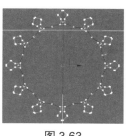
图 3.63

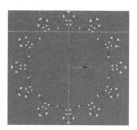
图 3.64

 知识点

　　接下来需要将二维曲线生成三维模型，方法有以下几种。

　　(1)　添加"挤出"修改器可以直接将二维曲线挤出生成三维模型，效果如图 3.65 所示。

（2）添加"倒角"修改器。"倒角"修改器和"挤出"修改器原理相同，只是它分为 3 次挤出，第一次和第三次在挤出的同时又可以放大或者缩小挤出的面，如图 3.66 和图 3.67 所示。

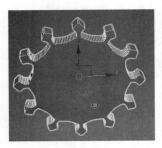

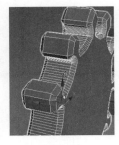

图 3.65　　　　　　　　　　图 3.66　　　　　　　　　　图 3.67

（3）添加"倒角剖面"修改器。"倒角剖面"修改器和"挤出"修改器以及"倒角"修改器原理不同，它是通过一条样条线的形状来影响挤出倒角后的效果。首先创建一个拐角的样条线，如图 3.68 所示。选择图 3.69 中的标注 1 样条线，在"修改器列表"中添加"倒角剖面"修改器，然后单击"拾取"按钮，拾取标注 2 中的样条线，效果如图 3.70 所示。

倒角剖面的默认效果很显然不是希望得到的效果，此时展开"倒角剖面"修改器面板(见图 3.71)，进入剖面 Gizmo 级别，使用旋转工具沿 X 轴或者 Y 轴或者 Z 轴旋转 90°，具体沿哪个轴向旋转要根据不同场景不同的设置，可以多试验几次，选择调整后的结果如图 3.72 所示。

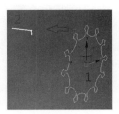

图 3.68　　　　　　　　　　　　　　　　　　　　图 3.69

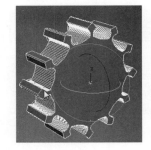

图 3.70　　　　　　　　　　图 3.71　　　　　　　　　　图 3.72

以上是几种二维曲线生成三维模型的方法。此处直接使用"挤出"修改器挤出即可。

　知识点

挤出之后的模型布线较密，如图 3.73 所示。这是因为创建的样条线有些点为 Bezier 点，同时"插值"卷展栏下的"步数"设置较高引起的，如图 3.74 和图 3.75 所示。

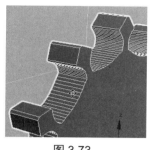
图 3.73

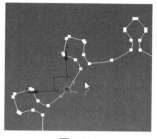
图 3.74

图 3.75

将步数设置为 0，如图 3.76 所示，设置后的模型布线大大减少，效果如图 3.77 所示。

右击模型，在弹出的快捷菜单中选择"转换为"｜"转换为可编辑多边形"命令，将模型转换为可编辑的多边形物体。该模型需要更加平滑的效果，但是当前模型如果直接细分的话，效果会非常糟糕，这是因为正面的面是多边形，在细分之前需要手动调整布线效果。切换到前视图，选择图 3.78 中的两个点，按 Ctrl+Shift+E 快捷键加线，效果如图 3.79 所示。

使用同样的方法将其他位置也做同样的加线，处理后的效果如图 3.80 所示。切换到"面"级别，选择图 3.81 所示中的面，单击 [倒角] 按钮后面的□按钮，设置倒角值将面倒角挤出。

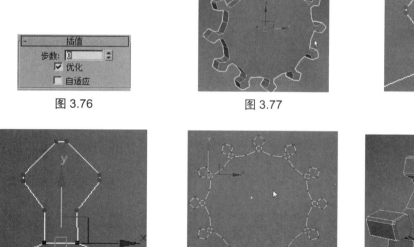

图 3.76

图 3.77

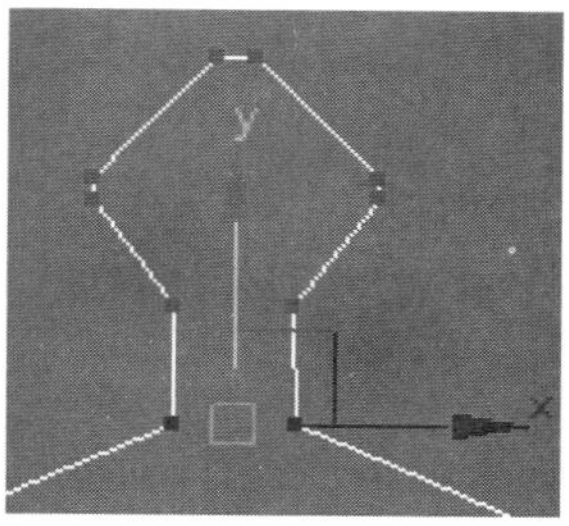

图 3.78

图 3.79

图 3.80

图 3.81

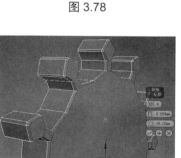

选择图 3.82 中的面向内倒角，注意该处如果倒角值过大，红圈位置的点会出现一些交叉现象，所以要先用点焊接工具将红圈中的点焊接调整。调整后，再次选择面依次向内倒角，效果如图 3.83 所示。最后将中心位置的所有点焊接起来，按 Ctrl+Q 快捷键细分该模型，效果如图 3.84 所示。

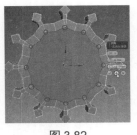

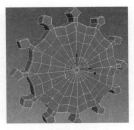

图 3.82　　　　　　　　　　　图 3.83　　　　　　　　　　　图 3.84

3.2　瓶盖的制作

本章中模型细节的表现部分在于瓶盖，所以瓶盖的模型制作要更加精细一些。

step 01　在顶视图中创建一个球体，设置"半径"为 21mm、"分段数"为 16。右击，在弹出的快捷菜单中选择"转换为"｜"转换为可编辑多边形"命令，将模型转换为可编辑的多边形物体，如图 3.85 所示。按 1 键，进入"点"级别，删除底部所有的点，如图 3.86 所示。

step 02　在"线"级别下，选择如图 3.87 所示的线段，单击 挤出 按钮后面的 按钮，在弹出的"挤出"高级设置框中设置挤出值，如图 3.88 所示。此处将线段向内倒角挤出。

再选择图 3.89 所示的线段，按 Ctrl+Shift+E 快捷键加线，效果如图 3.90 所示。

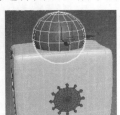

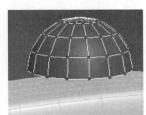

图 3.85　　　　　　　　　　　图 3.86　　　　　　　　　　　图 3.87

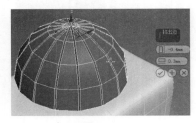

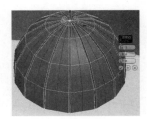

图 3.88　　　　　　　　　　　图 3.89　　　　　　　　　　　图 3.90

因为当前的模型是一个半球形，添加线段之后需要将所加线段向外缩放调整。切换到顶视图中，使用缩放工具沿 XY 轴向外缩放，缩放前后的对比效果如图 3.91 和图 3.92 所示。

step 03　按 3 键，进入"边界"级别，选择底部的边界线，按住 Shift 键向下挤出面后再向内缩放调整，如图 3.93 所示。继续按住 Shift 键向内挤出面后再向上挤出面，如图 3.94 所示。

选择图 3.95 所示的环形线段，单击 切角 按钮后面的 按钮，在弹出的"切角"高级设置框中设置切角值，按 Ctrl+Q 快捷键细分该模型，效果如图 3.96 所示。

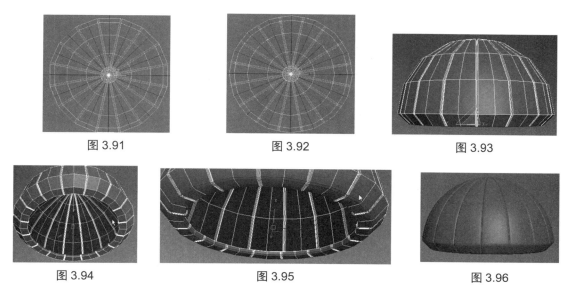

图 3.91　　　　　　　　　　图 3.92　　　　　　　　　　图 3.93

图 3.94　　　　　　　　　　图 3.95　　　　　　　　　　图 3.96

step 04 在图 3.97 所示的位置创建一个管状体。右击该管状体，在弹出的快捷菜单中选择"转换为"｜"转换为可编辑多边形"命令，将模型转换为可编辑的多边形物体。进入"线"级别，选择内侧所有的线段，如图 3.98 所示。按 Delete 键删除内侧的面。

分别选择外侧上下环形线段并切角，如图 3.99 所示。细分效果如图 3.100 所示。

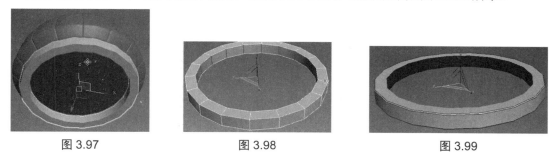

图 3.97　　　　　　　　　　图 3.98　　　　　　　　　　图 3.99

step 05 在图 3.101 所示的位置创建一个圆柱体，然后将其转换为可编辑多边形物体，对边缘的线段进行切角设置，如图 3.102 所示。

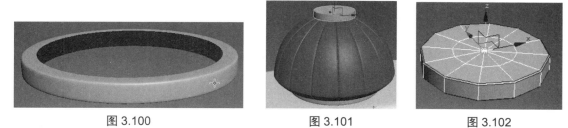

图 3.100　　　　　　　　　　图 3.101　　　　　　　　　　图 3.102

切换到移动工具，按住 Shift 键向上移动复制，然后沿 XY 轴方向向内缩放，如图 3.103 所示。进入"点"级别，选择顶部的点并向内缩放调整，如图 3.104 所示。

模型的最终效果如图 3.105 所示。

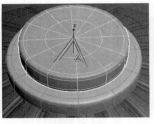
图 3.103

图 3.104

图 3.105

3.3　模型的材质贴图设置

模型制作完成后，接下来设置材质和贴图以及最终的渲染。本书中用到的渲染器是 VRay 渲染器。

下载好安装客户端后，直接安装即可，安装过程不再详细讲解。

 安装好渲染器后，按 F10 键可以快速打开"渲染设置：默认扫描线渲染器"对话框，如图 3.106 所示。默认渲染器为扫描线渲染器，如需设置为 VRay 渲染器，需要在"公用"对话框中展开"指定渲染器"卷展栏，然后单击"产品级"右侧的按钮，如图 3.107 所示。

然后在弹出的"选择渲染器"对话框中选择 V-Ray Adv 3.20.03，单击"确定"按钮，如图 3.108 所示。除了该方法外，最直接快速的方法是直接在"渲染设置：默认扫描线渲染器"对话框中的"渲染器"下拉列表中选择 V-Ray Adv 3.20.03 渲染器即可，如图 3.109 所示。

设置好 VRay 渲染器后的对话框如图 3.110 所示。

图 3.106

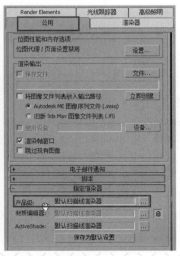
图 3.107

图 3.108

图 3.109

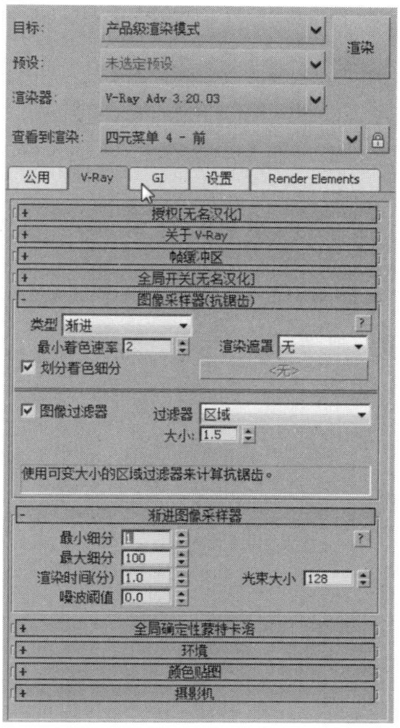

图 3.110

单击■按钮或者按 M 键可以打开"材质编辑器"对话框，如图 3.111 所示。

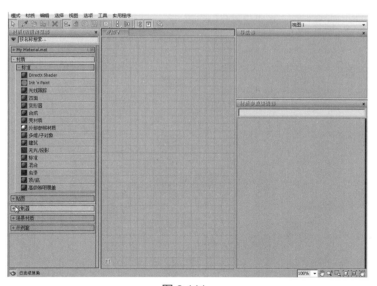

图 3.111

3ds Max 默认的材质面板为节点式控制面板，如需切换到之前的材质球类型，可以选择"模式"｜"精简材质编辑器"命令，如图 3.112 所示。切换后的"材质编辑器"对话框如图 3.113 所示。

图 3.112

在任意一个材质球下单击漫反射 右侧的小按钮即可打开"材质/贴图浏览器"对话框，如图 3.114 所示。在"材质/贴图浏览器"对话框中可以设置不同的贴图类型。当单击 [　Standard　] 按钮时，可以切换选择不同的材质类型，如图 3.115 所示。

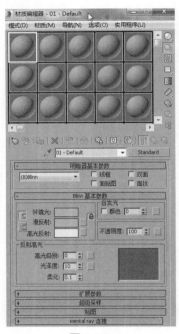

图 3.113

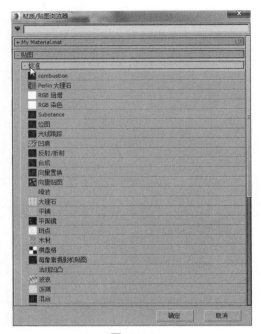

图 3.114

切换到 VRay 渲染器时，当打开"材质/贴图浏览器"对话框时可以发现系统多出了一些 VRay 的不同材质，如图 3.116 所示。

图 3.115

图 3.116

单击 ✸(创建)｜◁(灯光)按钮，然后在"光度学"下拉列表选择 VRay，如图 3.117 所示。在该面板中可以创建一些 VR-灯光、VR-环境灯光、VRayIES 以及 VR-太阳，如图 3.118 所示。

step 02 以上是 VRay 的一些简单特性介绍，接下来学习材质贴图的制作。我们需要在图 3.119 所示的每个类似面上赋予一张网格类型的凹凸纹理。首先选择图 3.120 所示的面，然后在石墨建模工具的"修改选择"选项卡中单击"相似"按钮，如图 3.121 所示。这样就可以快速选择相似的面，如图 3.122 所示。使用同样的方法再选择底部的面，如图 3.123 所示。

图 3.117

图 3.118

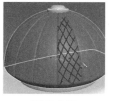
图 3.119

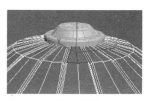
图 3.120

图 3.121

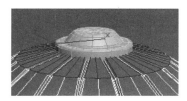
图 3.122

图 3.123

使用这种方法选择如图 3.124 所示的所有面，按 Ctrl+Q 快捷键细分该模型，效果如图 3.125 所示。此时会发现细分后有一些面没有选择上，单击 扩大 按钮向外扩大选择，效果如图 3.126 所示。

图 3.124

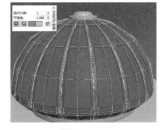
图 3.125

图 3.126

在展开的"多边形：材质 ID"卷展栏(见图 3.127)中，设置 ID 为 2，按 Enter 键，这样就把所选择的面设置了 2 号 ID，按 Ctrl+I 快捷键反选面，如图 3.128 所示。然后，使用同样的方法设置为 1 号 ID，如图 3.129 所示。

设置好 ID 后，也可以在"选择 ID"微调框中输入 ID 号，然后单击"选择 ID"按钮快速选择设置的 ID 面。

图 3.127　　　　　　　　　　图 3.128　　　　　　　　　　图 3.129

step 03　按 M 键打开"材质编辑器"对话框，单击 Standard 或者 Arch & Design(如果 3ds Max 为建筑版本)按钮，在打开的"材质/贴图浏览器"对话框中，在 VRay 卷展栏下选择 VRayMtl 材质，将材质设置为 VRay 标准材质。单击"漫反射"右侧的颜色块，在弹出的颜色选择器中设置颜色值为红=116、绿=84、蓝=56，单击"确定"按钮。

VRay 材质的反射和折射是通过黑白颜色来控制的，黑色代表不反射和不折射，白色代表完全反射和完全折射，如果是灰色则表示半反射和半折射，也就是半透明效果。除了使用黑白灰控制反射和折射外，还可以通过其他颜色来控制。

VRay 材质中的 高光光泽 L 1.0 高光光泽默认为锁定的，单击 L 按钮即可解锁，后面的数值调节就可以设置了。高光光泽值越小，高光面积越大，高光强度越低。此处设置为 0.75 左右。

选择另一个材质球，单击 Standard 按钮，在标准材质列表中选择"多框/子对象"材质，此时系统会弹出一个如图 3.130 所示的提示框，"丢弃旧材质"的意思是丢弃当前设置的材质，"将旧材质保存为子材质"的意思是将当前的材质作为一个子材质后再新增 N 种新的子材质。一般情况下，如果当前材质没有做任何改变，这两个选项选择哪一个都无所谓；如果当前材质已经做了更改，需要保留当前材质的话，就需要选择"将旧材质保存为子材质"选项。单击"确定"按钮后的"多维/子对象基本参数"卷展栏如图 3.131 所示。

系统默认的多维子材质比较多，可以单击"删除"按钮删除多余的子材质，此处只保留两个即可。选择第一个材质球，单击并拖动到多维子材质的"无"按钮上，如图 3.132 所示，此时系统会提示用户拖动复制的这个材质是直接复制过来，还是要将两个材质以实例的方式进行关联。因为在后期可能会对材质再进一步更改，所以需要将两个材质关联起来，这里勾选"实例"单选按钮，如图 3.133 所示。

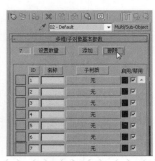

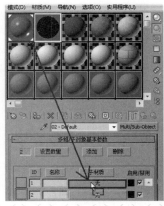

图 3.130　　　　　　　　　　图 3.131　　　　　　　　　　图 3.132

step 04　选择第一个材质球后将其拖动到第三个材质球上，如图 3.134 所示。然后把第三个材质球拖动到多维子材质的第二个材质的"无"按钮上，如图 3.135 所示。之所以这样做，是为了在保留第一个材质颜色和一些参数的基础上再适当增加一些新的特性。

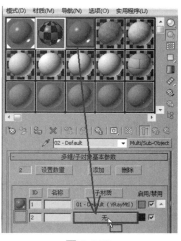

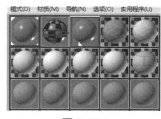

图 3.133　　　　　　　　　图 3.134　　　　　　　　　图 3.135

在第三个材质的"凹凸"通道上单击"无"按钮，在弹出的"材质/贴图浏览器"对话框中选择"位图"材质，如图 3.136 所示。选择一张网格状的贴图，如图 3.137 所示。

进入"修改"命令面板，添加"UVW 贴图"修改器，在"参数"卷展栏中选择"球形"类型，按 Shift+Q 快捷键渲染，效果如图 3.138 所示。

这种凹凸纹理在视图中是直接显示不出来的，需要渲染后才能看得到，所以想直接观察凹凸纹理效果的话，可以将"凹凸"通道上的纹理拖动到"漫反射"通道上，如图 3.139 所示。贴图复制方法选择"实例"，如图 3.140 所示。

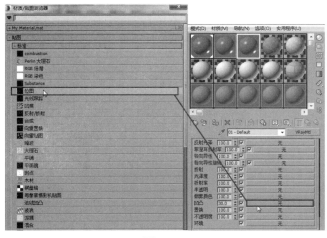

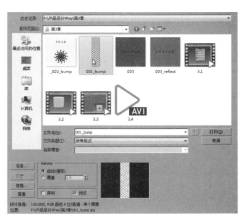

图 3.136　　　　　　　　　　　　　　　　　图 3.137

图 3.138

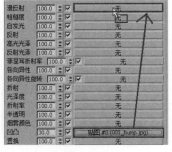
图 3.139

图 3.140

复制完成后会在模型上显示出凹凸贴图的纹理，如图 3.141 所示。此处主要是为了观察凹凸的纹理重叠走向，最终不需要显示这样的效果。

在"坐标"卷展栏中设置贴图的重叠次数，即"瓷砖"的数值，它的意思就是贴图在 U 向和 V 向重叠多少次，此处根据比例设置为 15 和 1.5，如图 3.142 所示。当然，也可以展开"UVW 贴图"修改器，进入 Gizmo 子级别，使用缩放工具缩放调整重叠次数，效果如图 3.143 所示。

图 3.141

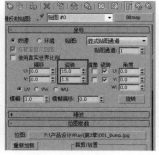
图 3.142

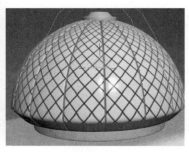
图 3.143

设置满意后，在"漫反射"通道上右击，在弹出的快捷菜单中选择"清除"命令，如图 3.144 所示。清除后视图中的模型就不再显示网格状纹理，如图 3.145 所示。

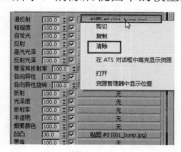
图 3.144

图 3.145

step 05 ▶ 按 F10 键打开渲染设置对话框，在"图像采样器(抗锯齿)"卷展栏中设置"类型"为"固定"，如图 3.146 所示。在"公用"选项卡下的"公用参数"卷展栏中设置测试渲染尺寸为 640×480，如图 3.147 所示。测试渲染效果如图 3.148 所示。

图 3.146

图 3.147

图 3.148

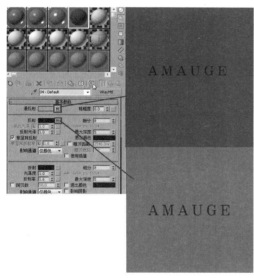

图 3.149

图 3.150

step 06　选择香水瓶瓶身模型，进入"修改"命令面板，添加"UVW 贴图"修改器，在"参数"卷展栏中将贴图类型设置为"长方体"。再选择一个空白材质球，分别在"漫反射"通道和"反射"通道上赋予不同的贴图，如图 3.149 所示。模型显示效果如图 3.150 所示。

此时字母的位置不是希望得到的效果。所以需要单独调整它的位置。进入"修改"命令面板，添加"UVW 展开"修改器，在"编辑 UV"卷展栏中单击"打开 UV 编辑器"按钮，打开"编辑 UVW"对话框，如图 3.151 所示。在"编辑 UVW"对话框中单击勾选按钮，选择图 3.152 中的 UV 面。先将选择的面移到一边，然后将剩余的所有 UV 面缩放后移出 UV 框外，最后将移动一边的 UV 面移动到 UV 框中，如图 3.153 所示。为了更加直观地观察贴图中字母的显示效果，可以在该对话框右上角的下拉列表中选择"贴图#1"选项，如图 3.154 所示。

此时 UV 框中的显示效果如图 3.155 所示。移动当前的 UV 面逐步调整贴图中的字母在模型上的位置，直至满意为止，最终效果如图 3.156 和图 3.157 所示。

如果希望调整贴图中字母的大小，可以将选择的 UV 面放大处理，如图 3.158 和图 3.159 所示。

按 M 键，打开"材质编辑器"对话框，在"基本参数"卷展栏中，设置"高光光泽"为 0.75、"反射光泽"为 0.7、"细分"为 16、"菲涅耳折射率"为 3.0，如图 3.160 所示。

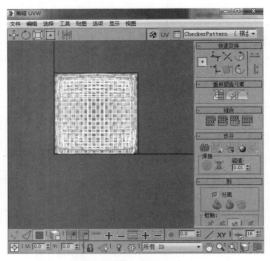

图 3.151

图 3.152

图 3.153

图 3.154

图 3.155

图 3.156

图 3.157

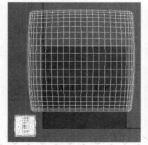

图 3.158

图 3.159

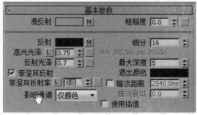

图 3.160

step 07　将如图 3.161 所示的两个物体附加在一起，选择 VRay 标准材质，将"漫反射"颜色设置为红=114、绿=86、蓝=52，将"反射"颜色设置为红=156、绿=134、蓝=97，在"凹凸"通道中赋予一张如图 3.162 所示的贴图。为了便于在模型上直接观察显示效果，将该贴图拖动到"漫反射"通道并关联复制。

　　同样，给当前模型添加"UVW 展开"修改器，在"编辑 UVW"对话框中将显示类型设置为"贴图#4"，如图 3.163 所示。然后选择花纹正面的 UV 面，通过缩放工具和移动工具调整 UV 面的大小和位置至如图 3.164 所示。

图 3.161

图 3.162

图 3.163

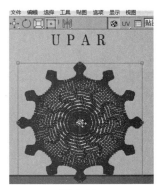

图 3.164

　　选择如图 3.165 所示的 UV 面，单击▣(断开)按钮，在"编辑 UVW"对话框中，使用移动工具将断开的面移动到字母上，配合缩放工具缩放调整这几个 UV 面的大小和位置，如图 3.166 所示。调整后的效果如图 3.167 所示。

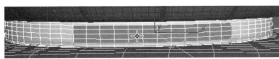

图 3.165

图 3.166

　　在"漫反射"通道上右击，在弹出的快捷菜单中选择"清除"命令，如图 3.168 所示，将贴图清除。

　　按 Shift+Q 快捷键，渲染效果如图 3.169 所示。

　　如果凹凸效果太明显，可以通过调整"凹凸"通道中的参数值进行调整。

图 3.167

图 3.168

图 3.169

3.4 全局照明引擎的特点

在具体讲解 VRay 渲染器参数之前，我们先来了解一下 VRay 渲染器的原理。要表现一个真实的物体需要三个条件：第一个是纹理表现，纹理表现一般在三维软件中来实现；第二个是材质；第三个是灯光表现。材质和灯光就需要在渲染器软件中实现，比如 3ds Max 中内置的扫描线渲染器或者 VRay 渲染器渲染软件等。

现实生活中的光线是由无数条光线组成的，比如一个白炽灯泡，接通电源就会发射出无数条光线来照亮其他物体。

现实世界中的物体是由直接光照和间接光照的光线照亮物体的。那么什么是直接光照和间接光照呢？比如图 3.170 中白色线框为一个封闭的空间，右侧蓝色球体为框上的一个点，室内有一处光源，光源发出无数条光线，其中绿色线段为其中的一条，它发出的光线直接照射到蓝色的点上，该光线就是直接光照。白色线段也是光源发出的一条光线，它先照射到顶部的墙壁上，又反弹到蓝色的点上，那么这条光线就是间接光照。

VRay 在渲染计算的时候不可能把所有光线都参与进来，因为它有无数条光线，每条光线都参与计算的话，系统也是无法完成的。所以 VRay 计算渲染过程是有一定的方法和标准的。比如图 3.171 中有一个摄像机，右下角红色区域是 VRay 摄像机的可视范围，VRay 摄像机会发射许多搜寻光线来判断哪些物体在摄像机可视范围内，只有在摄像机搜索范围内的物体才会参与计算。

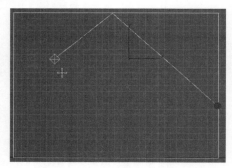

图 3.170

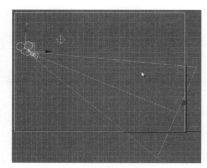

图 3.171

以图 3.172 为例来说明一下图中蓝色点的计算过程。首先摄像机发射其中一条搜寻光线(黄色)到该点上，发现该点在其范围内，它就会告诉系统这个点需要计算，然后该点又会反向搜寻场景灯光光线，其中就包括直接光线和间接光线。该点发射搜寻光线到光源，判断哪些光线是直接照射到该点上，哪些是经过反射照射到该点上(图中的红色线段)，那么图中蓝色点的亮度信息就是由灯光的直接照明和间接照明决定的。灯光照射到顶部绿色点上，再反弹到蓝色点上，就是首次反弹，也称一次反弹。那么顶部绿色的点又由直接光照和间接光照组成，绿色的点就会反向搜索直接照明和间接照明，以此类推。其中蓝色点搜寻绿色点反射到自身点的过程属于一次反弹，绿色点再搜寻其他点反射到自身点的过程叫作二次反弹，同样，其他的点再搜寻别的点的光照信息等，叫三次反弹、四次反弹等。

接下来抛开直接照明，重点介绍接照明。图 3.173 中的 1 为一次反弹，2 为二次反弹。那么 VRay 渲染器 GI 面板下的全局照明卷展栏中对应的就有首次引擎和二次引擎，如图 3.174 所示。

要开启首次引擎和二次引擎，需先开启"启用全局照明"开关。当二次引擎选择"无"也就是关闭二次引擎时，如图 3.175 所示。

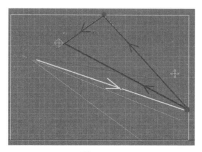

图 3.172

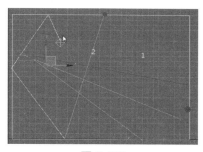

图 3.173

图 3.174

图 3.175

图 3.176 中蓝色的点除了计算直接照明外，还需计算一次反弹，它算到绿色的点会反弹光线到蓝色的点上，那么绿色的点就会直接计算到灯光结束，不再计算有哪些点又反射到绿色的点上，这是因为我们把二次引擎关闭了。也就是点 1 计算到点 2，点 2 计算到灯光结束，这就是一次反弹的计算。

如果把首次引擎和二次引擎都改为 BF 算法，那么它又该怎样计算呢？同样只说明间接照明，以图 3.177 为例，点 1 计算到点 2 为首次反弹，点 2 又计算到点 3 对它有间接照明，点 2 计算到点 3 的过程为二次引擎，然后点 3 不再计算其他点对它的间接光照直接计算到灯光结束。

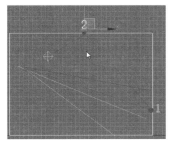

图 3.176

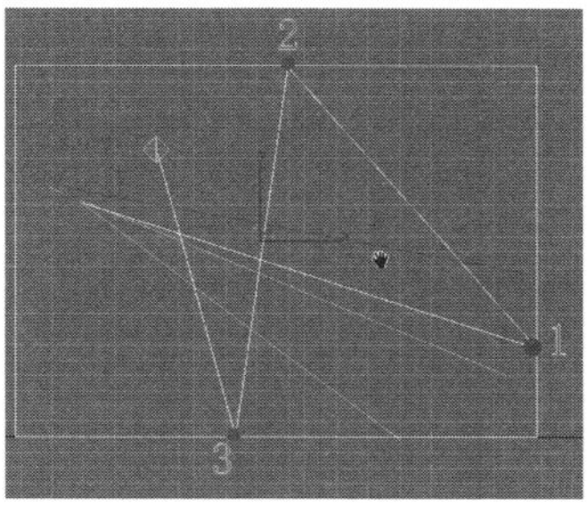

图 3.177

二次引擎下具体反弹多少次是由反弹次数决定的，如果反弹值为 2，如图 3.178 所示。那么图 3.179 中的点 3 会再寻找到一个点对它的反射，比如从点 4 到点 3 的反弹，然后点 4 直接计算到灯光结束。也就是点 1 到点 2 为一次反弹；点 2 到点 3，点 3 到点 4 为二次反弹，它反弹了 2 次结束。如果反弹值为 3，点 4 会再次向下寻找下一个对它的反弹，也就是增加一次反弹次数

图 3.178

结束，如图 3.180 所示。

所以说反弹值越大，光线反弹次数越多，计算越精确，但时间也会相应增加。

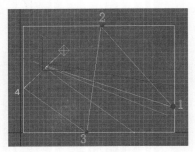

图 3.179

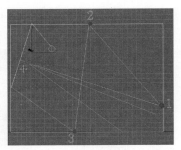

图 3.180

有些读者会有疑问？光线不可能只有 1 条反射到点 1 上，肯定还有无数条光线能反射到点 1 上。这样理解当然没错，VRay 在计算的时候也不会把无数条光线都计算一遍，具体计算几次是由 BF 参数下的细分值决定的。细分值默认为 8 时，点 1 会接收 64 条光线的照射计算；值为 10 时，会接收 100 条光线反射。那么点 2 会不会也接收 64 条光线反弹呢？答案是不会的。它的反弹次数只受反弹值的影响，所以这两个参数是相互配合使用的。

这里为什么要以 BF 算法为例详细讲解它的原理呢？因为 BF 算法非常容易理解，原理也很简单。比如创建一个长方体作为生活中的一面墙，那么这面墙会由无数个点组成，计算机在计算的时候不可能把无数个点都计算一遍，计算机计算的只是一个图像。图像是由像素组成的。BF 算法会计算每个像素点，那么会有多少像素点呢？这个像素点是由定义的渲染尺寸大小决定，比如我们把渲染尺寸设置在 600×400，那么 VRay 在计算的时候就会横向计算 600个点，纵向计算 400 个点，也就是会根据设定的渲染尺寸大小把要渲染的图像平均划分成若干个点。然后计算每一个像素点会接收多少条光线照射，多少次光线反弹。这样理解就非常容易了。

BF 算法可以简单地理解为每个像素点采样计算，也就是每个像素点都会参与计算，如果当前渲染尺寸非常大，那么 BF 算法的时间就会大大增加(因为其采样数和渲染尺寸直接相关)。BF 算法非常容易理解，但是用的地方并不是很多，主要是由于其渲染时间较长。

有了 BF 算法之后，VRay 又延伸出几种优化的算法，比如发光图算法，光子图算法和灯光缓存算法。

1. 发光图算法

发光图算法原理是一种自适应细分算法。例如场景中有个封闭的房间，房间内有一些物体，BF 算法会把每个像素点都进行计算，而发光图算法则首先计算两个点的亮度，如图 3.181 所示，先计算点 1 和点 2 的亮度信息，然后中间部分采用模糊计算。如点 1 亮度为20、点 2 亮度为 10，系统会自动在点 1 和点 2 之间划分成若干部分采用模糊计算，亮度在点1 和点 2 之间逐渐过渡，此时，在点 1 和点 2 之间没有任何细节。如果点 1 和点 2 之间存在一些细节，系统则会将有细节的地方采用密集细分计算，没有细节的地方采用稀疏细分计算。如图 3.182 所示，茶壶和球体位置细分点较多，其他部位细分点就会比较少。简单理解就是该密集的地方采样密集，该稀疏的地方采用稀疏，这一过程就是自适应细分的算法。采用这个算法的优点就是中间过渡比较自然，噪点较少，但缺点是会失去一些细节。

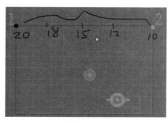

图 3.181

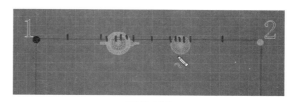

图 3.182

当首次引擎选择发光图时，参数卷展栏下就会出现对应的发光图参数，如图 3.183 所示。系统默认为"默认模式"，单击"默认模式"按钮可以切换为"专家模式"或者"高级模式"，如图 3.184 所示。

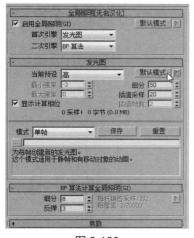

图 3.183

图 3.184

发光图参数展栏中有两个参数非常重要，即最小速率和最大速率。最小速率是指在该稀疏的地方采样有多稀疏，最大速率是指在该密集的地方采样计算有多密集。它和设置的分辨率有直接关系。当最小速率和最大速率都为 0 时，代表每个像素都要进行计算。与 BF 算法相同，当最小速率值-1 时，它会在该稀疏的地方以当前分辨率的一半大小采样；-2 时，会采用一半的一半也就是四分之一分辨率采样；-3 时，采用八分之一采样。最大速率也是一样的，如果值为-1，则在密集的地方采用分辨率一半大小采样；-2 时，在密集的地方采用分辨率一半的一半采样。通常情况下，最小速率和最大速率均为负值。为了考虑不同场景渲染的要求，系统内置了许多采样计算的选项，如图 3.185 所示。

图 3.185

● 细分：该处的细分值代表某个点接受多少条光线的反射。

- 插值采样：表示两个采样点之间被划分多少个采样点。如图 3.182 所示，点 1 和点 2 之间值为 10 时，中间会划分成 10 个采样点；20 时则划分成 20 个采样点。注意，该值的划分并不是平均分配的，它会根据场景复杂程度，自动寻找哪些细分、哪些地方需要密集采样。

开启 ☑显示采样 选项，在渲染时就可以看到采样点的分布情况，如图 3.186 所示。从图 3.186 中分析得知，墙壁的面没有什么细节，所以采样点也比较均匀，而在茶壶和球体上，采样点相对会密集一些。

这些采样点也称为光子图，光子图信息可以单独保存成一个文件，单击 模式 单帧 🖑 保存 重置 中的"保存"按钮即可保存当前的光子图。保存的光子图也可以单独打开观察，在开始菜单下的 Chaos Group 目录中的 Tools 文件夹下，打开"Irradiance map viewer"(光子图文件浏览器)即可查看保存的光子图文件，如图 3.187 所示。打开后的光子图如图 3.188 所示。光子图文件也是一个三维空间，可以对其进行旋转、缩放、平移等操作，鼠标左键为旋转，右键拖拉为放大缩小。当前渲染的光子图只是对摄像机能看到的部分进行光子图的计算，看不到的部分不进行计算，如图 3.189 所示。渲染一张完整的光子图，可以通过 360° 相机或者光子图的叠加等模式来完成，这些基本是用在动画渲染上，所以这里不再详细讲解。

图 3.186

图 3.187

2. 灯光缓存的计算特点

灯光缓存是一个非常好的引擎，其是一个逼近似渲染算法，最大的特点是采用块结构。灯光缓存引擎在早期的 VRay 版本中是不存在的，且灯光缓存设计者设计的初衷一般考虑在二次引擎中使用。

那么，什么是块结构呢？当选择灯光缓存引擎后，参数面板下有一个参数角采样大小，采样大小值决定了当前图像区域被划分成块的百分比。如当前渲染尺寸为 800×600，采样大小为 0.02 时，横向被划分 800×2%大小，纵向被划分为 600×2%大小的块。图像被划分成块之后，有多少光线被照射到这些块上(具体有多少光线取决于细分值的大小，细分值的平方数就是具体有多少条光线数)，然后这些光线又被反弹了多少次(反弹的次数取决于反弹值的大小)。最直接的理解就是把渲染图像大小分为多少块，发射多少条光线，然后反弹多少次进行计算。

图 3.188　　　　　　　　　　　　　　　　图 3.189

灯光缓存反弹值默认为 100，那么光线就反弹 100 次吗？很明显 100 的光线反弹实在是太多了。而事实上，VRay 的反弹计算是有讲究的。当其计算多条光线同时反射到一个点上时，系统只会计算其中的一条光线对它的影响，而其他光线运算到该点时就会自动终止。因此，该值在 100 时，渲染速度并不会太慢。

灯光缓存的光子图和发光图光子图有一定的区别，灯光缓存的光子图在计算时，摄像机看不到的地方也会计算，而发光图光子图只计算摄像机看得到的地方。这就是灯光缓存的逼近似算法。一次引擎一般选择发光图，因为其是自适应细分算法，运算较快；二次引擎选择灯光缓存，因为其已经完成光子图计算，可以为一次引擎所需要的光子图直接提供数据。

3. 光子图引擎

光子图存在较多局限性，其中之一就是它类似于纯物理运算。光子图的运算方式是灯光发射到每一个物体，并不在乎摄像机能不能看到，从而会造成很大的资源浪费，然后摄像机再判断能看到哪些物体，根据"搜寻半径"值决定此处的亮度。光子图不承认某些照明，如天光、环境光和自发光的物体，因而光子图引擎很少用到室内和室外渲染上。

了解了以上各个引擎的特点后，我们就可以通过搭配不同的引擎来渲染图像。

3.5　图像的渲染

step 01　在渲染图像之前，首先创建一个面片物体作为地面物体，注意应先调整该面片的大小以及位置，再调整渲染的角度，最后将整个面片都展现在视图中，如图 3.190 所示。

打开材质编辑器，制定一个默认的标准材质或者 VRay 的标准材质，在 ▦ (创建)面板下的 ◪ (灯光)面板中选择 VRay，单击 VR-太阳 按钮，在视图中创建一个 VRay 太阳，调整 强度倍增 0.02 为 0.02，渲染效果如图 3.191 所示。

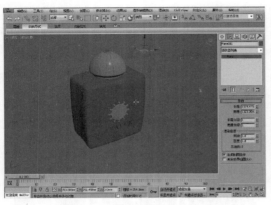

图 3.190

图 3.191

图 3.191 中只有直接光照，所以阴影处为全黑色，接下来开启全局照明，"首次引擎"选择"发光图"，"二次引擎"选择"灯光缓存"，在"发光图"参数卷展栏中选择系统提供的"低"参数，然后在"灯光缓存"参数卷展栏中"细分"设置为 500，"采样大小"设置为 0.02，如图 3.192 所示。

然后将图像采样器(抗锯齿)的"类型"设置为"固定"，如图 3.193 所示。

勾选"环境"的全局照明(GI)环境开关，如图 3.194 所示，再次渲染效果如图 3.195 所示。可以看出，阴影得到很明显的改善，并且整体亮度都得到了提升。

以上是由简单的 VRay 太阳光照射渲染的效果。

step 02 单击 ⬚ 面板下的 线 按钮，创建一个如图 3.196 所示的样条线，用圆角工具将拐角位置的点处理为圆角，如图 3.197 所示。

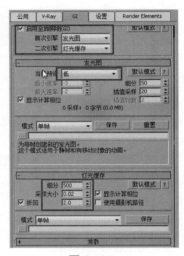

图 3.192

在修改器下拉列表中添加"挤出"修改器，将样条线挤出为一个半封闭的面，如图 3.198 所示。单击"VR-灯光"按钮，在视图中创建一个 VRay 的灯光，旋转调整位置如图 3.199 所示。

在"灯光参数"卷展栏中设置"倍增"值为 7，如图 3.200 所示，"颜色"为浅蓝色(用来模拟冷色)，如图 3.201 所示。

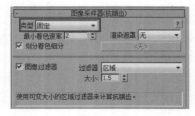

图 3.193

图 3.194

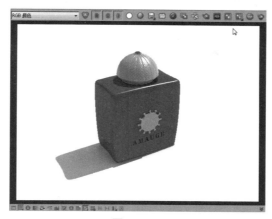

图 3.195

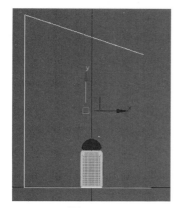

图 3.196

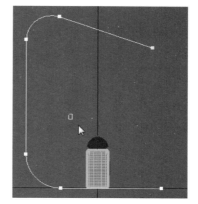

图 3.197

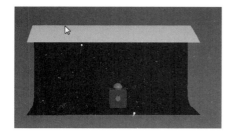

图 3.198

图 3.199

图 3.200

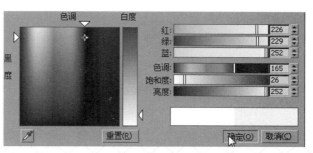

图 3.201

　　单击██按钮，复制一个 VRay 灯光镜像，如图 3.202 所示，调整"倍增"为 5，"颜色"为浅黄色(用来模拟暖色调)，如图 3.203 所示。

　　在场景正前方再创建一个 VRay 灯光，如图 3.204 所示。"倍增"设置为 2，"颜色"为暖白色。

图 3.202　　　　　　　　　　图 3.203　　　　　　　　　　图 3.204

　　测试渲染后效果如图 3.205 所示，图像较暗，用户可能以为是灯光强度不够引起的，从而不断地加大灯光强度，结果渲染后还是得到同样的效果，这究竟是什么原因呢？经过检查发现，创建的半封闭面片物体的法线方向是朝外的，从而导致渲染的图像看起来较暗。

　　这时，用户需单击鼠标右键，在弹出的快捷菜单中选择"转换为"｜"转换为可编辑多边形"命令，将模型转换为可编辑多边形物体。按 4 快捷键进入面级别，选择所有的点，单击"翻转"按钮将法线翻转，如图 3.206 所示。

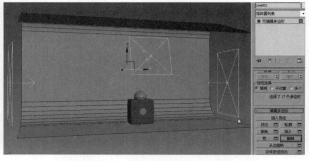

图 3.205　　　　　　　　　　　　　　　　图 3.206

　　如果再次渲染后图像还是较暗，此时可以考虑适当增大灯光强度，渲染效果如图 3.207 所示。

　　step 03　场景渲染效果除了与灯光环境有关外，还与材质有着非常密切的联系。如当用户发现怎么调整灯光，渲染效果都不尽如人意时，可以考虑从材质入手。分别选择设置好的不同材质的球，将细分值增大到 32 左右，将菲涅耳折射率增加到 6。图 3.208 和图 3.209 分别是菲涅耳折射率为 6 和 2 时的不同效果。

　　在"发光图参数"卷展栏预设选择"中"，"灯光缓存"下"细分"设置为 1000，抗锯齿"类型"选择"自适应"，"过滤器"选择 Catmull-Rom，如图 3.210 所示。再次渲染效果如图 3.211 所示。

图 3.207

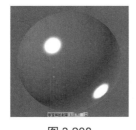   

图 3.208　　　　　　图 3.209　　　　　　图 3.210　　　　　　图 3.211

从图 3.211 观察发现渲染效果得到明显改善，但是整体图像亮度仍不饱满。这时，需在图 3.212 中的位置再创建一个 VRay 的灯光，"倍增"设置为 4，"颜色"为黄色，如图 3.213 所示。

再次调整"高光光泽"为 0.55，"反射光泽"为 0.95 左右，根据渲染效果调节灯光强度直至合适，最终渲染效果如图 3.214 所示。

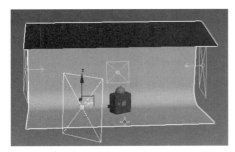  

图 3.212　　　　　　　　　　图 3.213　　　　　　图 3.214

至此本章实例制作完毕，从最开始的建模到材质贴图设置，以及 UVW 贴图的一些简单修改设置，再到 VRay 渲染器不同引擎的原理讲解、灯光场景的设定，系统地讲解了一个产品的详细制作和渲染过程。希望通过本章的学习，读者可以掌握 VRay 渲染器的原理，以便于今后的学习应用。

第**4**章

茶具的制作与渲染

随着物质生活的不断改善和茶文化的不断普及，人们对茶具的要求逐渐向品质高档化、功能多样化、情调个性化等方向发展，品茗过程也更注重文化享受和情趣寄托。茶具的装饰效果、审美价值、文化成分、品牌魅力等成为品质生活的意向，茶具不再是简单的饮品用具，而成为使用者身份、喜好及个性化独特风格的折射。原材料质量差、设计无新意、缺乏实用性的茶具产品，必将失去消费市场。个性化的时代使得现在人们对茶具的要求不仅仅局限于喝水工具这么简单，更重要的是富有想象力和视觉冲击力。

茶具设计有如下特点。

1. 注重人性化、自由化

在设计中要秉承设计以人为本的原则，强调人在技术中的主导地位，突出人机工程在设计中的应用，注重设计的人性化、自由化。

2. 注重体现个性和文化内涵

设计中要体现舒畅、自然、高雅的生活情趣，强调人性经验在设计中的主导作用，突出设计的文化内涵。

3. 注重历史文脉的延续性，并与现代技术相结合

在设计中，要追求传统的典雅与现代的新颖相融合，创造出集传统与现代、融古典与时

尚于一体的大众设计。

　　本章中学习的茶具制作，带有浓浓的现代化气息，更加注重工艺的表现，着重表现茶具高贵、典雅的气质。

效果剖析

　　本章的茶具制作过程如下。

茶具制作流程图

技术要点

　　本章的技术要点如下。

- 多边形建模常用命令以及参数的应用；
- 物体细分圆滑的处理；
- VRay 渲染器渲染引擎的搭配选择；
- 材质的设定；
- 贴图设置；
- 渲染设置。

制作步骤

　　先制作茶具杯体，然后制作茶壶把，最后是材质贴图设定以及最终的渲染。

4.1　杯体的制作

　　第 3 章讲解了系统单位的设定，这里需要再补充一点：之前更改的系统单位只是修改了显示单位，而系统单位还是英寸。选择"自定义"|"单位设置"命令，在"显示单位比例"选项的"公制"下拉列表中选择"毫米"，如图 4.1 所示，显示单位设置完成，如果将系统单位真正设置为"毫米"，需单击 系统单位设置 按钮，在弹出的"系统单位设置"对话框中选择"毫米"即可，如图 4.2 所示。

　　step 01 单击 (创建)面板下的 (几何体)按钮，单击 茶壶 按钮，在视图中创建一个茶壶，在"参数"卷展栏设置"半径"为 50mm，"分段"数为 4，取消勾选"壶把""壶嘴""壶盖"，如图 4.3 所示。创建效果如图 4.4 所示。

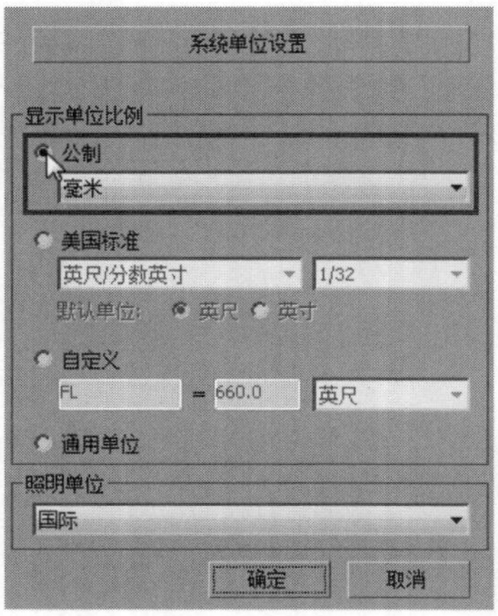

图 4.1

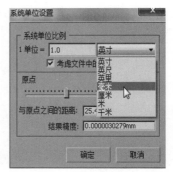

图 4.2

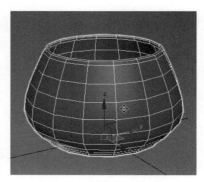

图 4.3

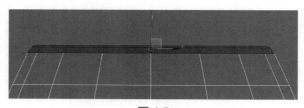

图 4.4

右击茶壶，在弹出的快捷菜单中选择"转换为"｜"转换为可编辑多边形"命令，将模型转换为可编辑的多边形物体。按4键进入"面"级别，选择如图4.5所示的顶部的面并将其删除。

图 4.5

step 02 在调整茶壶的整体形状时，可以通过勾选 ☑ 使用软选择 工具然后选择部分点或者线进行形状的调整，没有勾选"使用软选择"时，选择点并移动的变形效果如图 4.6 所示。当勾选"使用软选择"时，系统会以当前衰减值的大小衰减过渡，调整效果过渡自然，如图 4.7 所示。

除了使用软选择工具调整形状外，还可以使用 FFD 2x2x2 、 FFD 3x3x3 、 FFD 4x4x4 等，它们的作用完全相同，只是控制点数量不同而已。其中添加了 FFD 2x2x2 的效果如图 4.8 所示。注意：展开 FFD2×2×2 修改器前面的 + 按钮，可以进入"控制点"级别(如图 4.9 所示)，从而选择控制点进行移动调整，调整效果如图 4.10 所示。FFD 3x3x3 的添加效果如图 4.11 所示。对比图 4.11 和图 4.8 可以发现，它们的控制点不同。

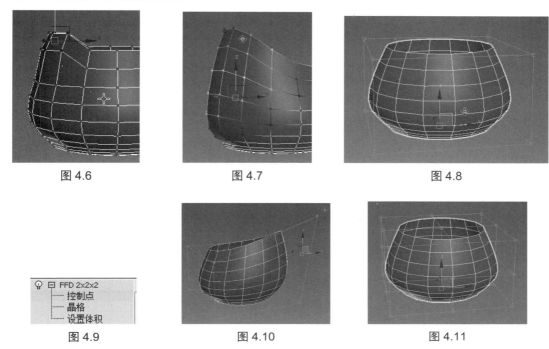

图 4.6　　　　　　　　　　　图 4.7　　　　　　　　　　　图 4.8

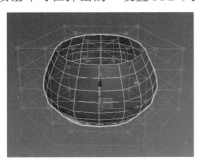

图 4.9　　　　　　　　　　　图 4.10　　　　　　　　　　　图 4.11

除了 FFD2×2×2、FFD3×3×3、FFD4×4×4 以外，还有 FFD(圆柱体)等其他修改器，如图 4.12 所示是添加 FFD 圆柱体 4×6×4 时的效果，图中的控制点也可以手动更改，单击 设置点数 按钮即可在弹出的"设置 FFD 尺寸"对话框中设置控制点的数量，如图 4.13 所示。

图 4.12　　　　　　　　　　　图 4.13

此处添加一个 FFD3×3×3，进入控制点级别后，先选择底部的所有控制点，用缩放工具缩小处理，如图 4.14 所示。然后选择顶部所有控制点用移动工具向上移动，再选择中间的控制点放大处理，处理后的效果如图 4.15 所示。

step 03 右击模型，在弹出的快捷菜单中选择"转换为"｜"转换为可编辑多边形"命令，将模型塌陷为多边形物体，进入"边界"级别，选择顶部的边界并按住 Shift 键向上移动复制出新的面，用缩放工具调整大小比例，效果如图 4.16 所示。调整好形状后，删除一半模型，如图 4.17 所示。

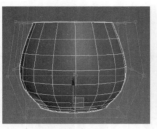
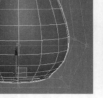

图 4.14　　　　　　　　图 4.15　　　　　　　　图 4.16

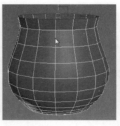

图 4.17

单击 ▨ 按钮镜像复制出另一半(镜像复制的目的是观察整体效果),然后选择茶壶上部的点调整,效果如图 4.18 所示。右击,选择"剪切"工具,选择如图 4.19 所示的位置加线。

调整茶壶上部的形状,如图 4.20 所示。

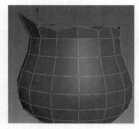

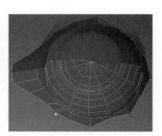

图 4.18　　　　　　　　　图 4.19　　　　　　　　　图 4.20

根据模型需求继续在壶嘴位置加线并调整,如图 4.21 所示。

step 04　在模型上右击,然后选择"剪切"工具继续加线调整形状,如图 4.22 所示。在调整过程中,模型可能会显得不平滑,此时可以单击 ▭绘制变形 按钮展开"绘制变形"卷展栏,单击 松弛 笔刷按钮在模型表面进行雕刻处理,如图 4.23 所示。

调整后的效果如图 4.24 所示。选择如图 4.25 所示的红色线段向内收缩调整,即进行一个向内的凹陷调整,细分后的效果如图 4.26 所示。

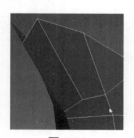

图 4.21　　　　　　　　　图 4.22　　　　　　　　　图 4.23

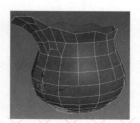

图 4.24　　　　　　　　　图 4.25　　　　　　　　　图 4.26

step 05　调整茶壶底座线段，效果如图 4.27 所示。在底部边缘位置加线，如图 4.28 所示。细分后的效果如图 4.29 所示。

图 4.27　　　　　　　　　　图 4.28　　　　　　　　　　图 4.29

根据模型整体形状开启"软选择"工具进行比例微调，如图 4.30 所示。将对称的一半模型删除，在修改器下拉列表中选择"对称"修改器，效果如图 4.31 所示。

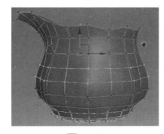

图 4.30　　　　　　　　　　　　　　图 4.31

调整对称效果，在"参数"卷展栏勾选"翻转"复选框，如图 4.32 所示，翻转后的效果如图 4.33 所示。注意：配合调整对称中心轴和阈值，阈值不能过大也不能为 0，过大时，系统会将对称中心附近的点都焊接在一起；为 0 时，对称中心位置的点不进行焊接。

step 06　当前模型只是单面物体，而现实中的物体都是带有厚度的，因此接下来需要将模型处理为双面物体。在修改器下拉列表中添加"壳"修改器(见图 4.34)，调整厚度值后的效果如图 4.35 所示。

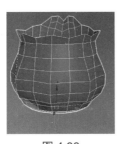

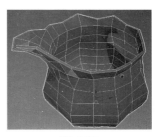

图 4.32　　　　　　　图 4.33　　　　　　　图 4.34　　　　　　　图 4.35

当前模型是没有细分的，如果要对模型进行细分，可以再次添加"涡轮平滑"修改器或者"网格平滑"修改器，如图 4.36 和图 4.37 所示。

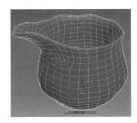

图 4.36　　　　　　　　　　　　　　图 4.37

"涡轮平滑"和"网格平滑"细分级别是通过迭代次数设置的，此处将细分级别设置为 2 级即可，即将 迭代次数 设置为 2。

4.2 底座的制作

step 01 删除"网格平滑"修改器，取消模型细分，将该模型塌陷为多边形物体，删除如图 4.38 所示选中的面。

step 02 按 3 键进入"边界"级别，选择底部开口边界线，按住 Shift 键配合移动和缩放工具拖动复制出底座的面，如图 4.39 所示。

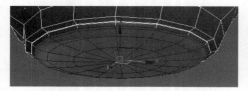
图 4.38

图 4.39

将边界线向内连续挤出面，如图 4.40 所示。选择中心所有的点，单击 塌陷 按钮将中心位置的点塌陷焊接成一个点，细分后的效果如图 4.41 所示。

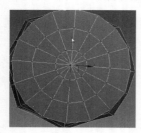
图 4.40

图 4.41

4.3 壶把的制作

step 01 创建一个长方体模型并将其转化为可编辑的多边形物体，分别删除左右面；选择右侧开口边界线，按住 Shift 键挤出面并调整，如图 4.42 所示；选择边界线挤出并调整，效果如图 4.43 所示。调整时，可以根据模型形状需求选择不同的边界线快速挤出所需要的形状，如图 4.44 所示。

图 4.42

图 4.43

图 4.44

　　需要注意的是，在挤出面调整时可以调整出几个关键位置，如图 4.45 所示。然后调整点来控制其宽窄，如图 4.46 所示。在中间位置加线调整，如图 4.47 所示。调整完成后选择如图 4.48 所示的面倒角挤出。

　　依次单击石墨工具的 　　自由形式　　 | 绘制变形 | 鬘按钮，该"偏移"工具可以针对模型进行整体的比例形状调整。选择"偏移"工具时，光标的位置会出现两个圈，外圈为黑色、内圈为白色；外圈控制笔刷的衰减值，内圈控制笔刷的强度。按住 Ctrl+Shift+鼠标左键拖拉可以同时快速调整内圈和外圈的大小，按住 Ctrl+鼠标左键调整外圈衰减值大小，按住 Shift+鼠标左键拖拉控制调整内圈强度值。用该工具直接在模型上拖动可以快速调整模型形状，在调整过程中要注意模型的形状把握和比例的控制，如图 4.49 所示。如果细分后边缘太过于圆滑，则需要在边缘的位置加线约束，如图 4.50 所示。

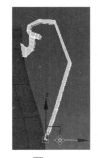     

　　图 4.45　　　　图 4.46　　　　图 4.47　　　　图 4.48　　　　图 4.49　　　　图 4.50

step 02 其他物体的制作。

　　选择如图 4.51 所示内侧的面，按住 Shift 键轻轻移动，在弹出的"克隆"对话框中选择"克隆到对象"，如图 4.52 所示，这样就把选择的面独立复制了一份。

　　　　　　图 4.51　　　　　　　　　　　　　　　图 4.52

　　按 Alt+Q 快捷键将该模型孤立化显示，选择如图 4.53 所示的边界线，按住 Shift 键向内多次挤出面进行调整，如图 4.54 所示。注意：用"塌陷"工具或者"焊接"工具将中心的点焊接起来。

　　分别在该模型的顶部边缘位置加线，如图 4.55 所示，细分后的效果如图 4.56 所示。

　　按 Alt+X 快捷键透明化显示，效果如图 4.57 所示。选择茶壶模型，在茶壶厚度边缘位置加线，如图 4.58 所示，细分后的效果如图 4.59 所示。

step 03 单击 附加 按钮拾取壶把模型，将壶身和壶把附加为一个物体，选择如图 4.60 所示的面，设置 设置 ID: 2 　 为 2，　茶壶内侧的所有面设置为 3 号 ID，壶把的面设置为 2 号 ID，图 4.61 所示的面设置为 1 号 ID。当然也可以通过设置的 ID 号快速选择所需要的面，如

图 4.62 所示为选择所有 2 号 ID 的面。

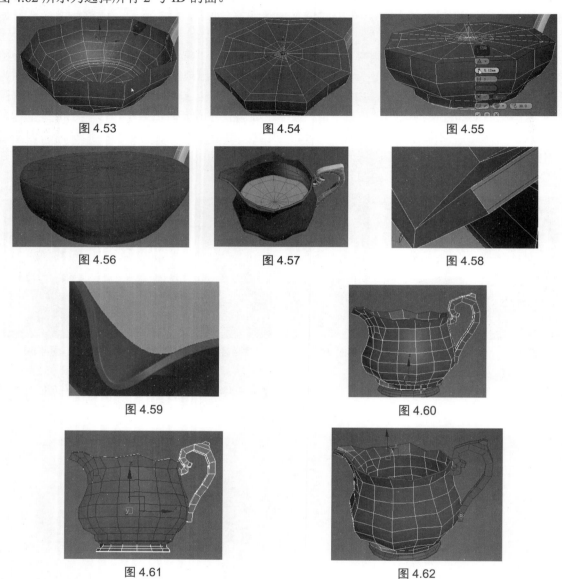

图 4.53

图 4.54

图 4.55

图 4.56

图 4.57

图 4.58

图 4.59

图 4.60

图 4.61

图 4.62

4.4　材质灯光的设置

step 01 打开第 3 章中的渲染场景，删除模型，打开的场景保留一些基本渲染参数，另存后可以直接调用。注意，这个另存的场景在本书后面介绍的内容中会经常调用。打开刚才删除模型后另存的场景，如图 4.63 所示。单击左上角的软件图标，选择"导入"|"合并"命令，找到本实例中制作的模型将其导入，如图 4.64 所示。

图 4.63　　　　　　　　　　　　　　　　图 4.64

如果导入进来的茶壶模型太小，应适当进行放大处理，按 M 键打开"材质"编辑器，选择一个材质球，单击 Standard 按钮，选择 VRay 卷展栏的 VRayMtl 材质，如图 4.65 所示。

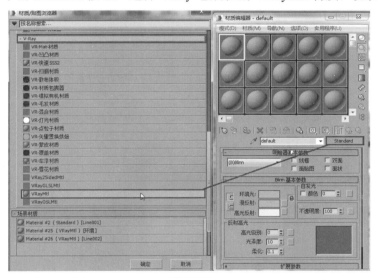

图 4.65

单击"反射"右侧的"颜色"按钮，设置为灰白色，即为不完全反射的一个材质，"反射光泽"设置为 0.98，勾选"菲涅耳反射"(除了镜面和金属基本上都是"菲涅耳反射")，"漫反射"颜色设置为近似于白色。

单击 按钮将设置好的材质赋予模型，设置渲染尺寸为 640×480，勾选 ☑ 启用全局照明(GI)，首次引擎选择"发光图"，二次引擎选择"灯光缓存"，发光图参数选择默认"低"，"灯光缓存参数"卷展栏的"细分"适当降低设置为 800 左右，"图像采样器(抗锯齿)"卷展栏的"类型"选择"自适应"，"过滤器"选择 Catmull-Rom，测试渲染效果如图 4.66 所示。

step 02 将设置好的第一个材质球拖动到第二个材质球上，

图 4.66

"漫反射"颜色更改为金黄色；将"漫反射"颜色拖动到"反射"颜色上，如图 4.67 所示。在弹出的"复制或交换颜色"对话框中，单击"复制"按钮，如图 4.68 所示。

图 4.67

图 4.68

单击"反射"右侧的"颜色"按钮，设置颜色值如图 4.69 所示。在"双向反射分布函数"卷展栏中单击下拉小三角，选择"反射"，如图 4.70 所示。

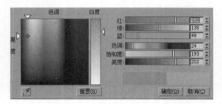

图 4.69

图 4.70

设置"高光光泽"为 8 左右，调整"双向反射分布函数"卷展栏中的"各向异性"参数，图 4.71 和图 4.72 为"各向异性"参数分别为 0 和 0.4 时的不同对比效果。

step 03 将第一个白色陶瓷材质球拖放到第三个材质球上，给茶壶添加"UVW 贴图"，贴图类型选择"圆柱体"，在漫反射贴图上添加一张花纹图片，测试渲染效果如图 4.73 所示。

图 4.71

图 4.72

图 4.73

选择第四个材质球，材质类型选择"多维/子物体"材质，删除多余材质只保留 3 个即可。将第一个材质球、第二个材质球和第三个材质球分别拖动到多维/子材质的 1、2、3 号材质上，如图 4.74 所示。拖动方式类型为实例关联复制。

按 Shift+Q 快捷键渲染，效果如图 4.75 所示。注意：从图 4.75 中可以观察到，茶壶嘴上部的黄色区域较大，这是由于在设置不同 ID 时，选择的壶嘴位置的面是在模型没有细分的情况下造成的(如图 4.76 所示)。模型在细分之后会出现一定的圆滑效果，如图 4.77 所示，所以此处的 ID 需要重新调整。

将茶壶上部外侧边缘的所有面(图 4.78 所示外侧边缘的面)重新设置为 1 号 ID，再次渲染，效果如图 4.79 所示。

图 4.74

step 04 液体材质的设置。再选择一个空白材质球，"反射"颜色设置为"白色"(完全反射)，"折射"设置为"白色"(完全透明)，"烟雾"颜色设置为"暗红色"，将折射的折射率更改为 1.5 左右，勾选"影响阴影"选项。设置完成后赋予茶杯中的液体物体，测试渲染效果如图 4.80 所示。

图 4.75

图 4.76

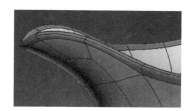

图 4.77

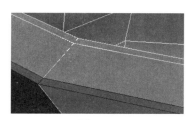

图 4.78

图 4.79

图 4.80

step 05 按 F10 键打开渲染设置面板，在"环境"卷展栏中勾选 。在没有勾选贴图和设置贴图时，其反射/折射环境是由 颜色 控制的，也就是说场景中反射和折射不到的地方会以颜色来代替。如果勾选 贴图 ☑ [无]，单击"无"按钮，选择合适的贴图后，那么反射/折射环境就会以选择的图片为反射/折射环境。此处我们选择一张 HDR 环境贴图，如图 4.81 所示。将贴图拖放到"漫反射贴图"按钮上，单击"漫反射贴图"按钮(见图 4.82)，在"坐标"卷展栏中选择"环境"，"贴图"选择"球形环境"，如图 4.83 所示。

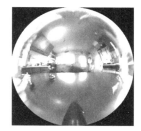

图 4.81

HDRI 拥有比普通 RGB 格式图像(仅 8bit 的亮度范围)更大的亮度范围。标准的 RGB 图像最大亮度值是 255/255/255，如果用这样的图像结合光能传递照明场景的话，即使是最亮的白色也不足以提供足够的照明以模拟真实世界中的情况，导致渲染结果看上去平淡而缺乏对比性。使用 HDRI，相当于将太阳光的亮度值(如 6000%)加到光能传递计算以及反射的渲染中，得到的渲染结果不仅非常真实而且漂亮。

step 06 全部设置好材质后，最终出图时将"发光图"参数中的"预设"设置为"中"，"灯光缓存"的"细分"设置为 1000，"采样大小"设置为 0.01，"渲染尺寸"根据需要调整即可。最终渲染效果如图 4.84 所示。

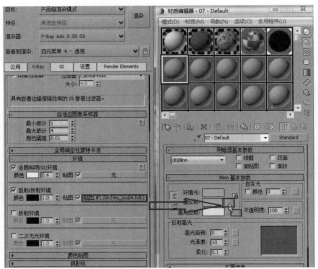

图 4.82

图 4.83

图 4.84

第 **5** 章

榨汁机的制作与渲染

　　榨汁机是一款可以将果蔬快速榨成果蔬汁的机器，小型可家用。榨汁机在 1930 年由诺蔓·沃克博士(Dr. Norman Walker)发明，而后在此基础上，由设计师们改进出不同款式和不同原理的榨汁机。

　　榨汁机的消费群体主要有两类：一类是有孩子或者老人的家庭，孩子容易挑食而老人牙齿不好，榨果汁可以满足他们摄入足够的营养；另一类是追求时尚及生活品位的年轻人，榨汁机满足了他们崇尚个性口味的需求。随着生活质量的不断提高，消费者的心态已由最基本的生活需要开始向营养健康的品质生活过渡，这为榨汁机更加普及提供了可能。

 设计思路

　　本章中学习的榨汁机制作，兼顾了其实用性和美观性，主要由底座、机体、搅拌器和机盖组成。以圆柱形为主体配合大小的变化表现出它的美观、时尚。

效果剖析

　　本章制作的榨汁机，制作过程如下。

榨汁机制作流程图

技术要点

本章的技术要点如下。

- 多边形建模常用命令以及参数的应用；
- 物体细分棱角的处理；
- VRay 渲染器渲染引擎的搭配选择；
- 材质的设定；
- 贴图设置；
- 渲染设置。

制作步骤

首先制作榨汁机机身，然后制作搅拌器，再制作榨汁机盖子和把手，最后制作出一些橙子模型。模型制作完成后再给模型赋予材质，最后渲染出图。

5.1 机身的制作

首先进行榨汁机机身的制作，机身涉及的模型比较多，在制作时需要掌握好顺序。

step 01 单击 ▪(创建)｜ ◎(图形)｜ 线 按钮，在视图中创建如图 5.1 所示的样条线，同时配合 Shift 键快速创建出直角线段。

注意

图 5.1 所示的样条线的大小在创建时，可以先创建一个矩形，设置好矩形的长度和高度，然后根据矩形的比例大小创建出所需要的样条线。

图 5.1

进入"修改"命令面板，单击 圆角 按钮，将直角处理成圆角，如图 5.2 所示。单击"修改器列表"右侧的小三角按钮，在修改器下拉列表中选择"车削"修改器，添加"车削"后的效果如图 5.3 所示。

图 5.3 所示的形状不是所需要的效果，这是由于没有调整对齐方式导致的。系统对齐方式有"最小"对齐和"最大"对齐两种。在 X 轴或者 Y 轴方向有最小值和最大值，X 轴、Y 轴

的正方向所指的方向为最大值。反之，负方向所指的方向为最小值。那么，创建的样条线最小值，即负方向的边缘位置；最大值，即正方向的边缘位置，如图 5.4 所示。

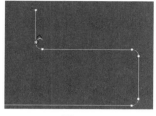

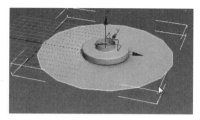

| 图 5.2 | 图 5.3 | 图 5.4 |

单击"最小"按钮，将车削轴心以样条线的最小值的点为轴心旋转，效果如图 5.5 所示。"车削"修改器需要注意的是，根据场景需要设置分段数，图 5.5 所示为分段数为 16 的效果，图 5.6 所示为分段数为 56 的效果。

从图 5.5 和图 5.6 可以发现，在"车削"后，中心位置有黑面，显得非常不美观。此时可以勾选 ☑焊接内核 选项，勾选后的效果如图 5.7 所示。可以观察到，黑面完全消失。"焊接内核"的作用就是将中心位置的点焊接在一起，如图 5.8 所示。

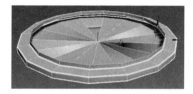

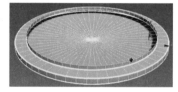

| 图 5.5 | 图 5.6 | 图 5.7 |

step 02 单击 切角圆柱体 按钮，在视图中创建一个切角圆柱体。此处需要将切角圆柱体和图 5.8 中创建的底座模型对齐。在视图中创建一个圆柱体和一个圆锥体，如图 5.9 所示。先选择圆锥体模型，单击█按钮，然后在视图中单击圆柱体，在"对齐参数"卷展栏中，勾选"X位置""Y 位置"和"Z 位置"，"当前对象"和"目标对象"选择默认的"中心"，如图 5.10 和图 5.11 所示。

| 图 5.8 | 图 5.9 | 图 5.10 | 图 5.11 |

单击"应用"按钮，保存当前的对齐效果。再次选择圆锥体，单击█(对齐)按钮后拾取视图中的圆柱体，取消勾选"X 位置""Y 位置"，只勾选"Z 位置"，"当前对象"选择"最小"，"目标对象"选择"最大"，如图 5.12 和图 5.13 所示。注意："当前对象"是指开始选择的物体，"目标对象"是指对齐拾取的物体。"当前对象"的最小值是指 Z 轴负方

向的边缘位置，即红色物体的底座；"目标对象"的最大值是指拾取对象 Z 轴正方向的边缘位置，即绿色圆柱体最上方。

"当前对象"最大值对齐"目标对象"最小值的效果和参数，如图 5.14 和图 5.15 所示。

图 5.12

图 5.13

图 5.14

图 5.15

"当前对象"最小值对齐"目标对象"最小值的效果和参数，如图 5.16 和图 5.17 所示。
"当前对象"最大值对齐"目标对象"最大值的效果和参数，如图 5.18 和图 5.19 所示。

图 5.16

图 5.17

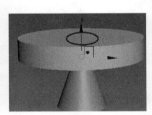
图 5.18

图 5.19

 知识点

对齐效果除了和参数相关以外，还和最开始选择的顺序相关。如果开始选择的是绿色圆柱体，那么它就变成了当前对象，对齐红色物体时，红色圆锥体就变成了目标对象。对齐效果也就不同了。所以一定要判断好哪个是当前对象，哪个是目标对象。

回到榨汁机场景，创建一个切角圆柱体，半径为 120mm，高度为 30mm，圆角为 2.5mm，将创建的切角圆柱体和底座物体对齐，如图 5.20 所示。创建一个圆柱体，半径为 119mm，高度为 145mm，高度分段为 1，右击圆柱体，在弹出的快捷菜单中选择"转换为" | "转换为可编辑多边形"命令，将模型转换为可编辑的多边形物体，删除顶部的面。利用对齐工具和底部物体对齐，如图 5.21 所示。

step 03 在圆柱体内部创建一个圆柱体，边数没必要设置太高，注意调整半径值一定要比之前圆柱体半径小，使之前的圆柱体刚好包裹住刚创建的圆柱体，然后将该物体转化为多边形物体，同样删除顶部的面，如图 5.22 所示。在上方位置加线，选择顶部开口边界用缩放工具向外缩放调整，如图 5.23 所示。

在图 5.24 所示的位置加线并向外缩放调整，然后进入"点"级别，调整壶嘴位置形状，如图 5.25 所示。

  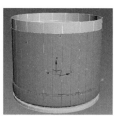 

图 5.20　　　　　　　　图 5.21　　　　　　　　图 5.22　　　　　　　　图 5.23

图 5.24　　　　　　　　　　　　　　　　　图 5.25

选择棱角位置的线段进行切角设置，如图 5.26 和图 5.27 所示。

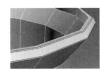 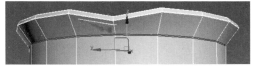

图 5.26　　　　　　　　　　　　　　图 5.27

用同样的方法将底部位置线段做切角设置或者加线设置，细分后的效果如图 5.28 所示，此时整体效果如图 5.29 所示。

step 04　创建一个如图 5.30 所示形状的样条线。注意创建的样条线顶点类型均为"角点"，同时需要注意样条线右下角位置应和榨汁机机身开口位置相吻合，如图 5.31 所示。

图 5.28　　　　　　　　图 5.29　　　　　　　　图 5.30　　　　　　　　图 5.31

创建的样条线需要一次成型，应将部分点调整为"Bezier 点"，调整手柄使线段过渡更加光滑，拐角的位置用"圆角化"命令将其处理为圆角，如图 5.32 和图 5.33 所示。

图 5.32　　　　　　　　　　　　　　图 5.33

step 05　在修改器下拉列表中添加"车削"修改器，效果如图 5.34 所示。展开"车削"

命令前面的"+"，进入▨▨轴▨▨级别，沿 X 轴方向移动其旋转轴心，如图 5.35 所示。

　　如果创建线段点的属性为"角点"，那么该模型在后期处理时如果需表现更加圆滑的细节，需要对模型转换为多边形物体并调整布线，此处将"车削"分段数降低为 18，如图 5.36 所示。右击模型，在弹出的快捷菜单中选择"转换为"｜"转换为可编辑多边形"命令，将模型转换为可编辑的多边形物体，调整壶口位置后的效果如图 5.37 所示。

图 5.34

图 5.35

图 5.36

图 5.37

　　删除模型另一半，在壶嘴位置加线，如图 5.38 所示。将图 5.39 所示的线段进行切角处理，继续调整模型布线，如图 5.40 所示。

图 5.38

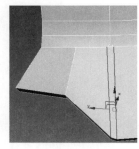
图 5.39

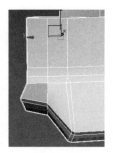
图 5.40

　　为了观察调整效果，首先镜像出另一半，调整出壶嘴位置形状，如图 5.41 所示。再次删除对称的模型，在修改器下拉列表下添加"对称"修改器。将模型"塌陷"为多边形物体后，分别对边缘位置的环形线段进行切角设置，细分后的效果如图 5.42 所示。

　　整体效果如图 5.43 所示。

图 5.41

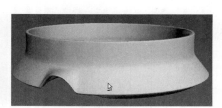
图 5.42

图 5.43

step 06　在壶嘴位置创建一个管状体，用缩放工具沿着 Z 轴缩放适当压扁，如图 5.44 所示。将该物体转换为可编辑的多边形物体后，单击 切片平面 按钮，开启切片平面开关后，会出现一个黄色方框，当黄色方框映射到物体上时会有一条红色的线段，如图 5.45 所示，这条线段即为切片平面与物体的相交线。切片平面可以用缩放、移动工具进行调整。旋转切片平面位置，如图 5.46 所示，单击"切片"按钮完成切片操作。按 1 键进入"点"级别，选择有段的点删除，如图 5.47 所示。

注意

　　为什么不直接选择右侧的点进行旋转操作呢？如果选择右侧的点直接用旋转工具选择调整的话，会使模型出现一定的变形，如图 5.48 所示为使用旋转操作的效果，很明显可以看到右侧位置在旋转后上下之间的距离变小了，模型出现了压缩变形，所以此处用"切片平面"工具较为合适。

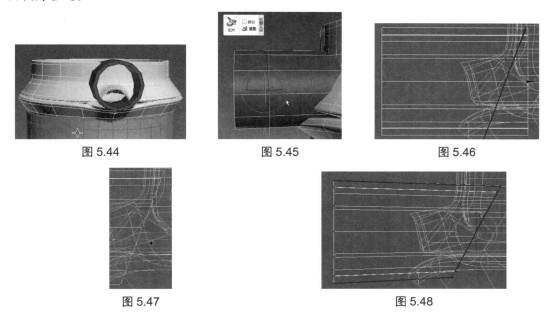

图 5.44　　　　　　　　　图 5.45　　　　　　　　　图 5.46

图 5.47　　　　　　　　　　　图 5.48

　　先将管状体顶部删除，如图 5.49 所示，然后用"切片平面"工具在右侧位置切片并删除右侧的点，如图 5.50 所示。

　　将右侧的点适当向上移动至如图 5.51 所示的形状，用"切片平面"工具在左侧斜方向上切片，如图 5.52 所示。删除左侧多余的点，如图 5.53 所示。最后在模型中间位置加线并调整形状至图 5.54 所示。

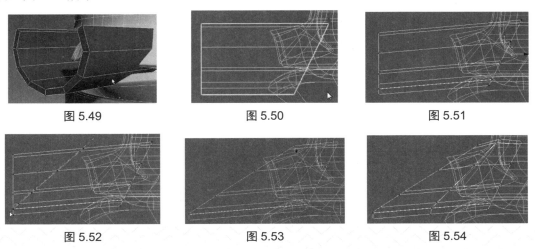

图 5.49　　　　　　　　　图 5.50　　　　　　　　　图 5.51

图 5.52　　　　　　　　　图 5.53　　　　　　　　　图 5.54

step 07 因为删除了部分面，模型看上去只剩下两部分面片，如图 5.55 所示。此时需要将中间的缝隙处理一下，选择如图 5.56 所示的线段，单击 桥 按钮中间部分自动生成面，如图 5.57 所示。

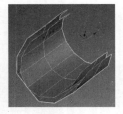

图 5.55　　　　　　　　　　图 5.56　　　　　　　　　　图 5.57

用同样的方法将另一侧也做"桥"处理，如图 5.58 所示。

两端封口后，按 3 键进入"边界"级别，选择如图 5.59 所示的边界线，单击 封口 按钮，效果如图 5.60 所示。

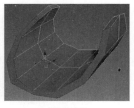

图 5.58　　　　　　　　　　图 5.59　　　　　　　　　　图 5.60

封口位置的面相邻的点没有连接线段，所以需要先将相邻位置的点分别连接出线段，连接的方法很简单，选择相邻的点，按下 Ctrl+Shift+E 快捷键即可快速连接出对应的线段，调整布线后的效果如图 5.61 所示。最后在图 5.62 所示的位置加线处理。

在模型厚度边缘位置加线，如图 5.63 所示，然后将图 5.64 中的线段切角处理。

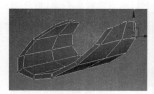

图 5.61　　　　　　图 5.62　　　　　　图 5.63　　　　　　图 5.64

右击模型，选择"剪切"工具，在如图 5.65 所示的位置加线，内侧也做同样处理。这样做的目的是在顶部位置加线，细分后不至于太圆润。

step 08 单击 ∗(创建)| ◻(图形)| 线 按钮，在视图中创建如图 5.66 所示的样条线，该样条线的比例和位置如图 5.67 所示。

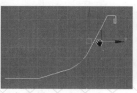
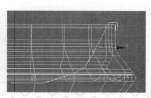

图 5.65　　　　　　　　　图 5.66　　　　　　　　　图 5.67

在修改器下拉列表中选择"车削"修改器。单击"最小"按钮,以样条线的最左侧边缘为轴心旋转360°生成三维模型,如图 5.68 所示。

注意

该样条线边缘位置的形状在创建时要向内再向上延伸,如图 5.69 所示,这样可以模拟物体的厚度,避免后期再添加"壳"修改器来单独给模型添加厚度,以达到节省面数的目的。

将该模型塌陷为多边形物体后,将边缘位置的线段切角后细分,如图 5.70 所示。此时整体效果如图 5.71 所示。

图 5.68
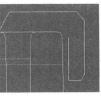图 5.69
图 5.70
图 5.71

5.2　旋转电机的制作

榨汁机机身制作好后,接下来制作旋转电机模型。该模型比较复杂,制作时需仔细思考,运用一些技巧,例如制作四分之一部分,剩余的可以通过对称修改。

step 01　创建一个圆柱体并将其转换为可编辑的多边形物体,删除顶部和底部的面,如图 5.72 所示。在边界级别下选择顶部边界线,配合 Shift 键移动、缩放挤出所需形状,如图 5.73 所示。

图 5.72

图 5.73

step 02　将底部的面向内挤出并封口处理,如图 5.74 所示。选择如图 5.75 所示的线段,单击 挤出 □ 按钮,调整参数将线段向外挤出,如图 5.76 所示。

图 5.74

图 5.75

图 5.76

将顶部相邻的点之间连接出线段并调整布线,然后将相邻的点焊接起来,如图 5.77 和

图 5.78 所示。

step 03 在如图 5.79 所示的位置加线，将加线位置上方的点用"目标焊接"工具焊接到相邻的点上，如图 5.80 所示。

图 5.77　　　　图 5.78　　　　　　图 5.79　　　　　图 5.80

step 04 删除模型 3/4 部分，保留的部分如图 5.81 所示。将如图 5.82 所示的线段切角处理，然后选择如图 5.83 所示的面并向内倒角挤出调整，倒角出的面用缩放工具向内收缩，如图 5.84 所示。

  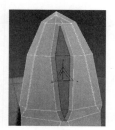 

图 5.81　　　　　图 5.82　　　　　　图 5.83　　　　　图 5.84

选择如图 5.85 所示的线段切角处理，切角后要将多余的点(见图 5.86)焊接起来，如图 5.87 所示。

镜像调整模型形状至图 5.88 所示，单击█按钮关联复制出另一半，如图 5.89 所示。然后在如图 5.90 所示的位置加线。

顶部顶点位置布线调整如图 5.91 所示。调整过程中，可以随时按 Ctrl+Q 快捷键细分该模型，效果如图 5.92 所示。

 注意

顶部位置细分后的效果如图 5.93 所示，顶部拐角位置在细分后圆角过大，需要单独加线调整布线。加线调整布线的过程请参考图 5.94～图 5.96 或者参考视频部分。

调整布线后的细分效果如图 5.97 所示。删除刚镜像的另一半模型，在修改器下拉列表中选择"对称"修改器，效果如图 5.98 所示。然后再次添加"对称"修改器镜像出剩余的一部分，如图 5.99 所示。

图 5.85　　　　　图 5.86　　　　　图 5.87　　　　　图 5.88　　　　　图 5.89

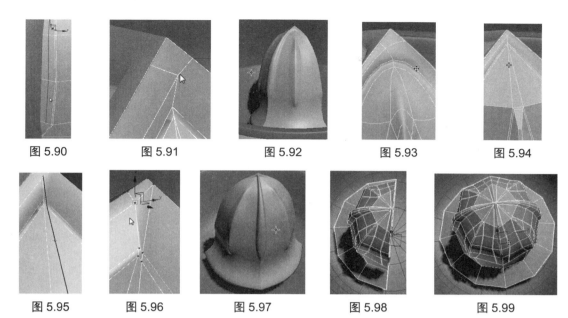

图 5.90   图 5.91   图 5.92   图 5.93   图 5.94

图 5.95   图 5.96   图 5.97   图 5.98   图 5.99

在修改器下拉列表中选择"网格平滑"修改器，细分后的整体效果如图 5.100 所示，此时"修改器列表"如图 5.101 所示。

图 5.102 中 1 和 2 位置的效果不同。严格来讲，它们的效果应该是一致的，因为在前面建模时我们只注意到了 1 位置的形状调节而忘记了 2 位置的形状调节。此时可以暂时关闭"网格平滑"和"对称"修改器前面的灯泡图标，关闭这些图标后，修改器作用效果就可以暂时关闭，如图 5.103 所示。回到"编辑多边形"修改器级别，分别在"点""线"级别下针对模型 2 位置加线调整布线，调整方法和 1 位置相同。

调整好后，在"对称"修改器级别上方再添加一个"编辑多边形"修改器(如图 5.104 所示)，选中顶部中心位置的面向上倒角挤出，如图 5.105 所示。同时将如图 5.106 所示的线段做切角设置。

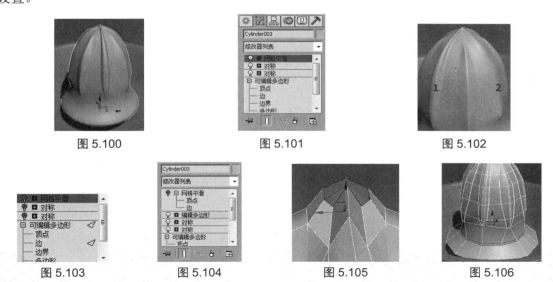

图 5.100   图 5.101   图 5.102

图 5.103   图 5.104   图 5.105   图 5.106

同样将如图 5.107 和图 5.108 所示边缘位置的线段做切角设置。

step 05 勾选"使用软选择"开关，选择部分点整体调整模型比例大小，如图 5.109 所示，调整后的整体效果如图 5.110 所示。

图 5.107　　　　　　图 5.108　　　　　　图 5.109　　　　　　图 5.110

5.3　机盖的制作

接下来制作盖子模型，该模型为透明物体，后期通过材质设定即可。

step 01 单击 (创建) | (图形) | 线 按钮，在视图中创建如图 5.111 所示的样条线，按 3 键进入"元素"级别，选择整个样条线，单击 轮廓 按钮，然后在样条线上单击并拖拉挤出轮廓，如图 5.112 所示。

step 02 添加"车削"修改器，调整对称中心位置，如果模型出现一些黑面等现象，可以根据情况勾选"焊接内核"选项，"车削"后的模型如图 5.113 所示。然后将模型塌陷为可编辑的多边形物体，将拐角位置的线段切角处理，如图 5.114 所示。

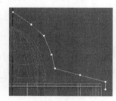

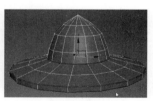

图 5.111　　　　　　图 5.112　　　　　　图 5.113　　　　　　图 5.114

step 03 按 Ctrl+Q 快捷键细分该模型，效果如图 5.115 所示。将该模型旋转移动至图 5.116 所示位置。

图 5.115　　　　　　　　　　　　图 5.116

5.4　机把手的制作

把手制作时主要把握其轮廓线的形状。

step 01 单击 ▦(创建)｜❑(图形)｜ 线 按钮，在视图中创建如图 5.117 所示的样条线，然后创建一个椭圆形，在椭圆的上下位置再分别创建一个倒角的矩形，效果如图 5.118 所示。

右击样条线，在弹出的快捷菜单中选择"转换为"｜"转换为可编辑样条线"命令，将矩形转换为可编辑的样条线，单击 附加 按钮拾取两个小的倒角矩形使其附加为一个物体。按 3 键进入样条线级别，选择椭圆，在布尔运算参数区域选择 ❖差集，单击 布尔 按钮拾取两个倒角矩形完成布尔运算，然后在"点"级别模式下单击 圆角 按钮分别对图 5.119 中所示位置的点做圆角处理，其他点的处理方式相同。处理后的效果如图 5.120 所示。

step 02 在 ▦(创建)面板下的 ◯(几何体)面板中，选择 复合对象 ▼面板，单击 放样 按钮，先选择图 5.121 所示的 1 样条线，然后单击 获取图形 按钮拾取图 5.121 中样条线 2 完成放样。放样后的效果如图 5.122 和图 5.123 所示。

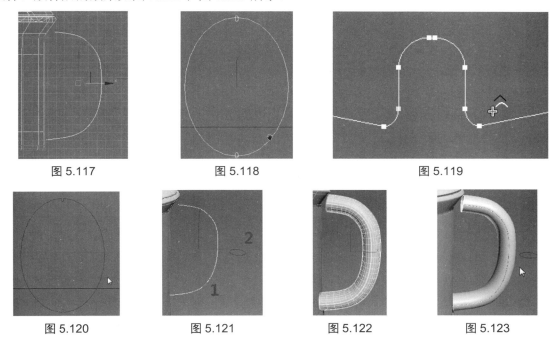

图 5.117　　　　　　　　图 5.118　　　　　　　　图 5.119

图 5.120　　　　　图 5.121　　　　　图 5.122　　　　　图 5.123

step 03 物体放样后加入需要调整的形状，可以通过选择拾取的形状样条线的调整来控制放样后的形状，如图 5.124 所示选择所有点缩放，那么放样后的壶把就会跟随变粗或者变细。放样后物体的形状需要调整的话，可以回到 Line 子级别，即如图 5.125 所示的"顶点"级别，然后选择图 5.126 中的点调整样条线形状，从而控制放样后的物体形状。

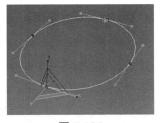

图 5.124　　　　　　　　图 5.125　　　　　　　　图 5.126

物体放样调整好形状后，起始创建的样条线可以通过右键菜单选择"隐藏选定对象"达到隐藏目的，也可以在如图 5.127 所示的显示面板中勾选"图形"选项以达到隐藏样条线的目的。

此时整体效果如图 5.128 所示。

图 5.127

图 5.128

5.5 刻度标尺模型的创建

刻度尺的创建主要运用于文本的创建，再配合"挤出"修改器生成三维模型即可。

step 01 单击 (图形)面板下的 文本 按钮，在文本框中输入想要的数字或者字母，然后在视图中单击即可创建出想要的效果。如果文本太大，可以在修改面板中调整字体大小，效果如图 5.129 所示。创建出的文本也可以选择不同的字体，如图 5.130 所示。

在修改器下拉列表中选择"挤出"修改器，调整挤出厚度，效果如图 5.131 所示。

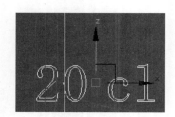

图 5.129

图 5.130

图 5.131

step 02 在左侧位置再创建一个小的圆柱体作为刻度点，旋转调整至壶体的表面，将创建的刻度数字和字母向上复制 4 个，分别修改刻度数值，效果如图 5.132 所示。

step 03 导入或者创建橘子模型，整体效果如图 5.133 所示。首先创建一个球体，用缩放工具拉伸，如图 5.134 所示。添加 FFD3×3×3 修改器，调整控制点，适当调整整体形状，在调整时要注意模型的随机性。调整完后将模型塌陷为多边形物体，选择中心点向内挤出效果如图 5.135 所示。细分后的中心位置效果如图 5.136 所示。

橘子两端的皱褶效果可以用 3ds Max 自带的雕刻功能完成。在"绘制变形"卷展栏单击 推/拉 按钮，调整笔刷的大小和强度后，在模型边面雕刻，雕刻后的细分效果如图 5.137 所示。

图 5.132

图 5.133

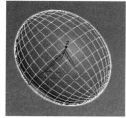

图 5.134

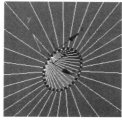

图 5.135

图 5.136

图 5.137

5.6　渲染设置

step 01　打开 4.3 节删除模型后另存的设置好的渲染场景，将制作好的模型合并进来，单击左上角的软件图标选择 ![导入] ![3ds Max 软件图标]，找到本章中制作好的模型并打开。在弹出的合并面板中单击"全部"按钮选择所有物体，再单击"确定"按钮，如图 5.138 所示。如果导入的模型和打开的模型有重名情况，系统会弹出"重复名称"提示面板，如图 5.139 所示，此时单击"自动重命名"按钮即可。

图 5.138

图 5.139

step 02　调整合并模型的角度、大小。按 M 键打开材质编辑器，任选择一个材质球并设置为 VRayMtl 材质，选择所有物体，单击 ![按钮图标] 按钮赋予场景中的所有模型。

开启全局照明，首次引擎选择"发光图"，二次引擎选择"灯光缓存"，发光图参数选择低，灯光缓存下细分值设置为 800，按 Shift+Q 快捷键渲染，测试渲染过程如图 5.140

所示。

step 03 选择第一个材质球，材质类型设置为 VRayMtl，调整"漫反射"颜色为灰色，"反射"颜色为灰色，"反射光泽"为 0.9，"折射"颜色为灰白色，参数如图 5.141 所示，选择榨汁机盖模型，单击 按钮赋予该物体，渲染效果如图 5.142 所示。

图 5.140

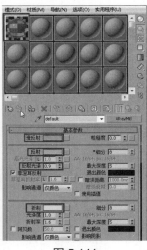
图 5.141

图 5.142

step 04 选择第二个材质球，同样设置为 VRayMtl，调整"漫反射"颜色为灰白色，"反射"颜色为灰色，"细分"值为 20，勾选"菲涅耳反射"复选框，该参数主要用来模拟陶瓷物体。将该材质赋予榨汁机外侧机身和顶部物体，如图 5.143 所示。

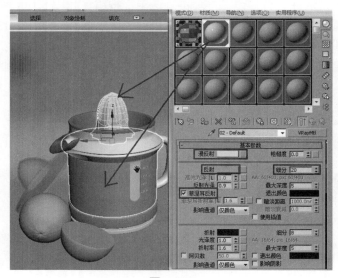
图 5.143

step 05 选择第三个材质球，设置为 VRayMtl，调整"漫反射"颜色和"反射"颜色为灰白色，"反射光泽"为 0.94 左右，取消勾选"菲涅耳反射"复选框，"细分"设置为20，在"双向反射分布函数"卷展栏选择"沃德"，"各向异性"调整为 0.4，然后赋予榨汁机以碗口模型，如图 5.144 和图 5.145 所示。

图 5.144

图 5.145

step 06　选择第四个空白材质球，材质类型设定为 VRayMtl，"反射"设置为灰色，
"折射"设置为白色(透明物体)，然后赋予图 5.146 所示的物体。选择图 5.147 所示的物体，
在修改器下拉列表中选择 UVW map 修改器，贴图类型设置为"柱形"，单击 适配 按钮快速
适配当前模型。

图 5.146

图 5.147

　　然后选择第五个材质球，设置为 VRayMtl，分别给"漫反
射"通道和"反射"通道赋予一张如图 5.148 所示的位图，
将"细分"设置为 25，"反射光泽"设置为 0.94，取消"菲
涅耳反射"(因为要模拟金属物体，金属物体不属于"菲涅耳反
射")，并在"双向反射分布函数"卷展栏中选择"沃德"，
"各向异性"参数设置为 0.4，参数如图 5.149 所示。设置完材
质参数后，单击 按钮赋予该物体。

step 07　然后选择第六个材质球，设置为 VRayMtl，调整
"漫反射"颜色为黑灰色，"反射"设置为灰色，"反射光
泽"设置为 0.75 左右，赋予图 5.150 所示的榨汁机底座物体和
标尺物体，如图 5.150 和图 5.151 所示。

图 5.148

step 08　选择第八个材质球，同样设置为 VRayMtl 材质，"漫反射"颜色设置为金黄
色，"反射"颜色设置为灰黑色，"反射光泽"设置为 0.76，勾选"菲涅耳反射"复选框，
"细分"值设置为 25，赋予橘子模型，如图 5.152 所示。

图 5.149

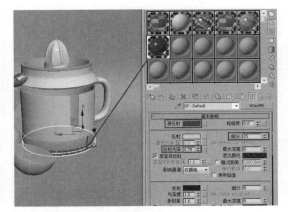

图 5.150

图 5.151

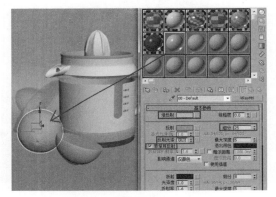

图 5.152

在置换贴图通道中单击右侧的"无"按钮,如图 5.153 所示。在弹出的贴图面板中选择位图如图 5.154 所示。选择一张如图 5.155 所示的贴图图片。

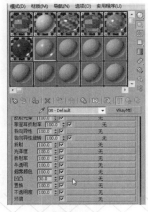

图 5.153

图 5.154

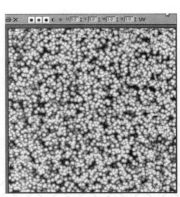

图 5.155

这张贴图也可通过程序贴图中的 Cellular 细胞贴图实现。细胞贴图相对于本实例中用到的位图更加容易调整控制，同时细胞贴图还可以调整细胞的大小值，如图 5.156 所示。不管用哪一种方法，只要能达到所需要的效果即可。设置好贴图后，将"置换"右侧的参数值设置为6(该值可以调整置换的强度，和凹凸效果一致，但它更加真实)，如图 5.157 所示。

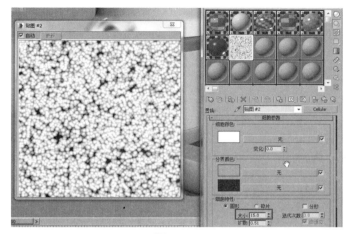
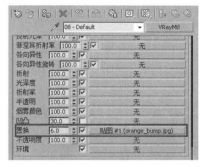

图 5.156　　　　　　　　　　　　　　　　　　图 5.157

step 09　选择另一个橘子模型，先选择图 5.158 中橘子切开的面，设置 ID 为 1，按 Ctrl+I 快捷键反选面，如图 5.159 所示，设置 ID 为 2。

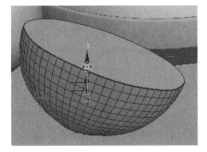

图 5.158　　　　　　　　　　　　　　　　　　图 5.159

再选择一个空白材质球，设置材质类型为"多维/子物体"材质，设置多维子材质 ID 数量为 2，然后将刚设置好的橘子材质拖动到 ID 1 和 ID 2 号上来，将该材质赋予半个橘子模型，如图 5.160 所示。进入 ID 1 号材质，在漫反射通道上赋予一张如图 5.161 所示的橘子肉图片。在反射通道中赋予一张橘子肉的黑白图片，如图 5.162 所示。调整"反射光泽"为0.9，"细分"值设置为 20，如图 5.163 所示。

用同样的方法在置换贴图通道中赋予一张如图 5.164 所示的图片，调整"置换"数值为6，如图 5.165 所示。

设置完成后，测试渲染，如果橘子表面凹凸过于强烈，可以适当降低凹凸参数值。

最后渲染时，可以将所有材质细分增加，然后将渲染参数面板中"发光图"参数选择"中"，"灯光缓存"细分值设置为 1200，渲染尺寸根据需要增大，最终的渲染效果如图 5.166 所示。

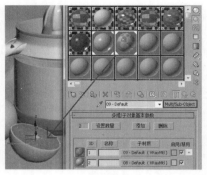

图 5.160

图 5.161

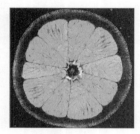

图 5.162

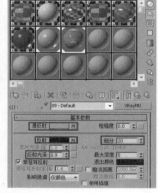

图 5.163

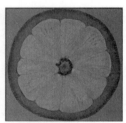

图 5.164

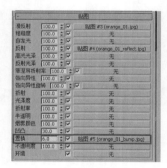

图 5.165

图 5.166

本 章 小 结

　　本实例的难点在于榨汁机顶部旋转电机模型的制作，它上面有些不规则的纹理，在制作的同时调整的话不能完全保证纹理相同，所以在制作时先制作出模型的 1/4 部分，剩余的部分通过"对称"修改器镜像出来，这样既节省时间，又保证了模型的统一性。

第6章

箱包的制作与渲染

　　箱包设计师根据市场的行情以及箱包品牌的风格提供一定的箱包设计手稿，箱包出格打样师傅再把设计手稿的每个构成部件用纸皮设计分割出来，这个时候是平面的，然后按照纸格的形状将皮料开好，通过台面和车缝等相关工艺，就可以做成一个成品箱包手袋了。这一过程就是一个箱包设计的过程。

　　箱包设计方法通常有以下几种。

　　(1) 形体变化设计：即对箱包的部件作出形状、线条、结构、比例等的变化。

　　(2) 复古设计法：箱包设计的复古法是指箱包样式参照了古代一些服饰、装饰的样式。运用一些古典风格的图案进行装饰，使箱包体现一种古典韵味的一种设计方法。

　　(3) 仿生设计法：仿生设计法是设计师通过感受大自然中的动物、植物的优美形态，运用概括和典型化的手法对这些形态进行升华和艺术性加工。

　　(4) 系列设计法：系列设计法是设计师对箱包某些设计要素运用发散思维进行系列变形，拓展设计要素的表现形式，从而产生同一主题的多种款式的设计手法。

　　(5) 反向设计法：反向设计法就是把箱包原来的形态、形状放在相反的位置上思考。通俗地讲就是换个角度想问题。反向设计法的意义不仅仅是改变箱包造型，往往还是箱包新形式的开端。

　　(6) 变更设计法：变更设计法在箱包设计中的应用规律与反向法类似。包括材料和五金配件、工艺特色、折边、包边、散口油边、暗缝、明缝、色彩等构成要素的变换，只不过反

向法是站在相反的角度思考问题而已。

（7）联想设计法：联想设计法在箱包设计中的应用规律主要有以下两种。

①　通过关联性联想思维设计，是通过设计把一些事物与箱包造型设计联系起来。由于两者之间存在某种关联性从而设计出箱包造型，其与仿生设计类似，只不过仿生设计是模仿动、植物的形态而已。

②　通过寓意性联想思维设计，是通过设计把某一事物表达的某种意义或思想内涵赋予箱包造型设计中，从而确定出新的造型设计。这种设计主题的确定实质是事物主题之间的相互转换。

（8）夸张设计法：当我们在设计箱包时，不妨把一个简单的箱包造型进行夸张想象，这种夸张既可以是夸大的，也可以是缩小的。应允许想象力把原来造型夸张到极点，然后根据设计要求进行修改。

（9）加减设计法：箱包的加减设计法是对箱包上必要的和不必要的部分进行增加或者删减，使其复杂化或者简单化。

 设计思路

本章学习女士箱包的制作，它兼顾了实用性和美观性，保留传统的外观设计，配以五金拉链等使箱包整体造型看起来更加时尚、实用。

效果剖析

本节制作的女士箱包，制作过程如下。

箱包制作流程图

技术要点

本章的技术要点如下。

- 多边形建模常用命令以及参数的应用；
- 箱包褶皱位置的细节处理；
- VRay渲染器渲染引擎的搭配选择；
- 材质的设定；
- VRay灯光的使用方法；
- 贴图设置；
- 渲染设置。

先制作箱包包体部分，然后制作提手，最后制作五金拉链部分。

6.1　包体的制作

该部分的制作方法主要是以长方体盒子的多边形建模为主。

step 01 在视图中创建一个长、宽、高分别为 110mm、300mm、180mm 的长方体模型，调整长度分段为 2、宽度分段为 4、高度分段为 2，如图 6.1 所示。右击长方体，在弹出的快捷菜单中选择"转换为"｜"转换为可编辑多边形"命令，将模型转换为可编辑的多边形物体。在前视图中调整点的位置，调整模型形状至图 6.2 所示。然后在左视图中调整形状至图 6.3 所示，在透视图中观察模型形状，细致调整使箱包中间鼓起，两边适当收缩，如图 6.4 所示。

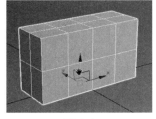
图 6.1

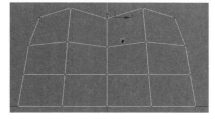
图 6.2

图 6.3

图 6.4

step 02 根据形状需要在模型的一侧位置加线细致调整至图 6.5 所示。然后删除一半模型，单击 按钮镜像出另一半模型。为了使模型细分后边缘棱角分明，分别在图 6.6 和图 6.7 所示的边缘位置加线，此处加线的目的也为下一步两侧和底部细节调整做准备。

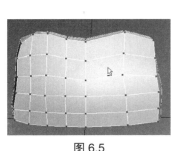
图 6.5

图 6.6

图 6.7

将刚才添加的侧面和底部线段向中间缩放调整，如图 6.8 所示。为了使模型看起来更加自然，依次单击石墨工具下的 自由形式 ｜ 绘制变形 ｜ 按钮，在模型上雕刻拖动，使模型点、线随机出现一定的变化，如图 6.9 所示。

step 03 选择如图 6.10 所示的环形线段，单击 挤出 按钮后面的 图标，在弹出的"挤出"快捷参数面板中设置参数，如图 6.11 所示。按 Ctrl+Q 快捷键细分该模型，效果如图 6.12 所示。底部细节如图 6.13 所示。

图 6.8

图 6.9

图 6.10

图 6.11

图 6.12

图 6.13

step 04 右击模型，选择"剪切"工具，在图 6.14 所示的位置加线，然后选择图 6.15 所示的线段。注意：图 6.15 中圆圈位置的线段没有选择。

图 6.14

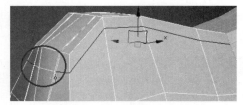
图 6.15

同样使用"挤出"工具将选择的线段向下挤出，如图 6.16 所示。然后选择图 6.17 所示的面，单击 倒角 按钮后面的 ▢ 图标，在弹出的"倒角"快捷参数面板中设置倒角参数。

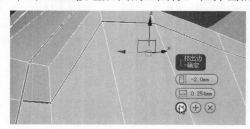
图 6.16

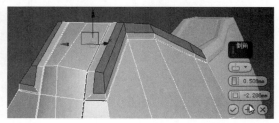
图 6.17

细分后的效果如图 6.18 所示。选择图 6.19 所示的面用倒角工具将选择的面向下倒角挤出。

选择中间的线段，用切角工具将线段切出两条线段，如图 6.20 所示。然后选择切角后中间部位的面向内倒角挤出，效果如图 6.21 所示。

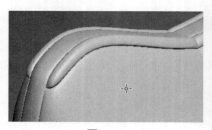
图 6.18

图 6.19

图 6.20

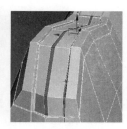
图 6.21

再次细分，观察模型效果如图 6.22 所示。注意此时模型顶部对称中心位置出现了一些问题，如图 6.23 所示。之所以会出现这样的现象，是由于刚才选择面进行倒角时，挤出了一些不需要的面，修改的方法也很简单，选择对称中心位置的面，如图 6.24 所示的面，按 Delete 键删除即可。删除后再次细分，问题得到解决，效果如图 6.25 所示。

注意

图 6.26 所示圆圈位置的角在细分后圆角过大，解决的方法是选择该部位的线段设置一个很小的切角，细分后问题得到解决，效果如图 6.27 所示。

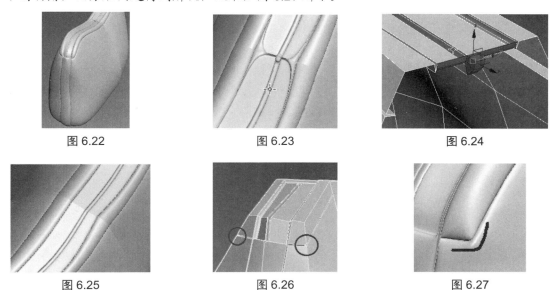

图 6.22　　　　　　　　　图 6.23　　　　　　　　　图 6.24

图 6.25　　　　　　　　　图 6.26　　　　　　　　　图 6.27

step 05　在图 6.28 所示的位置加线并调整线段的方向，然后选择所加线段(顶部部分线段不要选择，如图 6.29 所示)，单击 挤出 按钮后面的 □ 图标，在弹出的"挤出"快捷参数面板中设置挤出值，用该方法来快速制作出需要的凹痕褶皱效果，细分后的效果如图 6.30 所示。

接下来制作箱包中间部位横向的凹痕，制作方法和原理相同。首先将图 6.31 所示的线段切角，然后将中间部位的线段向下移动，如图 6.32 所示。细分后的效果如图 6.33 所示。

step 06　制作好凹痕效果后，接下来制作拉链部位的凹陷纹理。选择图 6.34 所示的面用倒角或者挤出工具将面向下倒角挤出，细分后拐角位置的角度圆弧过大，如图 6.35 所示。

选择拐角位置的线段用切角工具将线段切角处理，如图 6.36 所示。然后在内侧加线处理，如图 6.37 所示。

调整后的模型细分效果如图 6.38 所示。

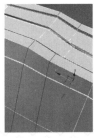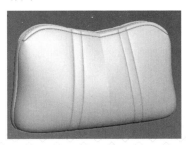

图 6.28　　　　图 6.29　　　　　　图 6.30　　　　　　　　图 6.31

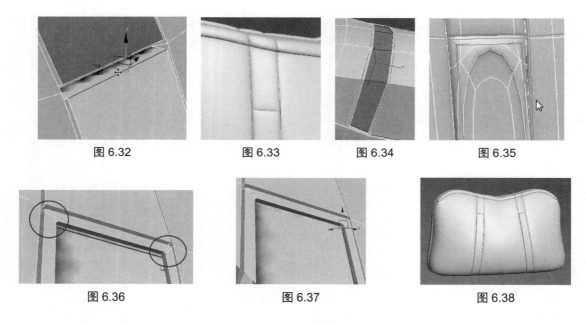

图 6.32　　　　　　图 6.33　　　　　　图 6.34　　　　　　图 6.35

图 6.36　　　　　　　　　图 6.37　　　　　　　　　图 6.38

6.2　扣环的制作

扣环部位模型的制作方法主要是运用长方体、面片物体进行多边形的编辑调整，同时配合样条线的使用快速制作出所需要效果。

step 01　在背包的左上角位置创建一个面片物体并将其转换为可编辑的多边形物体，如图 6.39 所示。按 2 键进入"边"级别，选择顶部的边，按住 Shift 键多次挤出面并调整至图 6.40 所示。

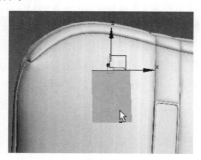

图 6.39

图 6.40

step 02　当前模型只是一个面片没有厚度，所以需要给模型添加一个"壳"修改器增加片面的厚度，添加"壳"修改器的效果和参数如图 6.41 和图 6.42 所示。右击模型，在弹出的快捷菜单中选择"转换为"｜"转换为可编辑多边形"命令，将模型转换为可编辑的多边形物体，分别在该物体的两边位置加线，如图 6.43 所示。

同时在厚度边缘位置和两端边缘位置加线，如图 6.44 和图 6.45 所示。

step 03　单击■(创建)｜■(图形)｜"矩形"按钮，在视图中创建一个矩形，调整矩形的圆角值后移动到卡扣位置，如图 6.46 所示。

　　勾选"在视口中启用"选项，设置厚度为 2.3mm 左右，边数为 12。效果如图 6.47 所示。

　　step 04　在该位置创建一个面片并调整形状，如图 6.48 所示，然后按住 Shift 键移动复制一个，如图 6.49 所示。

　　单击"附加"按钮，拾取复制的物体并将两个物体附加起来，选择该物体底部两条线段，单击　桥　按钮生成面，此时会发现生成的面出现了交叉现象，如图 6.50 所示。这是因为复制的面片物体法线和原物体法线方向是一致的，按 Ctrl+Z 快捷键撤销。先将复制的面片旋转 90°，再次执行"桥"命令，问题得到解决，效果如图 6.51 所示。

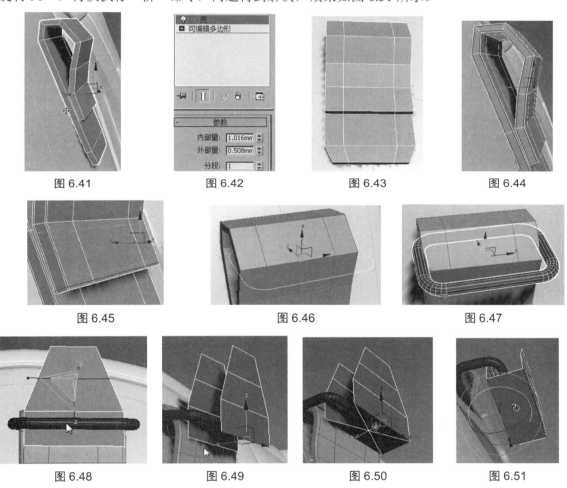

图 6.41　　　　　　　　　图 6.42　　　　　　　　　图 6.43　　　　　　　　　图 6.44

图 6.45　　　　　　　　　　　　图 6.46　　　　　　　　　　　　图 6.47

图 6.48　　　　　　　　　图 6.49　　　　　　　　　图 6.50　　　　　　　　　图 6.51

　　在图 6.52 所示位置加线并简单调整点、线位置，在修改器下拉列表下添加"壳"修改器，设置厚度后将模型塌陷为多边形，然后分别在物体的边缘位置加线，如图 6.53 所示。细分后的效果如图 6.54 所示。

　　step 05　在图 6.55 所示位置创建一个切角圆柱体，然后将制作好的背带扣环模型向右复制一个，如图 6.56 所示。

　　step 06　单击 (创建)｜ (图形)｜　线　按钮，在视图中创建如图 6.57 所示的样条线，再创建一个圆。在创建面板下的复合对象面板中单击　放样　按钮，然后单击　获取图形　按钮拾取圆形完成放样命令。在修改面板中设置图形步数参数为 1，路径步数设置为 3，效果如图 6.58 所示。

　　放样后的物体需要调整粗细变化，可以直接将该物体转换为多边形物体后，选择部分点用缩放工具缩放调整，也可以在"变形"卷展栏中单击 █████缩放█████ 按钮，在弹出的缩放变形面板中，在红色线段的中间部位添加一个点，然后将两边的点向下移动，将中间的点向上移动，如图 6.59 所示。系统默认的红色线在纵向上是在 100 的位置，也就是 100%大小，当将点向下移动到 100 位置下方时，模型相对应的位置会变小，反之，模型相对应位置会变大。通过控制点调整好的模型效果如图 6.60 所示。

图 6.52

图 6.53

图 6.54

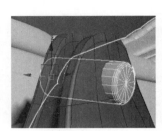
图 6.55

图 6.56

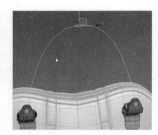
图 6.57`

图 6.58

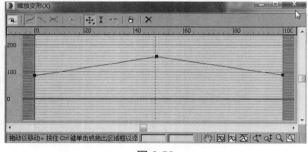
图 6.59

图 6.60

　　右击模型，在弹出的快捷菜单中选择"转换为"｜"转换为可编辑多边形"命令，将模型转换为可编辑的多边形物体。将中间多余的线段移除，删除一侧底端的面，进入"边界"级别，按住 Shift 键挤出面并调整至图 6.61 所示。删除另一半模型，然后在修改器下拉列表中选择"对称"修改器对称出另一半模型即可。细分后的效果如图 6.62 所示。

　　选择提手位置所有模型，单击 ▨(镜像)按钮复制出另一侧提手模型。

　　step 07　为了使箱包模型看起来更加自然，可以在箱包模型上添加一个"噪波"修改器，调整噪波值和 X、Y、Z 轴的强度值，使模型表面随机出现一些噪波变化，如图 6.63 所示。细分后的整体效果如图 6.64 所示。

图 6.61

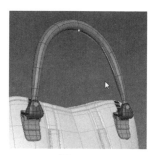

图 6.62

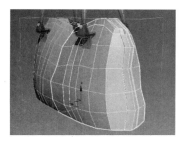

图 6.63

图 6.64

6.3　拉链的制作

拉链模型在制作时需要先制作其中的一个金属部件，剩余的部分可以利用快照命令快速复制创建。

`step 01` 创建一个切角长方体，如图 6.65 所示，旋转调整好位置后再复制一个，用缩放工具调整大小，然后调整好位置，效果如图 6.66 所示。

选中这两个物体后，选择"组"｜"组"命令，将选择的物体设置一个群组，单击 按钮镜像复制出另一半，如图 6.67 所示。

图 6.65

图 6.66

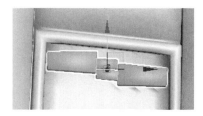

图 6.67

`step 02` 在箱包拉链位置加线，如图 6.68 所示，选择所加线段，单击"利用所选内容创建图形"按钮，在弹出的面板中设置好一个名称并选择好图形类型为平滑，单击"确定"按钮，如图 6.69 所示。这样就把多边形物体上的线单独分离出来了。

选择分离出来的样条线，调整点的位置使之与箱包的表面贴合在一起。选择拉链模型，选择"动画"｜"约束"｜"路径约束"命令，拾取样条线，拖动下方的时间滑块可以观察到物体沿着路径运动的轨迹。

图 6.68　　　　　　　　　　　　　　　　图 6.69

系统默认情况下物体的运动始终保持在一个方向，即和最初始的角度完全保持一致不会跟随路径弧度的变化而变化。勾选 ◎ 面板下的 ☑ 跟随 选项，物体会跟随路径进行角度的调整，但是模型的方向也发生了一定的改变，此时需要手动旋转调整模型的方向直至满意为止。

在观察物体的路径运动时，可以拖动时间滑块来观察物体与箱包表面的贴合程度，如果距离过大可以选择样条线上的点进行位置的移动调整，从而控制路径上物体的位置变化。

全部调整完毕，选择"工具"｜"快照"命令，快照参数面板如图 6.70 所示。快照命令的简单理解，就是一个物体在路径上从第几帧到第几帧的位置的变化中被复制多少个物体。所以"单一"参数很少用，经常要用到"范围"选项。一般需要从第 0 帧到第 100 帧，即从起始位置到结束位置都复制，所以这两个参数也保持默认即可；唯一需要调整的是"副本"数量，该值在开始时没有一个参考标准，完全靠用户猜测试验得到合适的参数(也就是说可以先随便调整一个值，看看效果，不合适的话按 Ctrl+Z 快捷键撤销再次执行快照命令，不断调整副本参数值直至满意为止)。经过试验设置参数如图 6.71 所示，快照后复制的效果如图 6.72 所示。

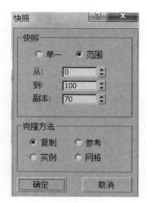

图 6.70　　　　　　　　　　图 6.71　　　　　　　　　　图 6.72

通过快照命令复制出模型，如果还是有部分拉链模型不能和表面贴合，可以逐个调整拉链的位置，但是这样做比较费时费力。反过来思考一下，也可以根据拉链的位置来调整箱包模型的表面，使之与拉链进行匹配。这样调整比较快捷方便。

step 03　创建一个长方体并将其转换为可编辑的多边形物体，通过加线简单调整形状至图 6.73 所示。将正面边缘位置线段切角处理，如图 6.74 所示。在修改器下拉列表中选择

"对称"修改器对称出另一半模型，如图 6.75 所示。单击▥按钮沿着 Y 轴镜像出另一半，单击"附加"按钮拾取镜像的模型，将两者附加在一起，如图 6.76 所示。按 4 键进入"面"级别，选择内侧底部的面单击"桥"按钮生成对应的面，如图 6.77 所示。

step 04　在视图中创建两个圆形，然后单击▥(创建)｜▥(图形)｜　线　按钮，在视图中再创建一个如图 6.78 所示的样条线，用"附加"按钮将三者附加在一起。按 3 键进入样条线级别，选择图 6.79 所示顶部的圆，单击　布尔　运算按钮，运算方式选择并集▥，依次拾取下方方形和圆形完成布尔运算，布尔运算后，效果如图 6.80 所示。样条线运算之后有一些多余的点，选择这些多余的点并将其删除，简单调整一下形状，效果如图 6.81 所示。在修改器下拉列表中选择 "挤出"修改器，设置好厚度，将该模型分别再复制两个并调整大小，调整位置至图 6.82 所示(前后两个物体分别嵌入中间物体内部)。

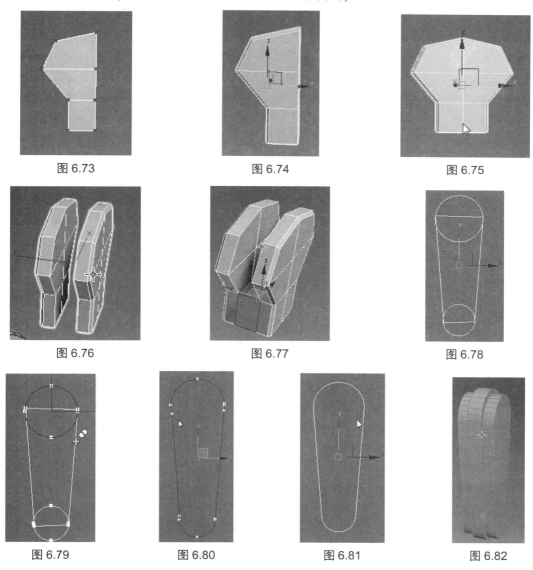

图 6.73　　　　　　　　　　图 6.74　　　　　　　　　　图 6.75

图 6.76　　　　　　　　　　图 6.77　　　　　　　　　　图 6.78

图 6.79　　　　　　图 6.80　　　　　　图 6.81　　　　　　图 6.82

选择中间的物体模型，在创建面板下的 复合对象 面板中单击 ProBoolean 按钮，然后单击 开始拾取 按钮分别拾取前后两个模型完成布尔运算。再创建两个圆柱体分别移动到该物体的上下位置，如图 6.83 所示。用同样的方法完成布尔运算，布尔运算后的物体效果如图 6.84 所示。最后创建出拉链的其他部位模型，创建好后的整体效果如图 6.85 所示。

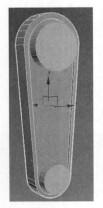
图 6.83

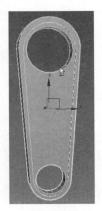
图 6.84

图 6.85

将创建好的拉链模型移动到正确的位置，如图 6.86 所示。整体选择拉链所有模型，镜像复制出右侧的拉链，最后箱包的整体效果如图 6.87 所示。

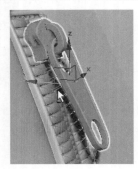
图 6.86

图 6.87

6.4 材质设置

step 01 为了使箱包看起来更加真实自然，将模型细分后塌陷，在多边形参数命令面板下打开雕刻笔刷，调整笔刷强度和大小，在物体表面进行简单的雕刻，使模型表面有一些不规则的凸起或者凹陷效果来模拟褶皱纹理，如图 6.88 所示。

选择图 6.89 所示的面，"设置 ID"为 3，选择该部分面时，可以配合石墨建模工具下的"步模式"，同时也要不断配合加选、减选操作，在选择该面上消耗了大量的时间和精力，因为模型在塌陷

图 6.88

之后，面数变得非常密集。所以在模型塌陷之前就应该把所需要的面设置好不同的 ID，这样在模型细分之后可以保留这些 ID 面，从而节省大量时间和精力。而我们此处恰恰忽略了这一点以至于造成了不必要的麻烦。用同样的方法将拉链位置的面的 ID 也设置为 3 号，如图 6.90 所示。

step 02　通过设置的 ID 面，快速选择图 6.91 所示的面，单击 分离 按钮将选择的面分离出来。用同样的方法将图 6.92 所示选择的面分离出来。

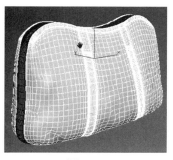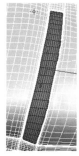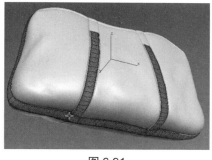

| 图 6.89 | 图 6.90 | 图 6.91 | 图 6.92 |

step 03　按 F10 键打开渲染设置面板，选择 V-Ray 渲染器，如图 6.93 所示。按 M 键打开材质编辑器，选择第一个材质球，调整"反射"颜色为金黄色，取消勾选"菲涅耳反射"复选框，在"双向反射分布函数"卷展栏中选择"沃德"并调整"各向异性"参数值，参数设置如图 6.94 和图 6.95 所示。

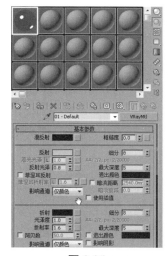

| 图 6.93 | 图 6.94 | 图 6.95 |

将该材质指定给拉链物体以及图 6.96 所示的金属物体。

step 04　选择第二个空白材质球，将材质类型设置为 VRay 材质，调整"反射"颜色为白色，"反射光泽"为 0.65，勾选"菲涅耳反射"复选框，如图 6.97 所示。在凹凸通道中赋予一张皮质的凹凸纹理贴图，如图 6.98 所示，赋予的贴图图片如图 6.99 所示。进入凹凸贴图通道设置，设置"瓷砖"数值如图 6.100 所示。设置好材质后，将该材质赋予图 6.101 所示的提手模型。

step 05 选择第三个空白材质球，将该材质设定为 VRay 材质，在"漫反射"通道上单击 Falloff(衰减贴图)，然后将衰减贴图中的第二个颜色设置为深灰色，如图 6.102 和图 6.103 所示。

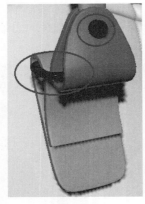

图 6.96

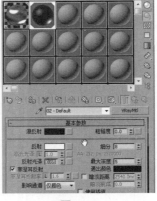

图 6.97

图 6.98

图 6.99

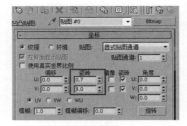

图 6.100

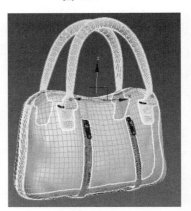

图 6.101

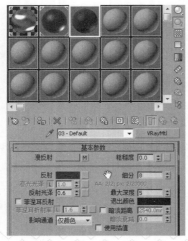

图 6.102

图 6.103

同样，在凹凸通道上赋予一张如图 6.104 所示的位图，根据贴图在模型上的显示效果调整 "瓷砖"数量，如图 6.105 所示。将调整好的材质赋予图 6.106 所示的物体。

图 6.104

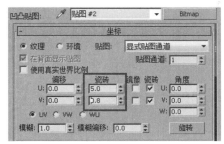

图 6.105

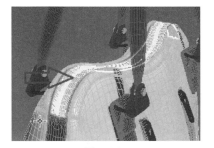

图 6.106

step 06 选择第四个材质球并设置为 VRay 材质，调整"漫反射"颜色为浅黄色，"反射"颜色为白色，"反射光泽"为 0.65，"细分"为 12，如图 6.107 所示。在凹凸通道上赋予一张如图 6.108 所示的位图。

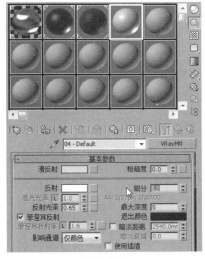

显示凹凸纹理的模型效果如图 6.109 所示。此处纹理会显得有点大，调整贴图"瓷砖"数量为 2，如图 6.110 所示。调整"瓷砖"数量后的显示效果如图 6.111 所示，贴图纹理明显缩小。

 注意

此处的纹理显示在最终渲染时是不会被渲染出来的，因为这张贴图在凹凸通道上，所以最终渲染出的效果应该是其凹凸效果。

step 07 在创建面板下的几何体面板中选择 VRay 面板，单击图 6.112 所示的"VR-平面"按钮，在视图中创建一个 VR 平面，如图 6.113 所示。

图 6.107

step 08 单击 (灯光)面板，单击 VR-太阳 按钮，在侧视图中单击并拖动创建出 VR 太阳，松开鼠标时，系统会弹出一个 VRay 太阳的提示面板，如图 6.114 所示。会提示"你想自动添加一张 VR 天空环境贴图吗？"，单击"是"按钮，系统会在环境中添加一张 VR 天空贴图，按 8 键打开"环境和效果"对话框时可以观察到，如图 6.115 所示。

图 6.108

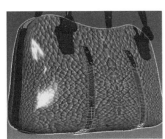

图 6.109

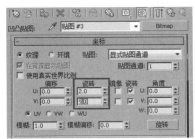

图 6.110

图 6.111

图 6.112

图 6.113

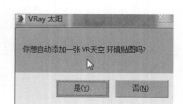

图 6.114

图 6.115

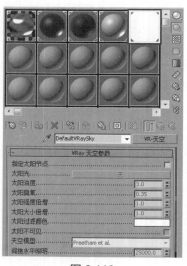

图 6.116

把 VR-天空贴图拖动到一个空白材质球上，可以对其进行参数的调整，如图 6.116 所示。此时材质上显示的天空贴图是一个白色，这是由于当前太阳光参数值过高导致的，当降低 VR 太阳强度倍增值为 0.02 时，材质显示就会变成一个蓝色到灰色渐变的显示效果，如图 6.117 所示。VR-天空"环境贴图"参数默认是灰色，不能调整，勾选"指定太阳节点"后，参数即可调整，如图 6.118 所示。

图 6.117

图 6.118

选择 VR-平面物体，赋予一个默认的灰色材质，在"环境和效果"对话框中取消勾选"使用贴图"复选框，如图 6.119 所示，这样就可以关闭 VR 天空环境贴图。

按 F10 键打开渲染设置面板，在"环境"卷展栏中勾选"反射/折射环境"复选框，单击其后方的"无"按钮，然后选择 VRayHDRI 贴图，如图 6.120 所示。

将 VRayHDRI 贴图拖放到一个空白材质球上，如图 6.121 所示。

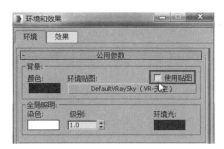

图 6.119

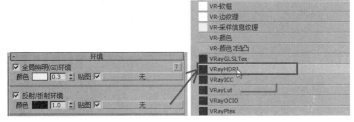

图 6.120

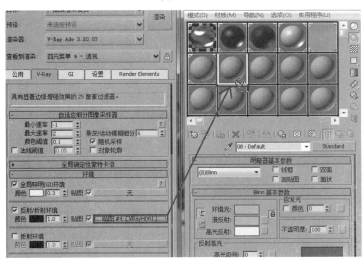

图 6.121

复制方法选择"实例",如图 6.122 所示,单击"位图"后方的
按钮,如图 6.123 所示。选择一张天空的 HDRI 贴图,如图 6.124
所示。在"反射/折射环境"中赋予一张贴图的含义是场景中反射或者
折射不到的地方会反射 HDRI 贴图。

图 6.122

step 09 在 GI 面板中"首次引擎"选择"发光图","二次引
擎"选择"BF 算法","发光图"卷展栏中的"当前预设"选择
"低",如图 6.125 所示。同时调整"图像采样器(抗锯齿)"卷展栏
中的"类型"为"自适应细分","过滤器"类型选择"Catmull-
Rom",如图 6.126 所示。

测试渲染效果,如图 6.127 所示。从渲染的图像中发现,图像偏暗,阴影过于清晰,调整

VR-太阳"强度倍增"为 0.03、"大小倍增"为 5(该值越大,阴影越虚),"阴影细分"为 4,如图 6.128 所示。

再次进行渲染,效果如图 6.129 所示。对比图 6.129 和图 6.127 可以很明显地发现,图像变亮了,阴影变虚了,这正是我们所要的效果。

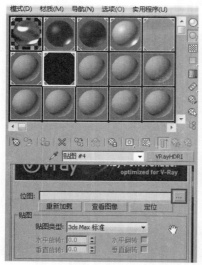

图 6.123

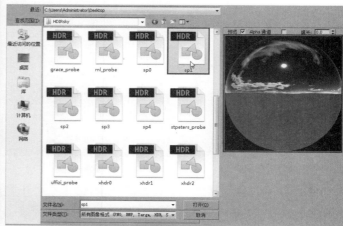

图 6.124

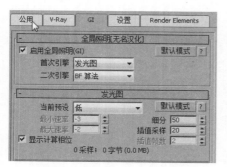

图 6.125

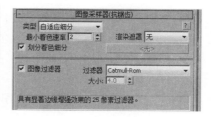

图 6.126

图 6.127

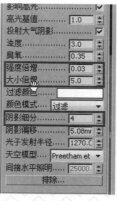

图 6.128

图 6.129

　　最终渲染时可以将"首次引擎"设置为"发光图"，"二次引擎"设置为"灯光缓存"，"发光图"预设参数选择"中"，增大渲染尺寸进行最终的渲染即可。

　　至此，本实例全部制作完成。

本 章 小 结

　　通过本章的学习，要重点掌握拉链模型的制作方法，即通过快照工具快速复制物体的方法；同时，还要掌握 VR-太阳光和 VR-平面的使用。VR-太阳和现实生活中的太阳类似，除了通过参数控制太阳的亮度外，还和太阳的高度、角度的关系密切。

第7章

长号的制作与渲染

长号又称拉管，是构造上经过技术完善，很少改进的铜管乐器。它通过滑管来改变号身的长度和基音的音高。长号的历史可追溯到 15 世纪。大约 1700 年前称为萨克布号。17—18世纪时多用于教堂音乐和歌剧的超自然场面中。到 19 世纪，长号成为交响乐队中的固定乐器。长号也是军乐队的重要乐器，同时还大量用于爵士乐队，被称为"爵士乐之王"。

长号音色高亢、辉煌、庄严壮丽而饱满，声音嘹亮而富有威力，弱奏时又温柔委婉。其音色鲜明统一，在乐队中很少能被同化，甚至可以与整个乐队抗衡。能演奏半音音阶和独特的滑音。常演奏雄壮乐曲的中低音声部。军乐队中是用来演奏威武的中低音旋律的主要乐器。管弦乐队中也是很常见的乐器。

长号一般可分为四种：中音长号(降 E 调小长号)、次中音长号(降 B 调不带变音管的乐器)、次中音长号(降 B 调带 F 变音键的长号)和低音长号(降 B 调乐器，但带 F、G 两个变音键，号的喇叭口也比一般的要大)。另外，还有一种带三个活塞(甚至四个活塞)的长号，是按键演奏的，而不是拉动管子演奏的(这种乐器可以让骑兵骑在马上演奏，国内很少见)。在爵士乐队中，小号手如果想兼任长号手的职位但又不熟悉长号的把位，这种按键长号会是不错的选择，所以也有人称它为爵士长号。

 设计思路

本章中介绍的长号模型，可以分为号嘴、管体和机械等几个部分，号嘴所占比例较小，制作比较简单，重点部分在于管体的制作及其走向等，模型制作并不复杂，主要在于后期的材质表现。

本章制作的长号模型，制作过程如下。

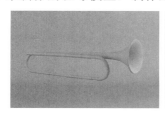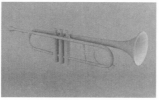

长号制作流程图

技术要点

本章的技术要点如下。

- 样条线的制作要点；
- 多边形建模常用命令以及参数的应用；
- 材质设置；
- 渲染历史记录的简单使用。

制作步骤

先制作管体，再制作号嘴和机械等其他部位。

7.1　管体的制作

管体的制作方法主要运用样条线的编辑，先把整体形态调整到位，然后开启样条线的粗细显示并转换为多边形进行细致调整即可。

step 01　在视图中创建一个长方体模型，设置长、宽、高分别为 148cm、600cm、185cm，该长方体只是作为尺寸的一个参考，并不参与模型编辑。单击 ■(创建)｜◨(图形)｜ 矩形 按钮，在视图中创建一个 80cm×400cm 的矩形，调整角半径值为 30cm 左右，如图 7.1 所示。右击矩形，在弹出的快捷菜单中选择"转换为"｜"转换为可编辑样条线"命令，将矩形转换为可编辑的样条线。

图 7.1

在倒角矩形上边缘位置再创建一条直线沿着 Y 轴向后移动一定距离，如图 7.2 所示。选择图 7.3 所示矩形中的点，单击 断开 按钮。

选择断开的一个点沿着 Y 轴移动，将该点移动到创建的直线位置上，如图 7.4 所示。因为矩形上的点模式默认为 Bezier 角点,移动上方的点时,中间曲线过渡很不自然,所以可以选择对应的点调整手柄使其保持为直线状态。单击"附加"按钮拾取直线,将两条样条线附加在一起,然后选择直线和下方曲线重合的点,单击"焊接"按钮将两个点焊接起来,如图 7.5 所示。

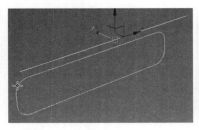
图 7.2

图 7.3

图 7.4
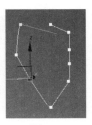
图 7.5

前视图中调整曲线上的点的手柄,在调整时可以先在前视图中调整为半圆形(如图 7.6 所示),然后在左视图调整为一条直线,效果如图 7.7 和图 7.8 所示。

调整后的线段效果如图 7.9 所示。

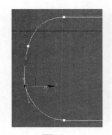
图 7.6
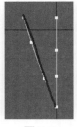
图 7.7
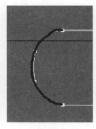
图 7.8
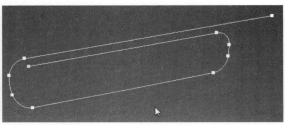
图 7.9

step 02 创建一个如图 7.10 所示大小的圆,在创建面板下的复合对象面板中,先选择长号管体样条线,单击"放样"按钮,单击 获取图形 拾取圆形,放样后的效果如图 7.11 所示。

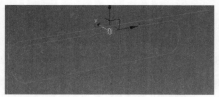

图 7.10

图 7.11

如果先选择圆形,单击"放样"按钮后就需要单击 获取路径 拾取样条线,这样虽然也能放样出所需的模型,但是需要重新调整方向,如图 7.12 所示。所以,在使用放样命令时,要分清楚哪个是路径,哪个是图形。

 提示

放样后的模型系统默认的图形步数和路径步数均为 5(如图 7.13 所示),可以根据需要适当增减。判定是否需要更改的前提是是否要对模型进行多边形编辑调整,如果能通过调整变形下的曲线调整达到所需效果,那么分段数保持默认值即可。如果放样后需要对模型进行多边形形状调整,那么就需要降低图形步数和路径步数,以便对其进行编辑,因为模型布线太密时,多边形编辑反而会比较麻烦。

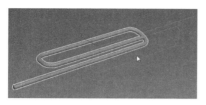

图 7.12

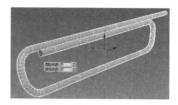

图 7.13

step 03 通过调整曲线控制模型变形。在"变形"卷展栏中单击 缩放 按钮，打开曲线编辑器，单击 (加点)按钮在曲线右侧添加一个点，并将最右边的点向上移动，如图 7.14 所示。

当右侧的点还需要往上移动时，此时页面显示已经不能满足缩放比例需求，可以单击底部的 按钮，在面板中单击并拖动以缩放 Y 轴的数值比例，缩放调整后的效果如图 7.15 所示。对比图 7.14 和图 7.15 发现，左侧对应的数值已经发生了变化，这样在大幅度调整点的变形效果时就方便多了。

图 7.14

图 7.15

在右侧中间位置继续添加一个点，右击该点，可以通过右键菜单更改点的模式，如图 7.16 所示。将点设置为"Bezier-平滑"，调整点的过渡效果如图 7.17 所示。

图 7.16

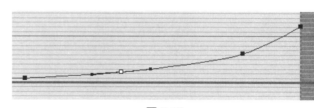

图 7.17

调整曲线后模型的变形效果如图 7.18 所示，整体效果如图 7.19 所示。

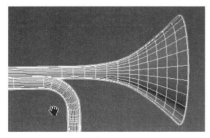

图 7.18

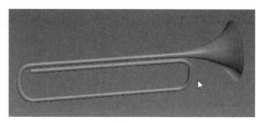

图 7.19

step 04 通过多边形编辑的方法调整模型变形。将图形步数和路径步数参数均设置为 1，如图 7.20 所示。右击模型，在弹出的快捷菜单中选择"转换为"｜"转换为可编辑多边形"命令，将模型转换为可编辑的多边形物体。在模型上加线，选择右侧的所有点用缩放工具缩放调整，如图 7.21 所示。

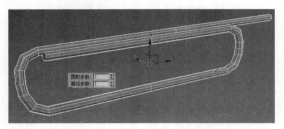
图 7.20

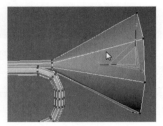
图 7.21

继续加线配合缩放工具调整出如图 7.22 所示的喇叭形状。此时对比前面的曲线调整和多边形调整后的模型可以发现，两种方法都能达到所需要的效果(如图 7.23 所示)，多边形编辑的模型后期还要配合细分操作来增加物体细节。

step 05 选择图 7.24 所示的面，按住 Shift 键向内缩放复制，在弹出的克隆部分网格面板中选择"克隆到对象"，单击"确定"按钮。

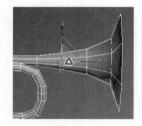
图 7.22

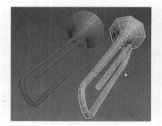
图 7.23

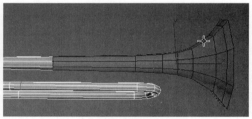
图 7.24

将缩放调整复制后的物体调整到图 7.25 所示的位置，选择所有面，单击 翻转 按钮将面的法线翻转过来，如图 7.26 所示。

单击"附加"按钮拾取管体模型将两个物体附加在一起，按 3 键进入"边界"级别，框选图 7.27 所示喇叭口位置的两个边界线，单击 桥 按钮使中间自动生成面，如图 7.28 所示。在喇叭口位置通过加线调整的方法调整出所需要的效果，加线调整过程如图 7.29～图 7.31 所示。按 Ctrl+Q 快捷键细分该模型，效果如图 7.32 所示。细分后模型显得过于圆润，所以要将图 7.33 所示的拐角位置线段做切角处理。

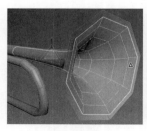
图 7.25

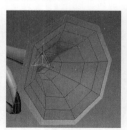
图 7.26

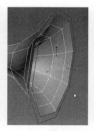
图 7.27

图 7.28

图 7.29

图 7.30 　　　　　 图 7.31 　　　　　 图 7.32 　　　　　 图 7.33

step 06 分别在图 7.34 所示的位置加线，然后选择图 7.35 所示的面，单击 倒角 按钮后方的 图标，在弹出的"倒角"快捷参数面板中设置倒角参数，注意倒角方式为以"局部法线方向"向内倒角，如图 7.36 所示。倒角之后，在倒角面的两边加线，如图 7.37 所示。

以局部法线方向向内挤出，继续加线(注意加线的距离)。

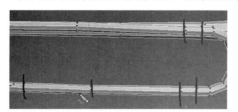 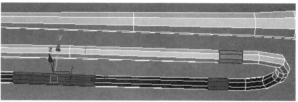

图 7.34 　　　　　　　　　　　　　　　　 图 7.35

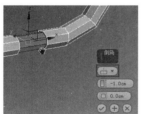 

图 7.36 　　　　　　　　　　　　　　　　 图 7.37

用同样的方法选择图 7.38 所示的面，向外倒角挤出，如图 7.39 所示。

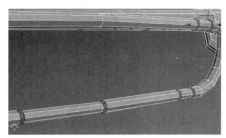

图 7.38 　　　　　　　　　　　　　　　　 图 7.39

为了表现物体的棱角效果，需要将拐角位置线段做切线处理，如图 7.40 所示。其他所有相同位置的线段都做切线处理，细分后的效果如图 7.41 所示。整体效果如图 7.42 所示。

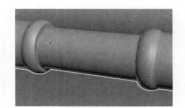
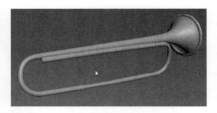

图 7.40　　　　　　　　　图 7.41　　　　　　　　　　　　　图 7.42

7.2　机械体的制作

机械体模型并不复杂，但重点表现在细节的展示上。本身当前的实例模型并不是太多，所以每一个细节都要认真对待。

step 01　创建一个圆柱体，如图 7.43 所示。右击模型，在弹出的快捷菜单中选择"转换为"｜"转换为可编辑多边形"命令，将模型转换为可编辑的多边形物体。分别在高度上加线，如图 7.44 所示。

将所添加线段做切角处理，如图 7.45 所示。选择切角处的环形面向下倒角挤出，如图 7.46 所示。

选择切角位置下方的环形面，将面向外倒角挤出，如图 7.47 所示。根据需要再次进行加线切线处理，如图 7.48 所示。

在图 7.49 所示位置继续加线向外缩放调整。底部处理完毕，接下来处理顶部细节，顶部细节和底部处理方法相同，均是通过加线、切角、倒角命令对其进行编辑调整，调整过程如图 7.50～图 7.52 所示。

step 02　分别将拐角位置的线段切角设置后，删除顶部的面，选择顶部边界线后按住Shift 键多次缩放挤出调整出如图 7.53 所示的形状。然后向内缩放出面后再向上挤出调整至图 7.54 所示形状。

按住 Shift 键配合缩放和移动工具挤出不同的形状，如图 7.55 所示。然后分别将拐角处的线段切角，如图 7.56 所示。

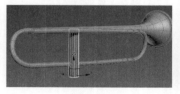

图 7.43　　　　　　图 7.44　　　　　　　图 7.45　　　　　　　　图 7.46

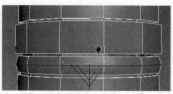

图 7.47　　　　　　　　　图 7.48　　　　　　　　　图 7.49

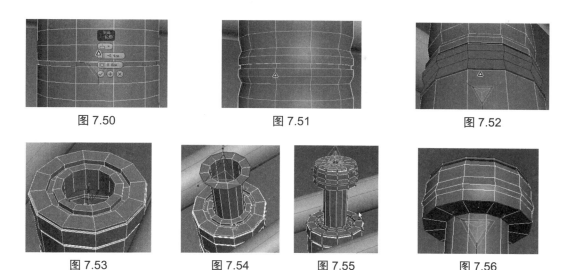

图 7.50　　　　　　　　　图 7.51　　　　　　　　　图 7.52

图 7.53　　　　　　图 7.54　　　　　　图 7.55　　　　　　图 7.56

step 03 底部细节调整。首先删除图 7.57 所示底部的面，选择底部边界线后按住 Shift 键配合缩放和移动工具分别向内挤出面并调整，如图 7.58 所示。注意，当面挤出到图 7.59 所示的形状时，按住 Shift 键向上移动挤出管体的开口形状。

图 7.57　　　　　　　　　图 7.58　　　　　　　　　图 7.59

按 Ctrl+Q 快捷键细分该模型，效果如图 7.60 所示。除了运用多边形编辑制作该模型外，还可以先创建出机械部分的剖面曲线(如图 7.61 所示)，然后利用"车削"修改器命令也能快速制作出所需的效果，两种方法制作出的模型对比如图 7.62 所示。

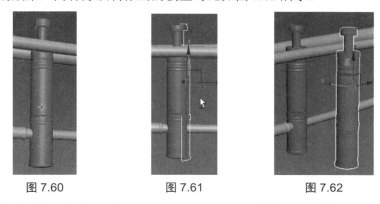

图 7.60　　　　图 7.61　　　　图 7.62

📎 **注意**

通过第二种方法制作模型时，对剖面曲线的创建有非常高的要求，因为创建的曲线效果直接影响模型的整体形状，当然也可以在生成三维模型后，再回到样条线级别细致调整效果。

step 04 制作完成一个机械模型之后，再复制两个，如图 7.63 所示。

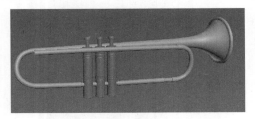

图 7.63

7.3 号嘴的制作

step 01 在顶视图中创建一个如图 7.64 所示的样条线，该样条线的创建过程不再详细讲解。唯一要注意的是，在创建样条线时，需要很明确了解所制作模型的轮廓外观形状，这样再创建样条线时才会更加容易。

step 02 在修改器下拉列表中选择 "车削" 修改器，注意调整旋转轴心，此时生成的三维效果如图 7.65 所示。

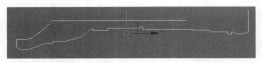

图 7.64

图 7.65

将车削"分段"数降低为 12，将模型转换为可编辑多边形物体，选择右侧开口位置边界线，按住 Shift 键向内挤出面调整模拟出物体的厚度，如图 7.66 所示。将拐角位置环形线段做切角处理，如图 7.67 所示。

细分后的效果如图 7.68 所示。

图 7.66

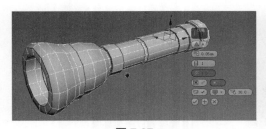

图 7.67

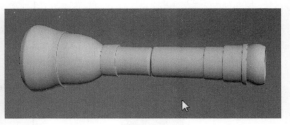

图 7.68

7.4 号管细节处理

step 01 选择如图 7.69 所示的面，按住 Shift 键拖动复制，在弹出的克隆部分网格面板中选择"克隆到对象"，单击"确定"按钮，为了便于和之前物体区分，给它换一种颜色，并添加"壳修"改器，效果如图 7.70 所示。

图 7.69　　　　　　　　　　　　　　　　图 7.70

step 02　创建一个如图 7.71 所示的管状体，将其转换为可编辑多边形物体，删除部分面，如图 7.72 所示，然后分别在边缘位置加线。

step 03　创建一个圆柱体并将其转换为可编辑的多边形物体，将其形状调整至如图 7.73 所示，然后添加"对称"修改器对称出另一半，如图 7.74 所示。旋转角度调整位置至如图 7.75 所示。

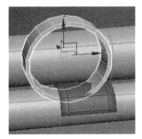
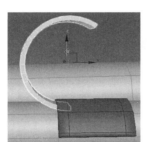

图 7.71　　　　　图 7.72　　　　　图 7.73　　　图 7.74　　　图 7.75

step 04　在该物体上部位置创建一个面片(如图 7.76 所示)，将该面片分段式适当调高，然后转换为可编辑多边形物体，单击 自由形式 多边形绘制 绘制于:曲面，然后单击 拾取 按钮，拾取号管模型，单击 (松弛一致笔刷)，在模型上单击并慢慢拖动，这样会将面片直接松弛调整贴附于号管模型上，如图 7.77 所示。如果对调整结果不太满意，可以配合偏移工具细致调整，调整后添加"壳"修改器，设置厚度值后的效果如图 7.78 所示。

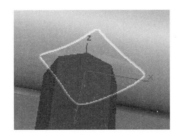

图 7.76　　　　　　　图 7.77　　　　　　　图 7.78

将该物体向下镜像复制一个并调整位置，如图 7.79 所示。

step 05　将该弧形物体再次复制两个，通过旋转和移动工具调整到号管其他位置，然后创建一个圆柱体对其进行多边形的形状调整，如图 7.80 所示。创建一个胶囊物体，大小和位置如图 7.81 所示。将胶囊物体转换为可编辑多边形物体，分别对两头的点进行切角处理后，选择中心位置的面向内倒角设置，效果如图 7.82 所示。

图 7.79

在图 7.83 所示的位置再创建一个面片物体并将其转换为可编辑的多边形物体,选择一个边按住 Shift 键向上拖动复制出其他面并调整形状至如图 7.84 所示。

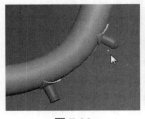

图 7.80 图 7.81 图 7.82 图 7.83

按 3 键进入"边界"级别,选择边界线后按住 Shift 键拖动复制出如图 7.85 所示的面。在边缘环形线段上进行加线处理,细分后的效果如图 7.86 所示。将开口用"封口"命令封口处理后,调整布线,效果如图 7.87 所示。

图 7.84 图 7.85 图 7.86 图 7.87

整体模型效果如图 7.88 所示。

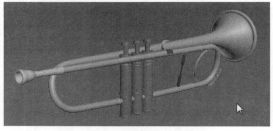

图 7.88

7.5　材质渲染设置

模型制作完成后,接下来对物体进行材质设定。

step 01　按 F10 键打开渲染设置面板,单击渲染器右侧的小三角,选择 VRay 渲染器,如图 7.89 所示。按 M 键打开材质编辑器,选择一个空白材质球,单击如图 7.90 所示的 Standard 按钮,在弹出的材质列表中选择 VRayMtl,如图 7.91 所示。注意,之后所有 VRay 材质设置方法都一样,后面不再详细讲解。

在"漫反射"颜色框上单击,设置一个金黄色,如图 7.92 所示。取消勾选"菲涅耳反射"复选框,"反射"颜色设置成如图 7.93 所示。将"反射光泽"改为 0.95。

图 7.89

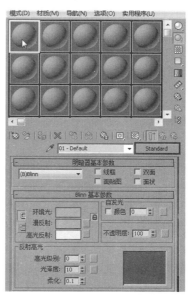

图 7.90

图 7.91

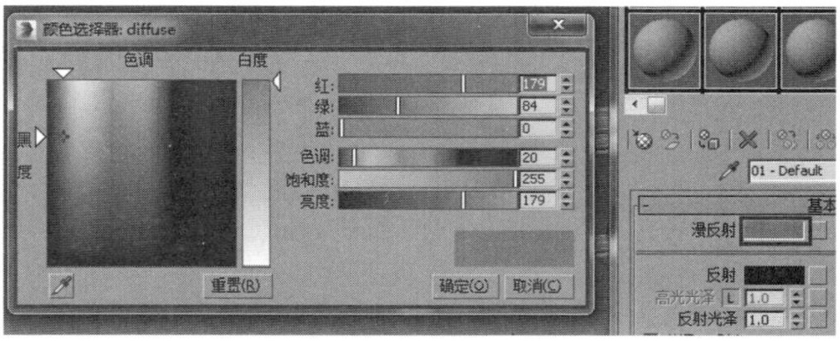

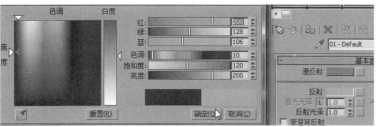

图 7.92

图 7.93

step 02 将 V-Ray 面板下的"图像采样器(抗锯齿)"卷展栏中的类型设置为"自适应细分",在"环境"卷展栏中开启"全局照明(GI)环境"。

打开第 1 章中设置好的 VRay 的一个渲染环境,依次单击软件左上角图标|"导入"|"合

并"，选择长号模型将其合并进来，调整长号的大小和角度至图 7.94 所示。简单测试渲染后的效果如图 7.95 所示。

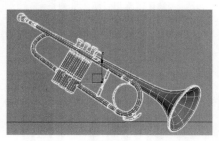

图 7.94

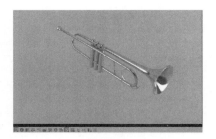

图 7.95

step 03 为了便于观察不同参数的不同渲染效果，可以使用 VRay 渲染器的历史记录对比功能，单击▦按钮即可打开 VRay 渲染器的历史记录对比面板。

第一次使用该功能时，需要设置一下缓存的路径和缓存占用空间的大小，单击 ▦ 按钮选择 History settings ，在弹出的如图 7.96 所示的面板中单击▦按钮，设置一个路径后单击"确定"按钮。(指定的路径最好不要是中文路径，如图 7.97 所示。

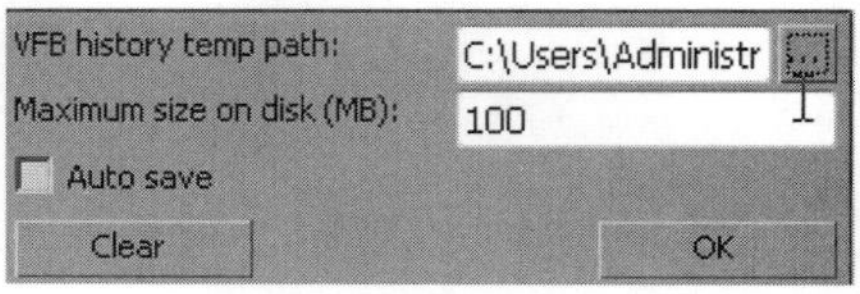

VFB history temp path:	C:\Users\Administr
Maximum size on disk (MB):	100
☐ Auto save	
Clear	OK

图 7.96

step 04 勾选"菲涅耳反射"，然后将"退出颜色"调整为暗黄色，如图 7.98 所示。再次渲染后单击▦按钮打开 VRay 渲染器的历史记录对比面板，单击▦按钮将渲染的图像保存起来。然后先选择上次渲染的图像，单击▦按钮，再选择最后一次渲染的图像，单击▦按钮，这样就把两次不同参数渲染的图像分别设置成了图像 A 和图像 B，如图 7.99 所示。

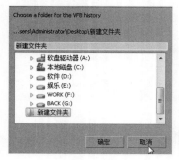

图 7.97

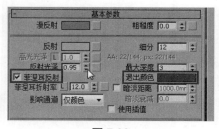

图 7.98

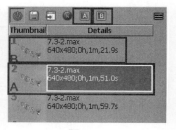

图 7.99

设置了 A、B 图像后，渲染器窗口中会出现一条白色的线框，此时可以拖动该线框进行图像 A 和图像 B 的对此，如图 7.100 所示。

材质调整至理想效果后，将最终渲染的尺寸设置为 2000×1500 大小。将"图像采样器(抗锯齿)"卷展栏中的类型选择"自适应"，然后在下方的"自适应图像采样器"卷展栏中可以将最小细分和最大细分各增加一个级别，"首次引擎"选择"发光图"，"二次引擎"选择"灯光缓存"，其中"发光图"中的参数选择预设的"中"，单击"渲染"按钮渲染最终的图像。

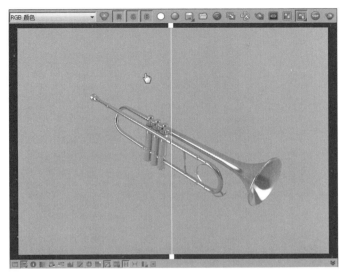

图 7.100

至此，本实例全部制作完成。

本 章 小 结

　　本实例中的模型制作并不是很复杂，类似这样的产品级模型在制作时需要注意一些细节的处理，如号口(喇叭口)位置边缘的一些层次感的制作、机械部分模型的细节表现等。材质部分相对也比较简单，当前场景只需要设置一个材质接口，在后期最终渲染时可以将细分值提高以增加图像细节。

第**8**章

古董相机的制作与渲染

　　相机是一种利用光学成像原理形成影像并使用底片记录影像的设备，是用于摄影的光学器械。

　　最早的相机结构十分简单，仅包括暗箱、镜头和感光材料。现代相机比较复杂，具有镜头、光圈、快门、测距、取景、测光、输片、计数、自拍、对焦、变焦等系统，是一种结合光学、精密机械、电子技术和化学技术等的复杂产品。

　　通常，照相机主要元件包括：成像元件、暗室、成像介质与成像控制结构。成像元件可以进行成像。通常是由光学玻璃制成的透镜组，称为镜头。小孔、电磁线圈等在特定的设备上都起到了"镜头"的作用。成像介质则负责捕捉和记录影像，包括底片、CCD、CMOS 等。

　　暗室为镜头与成像介质之间提供一个连接并保护成像介质不受干扰。控制结构可以改变成像或者记录影像的方式，影响最终的成像效果。

　　相机根据其成像介质的不同可以分为胶片相机与数码相机。

　　按相机的外形和结构可分为平视取景相机和单镜头反光照相机(单反相机)。此外还有折叠式照相机、双镜头反光相机、平视测距器相机(RANGFINDER)、转机、座机，等等。

　　本章中学习的是双镜头反光古董相机。

设计思路

要制作一个相机，其最基础的机构首先要划分清楚，包括暗箱、镜头、感光材料、镜头、光圈、快门等。然后把这些基础元件有序地组织在一起。

效果剖析

本章制作的古董相机模型，制作过程如下。

古董相机制作流程图

技术要点

本章的技术要点如下。

- 系统单位设置；
- 多边形建模下的常用命令和建模方法；
- 不规则物体的调整及棱角表现方法；
- 透镜玻璃材质的设置；
- UVW 贴图展开调节；
- 渲染设置。

8.1　箱体的制作

在制作之前首先要设置系统单位。单击 自定义(U) 菜单下的 单位设置(U)… ，在单位设置面板中选择"公制"中的"厘米"，如图 8.1 所示。然后单击 系统单位设置 按钮，在"系统单位设置"对话框选择"厘米"，如图 8.2 所示。

图 8.1

图 8.2

step 01 创建一个长、宽、高分别为 22cm、20cm、33cm 的长方体，右击长方体，在弹出的快捷菜单中选择"转换为"｜"转换为可编辑多边形"命令，将模型转换为可编辑的多边形物体。在长度上的中间位置添加线段后删除一半的面，同时为了观察整体效果，单击 [MI] 按钮关联复制出另一半模型。分别在图 8.3 所示的位置加线，为了得到所需形状，继续加线调整线段至如图 8.4 所示。

图 8.3

图 8.4

 注意

底部一角在调整时尽量过渡自然一些，如图 8.5 所示。

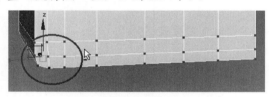

图 8.5

step 02 选择图 8.6 所示的面，单击"分离"按钮将选择的面单独分离出来，针对分离出的模型单独加线调整，如图 8.7 所示。

图 8.6

图 8.7

 注意

模型分离后，由于布线密度不同会导致细分后它们之间的衔接出现一定的偏差，所以要针对不同的模型做不同的加线调整，特别是在拐角位置应更加注意，如图 8.8 所示。

如果分段数太少，可以适当添加分段数，以使两者边缘能够完全对应，无缝隙出现。在调整时可以细分后选择点进行调节，这样更能直观地观察调整，结果如图 8.9 所示。

step 03　分别在图 8.10 和图 8.11 所示的位置加线，以使细分后拐角处不至于出现大幅度的变化。

将图 8.12 和图 8.13 所示拐角位置的线段做切角处理，单击 目标焊接 按钮将多余的点焊接起来，如图 8.14 所示。

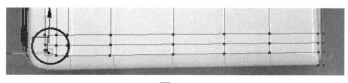

图 8.8

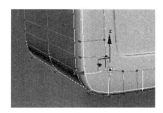

图 8.9

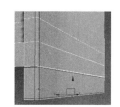

图 8.10

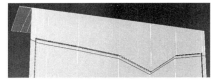

图 8.11

图 8.12

另外需要注意图 8.15 所示左上角的面应该是和其正下方的物体是一个整体，由于刚才的疏忽，分离面时漏选了，所以再次选择图中的面，单击 分离 按钮将这部分面分离出来，再选择其正下方的物体，单击 附加 按钮拾取刚分离出的面将两者附加在一起，如图 8.16 所示。然后进入"点"级别后将对应的点焊接起来，如图 8.17 所示。最后将边缘的线段适当向下移动调整，如图 8.18 所示。

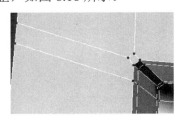

图 8.13

图 8.14

图 8.15

图 8.16

图 8.17

图 8.18

将正面顶部边缘线段做切角处理，如图 8.19 所示。将对应的左侧模型的边缘线段做对应的位置调整，如图 8.20 所示。

图 8.19

图 8.20

step 04 创建一个球体，将"分段"数设置为 12，用缩放工具压扁，然后将其转换为可编辑的多边形物体，删除模型一半，如图 8.21 所示。选择边界线，按住 Shift 键向内缩放挤出面，如图 8.22 所示。再次移动挤出面调整至图 8.23 所示。最后在细分之前需要在边缘位置加线或者将拐角位置的线段进行切角设置，细分后的效果如图 8.24 所示。

step 05 将该物体分别复制调整至图 8.25 所示位置。创建一个圆柱体并将其转换为可编辑的多边形物体，简单编辑调整至图 8.26 所示形状，复制出剩余的支撑物体，如图 8.27 所示。

图 8.21

图 8.22

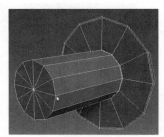

图 8.23

图 8.24

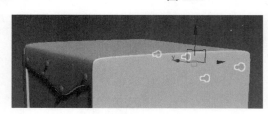

图 8.25

图 8.26

图 8.27

8.2 镜头等其他物体的制作

相机机箱部分制作完成后，接下来制作镜头及其他旋钮等的模型。

step 01 创建一个长方体物体，大小比例如图 8.28 所示，单击 按钮拾取箱体模型和箱体对齐，对齐效果和参数如图 8.29 所示。

右击长方体，在弹出的快捷菜单中选择"转换为"｜"转换为可编辑多边形"命令，将模型转换为可编辑的多边形物体。分别加线调整形状至图 8.30 所示。进入"面"级别，选择前方所有面，单击 倒角 按钮后方的 图标，先向内缩放倒角出面(如图 8.31 所示)，然后挤出高度(如图 8.32 所示)，再次向内和向下倒角出面，如图 8.33 所示。

倒角出所需要的形状后，分别在边缘的环形线段上加线，如图 8.34 和图 8.35 所示。

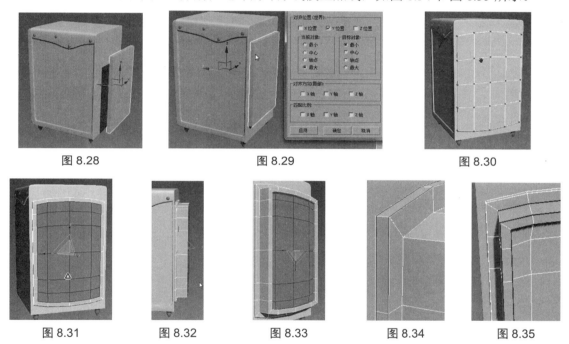

图 8.28　　　　　　　　　图 8.29　　　　　　　　　图 8.30

图 8.31　　　图 8.32　　　图 8.33　　　图 8.34　　　图 8.35

step 02 在该物体表面上创建一个圆柱体并对齐调整，如图 8.36 所示。将该物体转换为可编辑的多边形物体后，删除顶部和底部的面(如图 8.37 所示)，调整点的位置和模型形状至图 8.38 所示。

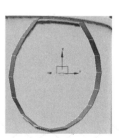

图 8.36　　　　　　　　　图 8.37　　　　　　　　　图 8.38

　　按 3 键进入"边界"级别选择前方的边界线，配合 Shift 键用缩放和移动工具分别挤出面调整形状，调整过程如图 8.39 和图 8.40 所示。

　　step 03 再次创建一个圆柱体并删除顶部和底部的面，大小比例和位置如图 8.41 所示。单击"附加"按钮拾取镜头模型，如图 8.42 所示。按 3 键进入"边界"级别，选择图 8.43 所示的两条边界线，单击"桥"按钮自动生成中间对应的面，如图 8.44 所示。

图 8.39

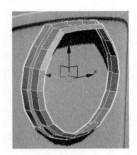
图 8.40

图 8.41

图 8.42

图 8.43

图 8.44

提示

　　为什么此处要单独创建一个圆柱体再进行编辑调整，而不是直接由原始物体直接挤出面调整成一个圆形呢？这是因为该镜头底部并不是一个正圆，而前方位置是一个正圆形状，这样操作既可以保证前方位置的正圆形状又保留底部非正圆物体的形状，中间的过渡效果更加美观。

　　分别将图 8.45 和图 8.46 所示的线段做切角处理后继续选择边界线挤出面，然后选择图 8.47 所示的面，单击"分离"按钮将其分离出来。

图 8.45

图 8.46

图 8.47

按 Alt+Q 快捷键独立化显示该物体，继续挤出面调整至图 8.48 所示形状。然后删除部分面，如图 8.49 所示。再次选择边界线后向内挤出面调整，如图 8.50 所示。

选择面挤出调整至图 8.51 所示形状，然后在边缘位置加线，细分后的效果如图 8.52 所示。很明显此处位置在模型细分后失去了 90°角的特性，出现了圆弧形状，这不是我们所希望得到的效果，处理的方法也很简单，在图 8.53 所示位置分别加线约束即可。用同样的方法在其他位置做相同的加线处理，细分后的效果如图 8.54 所示。

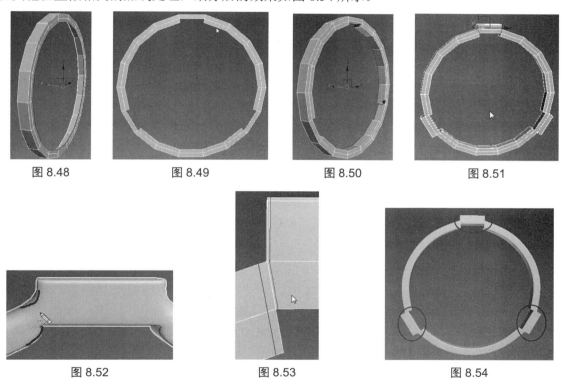

图 8.48　　　　　图 8.49　　　　　图 8.50　　　　　图 8.51

图 8.52　　　　　　　图 8.53　　　　　　　图 8.54

图 8.54 所示椭圆圈位置的模型宽度偏窄，可以选择点来调整位置从而调整宽窄的变化，但是这样调整后物体容易出现变形效果。所以在调整前要先创建一个圆柱体作为参考。

创建一个圆柱体，降低分段数和该物体对齐，然后在前视图中参考该圆柱体的点的位置以调整该物体的点的位置。多余的线段按 Ctrl+Backspace 快捷键移除即可，其他位置做相同处理。调整前后的对比效果如图 8.55 和图 8.56 所示。

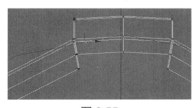
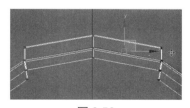

图 8.55　　　　　　　　　　　　图 8.56

除此方法之外，还可以删除 2/3 模型，只调整其中的一部分，如图 8.57 所示。

按 A 键打开角度捕捉，旋转复制出剩余的部分，如图 8.58 所示。单击"附加"按钮依次拾取复制出的物体将其附加在一起，最后将图 8.58 所示圆圈位置对应的点焊接起来，细分后的效果如图 8.59 所示。

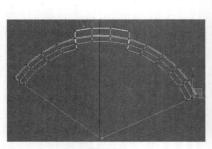

图 8.57

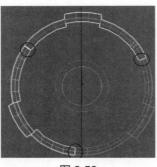

图 8.58

图 8.59

 选择镜头底部模型，选择边界线向内挤出面调整，如图 8.60 所示。再次缩放挤出面至图 8.61 所示。

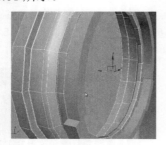

图 8.60

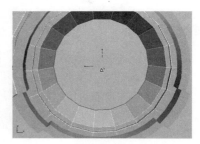

图 8.61

分别对拐角位置线段做切角设置，如图 8.62 所示。为了便于区分两个物体将其中的一个物体换一种颜色，细分后的整体效果如图 8.63 所示。

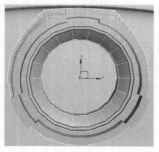

图 8.62

图 8.63

step 05 镜片制作。创建一个球体模型并将其转换为可编辑多边形物体后删除一半(如图 8.64 所示)，用缩放工具缩放至图 8.65 所示形状，然后选择边界线并按住 Shift 键向内挤出面，最后将中心点塌陷，效果如图 8.66 所示。

将调整的半球体移动到镜头位置(如图 8.67 所示)，然后将整个镜头位置模型向下复制一个，效果如图 8.68 所示。

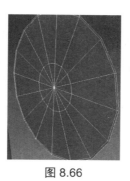

图 8.64　　　　　图 8.65　　　　　图 8.66　　　　　图 8.67　　　　　图 8.68

图 8.69

注意

　　将复制后的镜头模型调整成一个正圆形状，如图 8.69 所示。可以通过创建一个圆柱体作为参考然后参考圆柱体上的点以调整镜头模型上的点。

step 06　在镜头位置再创建一个圆柱体，如图 8.70 所示。选择顶部的面用倒角工具倒角挤出面调整至图 8.71 所示形状，然后将边缘的线段切角，如图 8.72 所示。

图 8.70　　　　　　　　　图 8.71　　　　　　　　　图 8.72

　　将该模型细分后再复制一个，如图 8.73 所示。然后在两个模型之间位置创建一个长方体，删除上下的面，如图 8.74 所示。

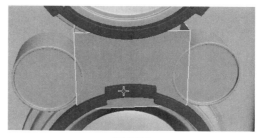

图 8.73　　　　　　　　　　　　　　　图 8.74

　　分别加线后调整上方大小至图 8.75 所示形状。为了使模型布线均匀，继续在横向上加线，然后将两侧边缘线段切角，如图 8.76 所示。

step 07　再创建一个圆柱体，大小和位置如图 8.77 所示。将其塌陷为多边形物体后，选择右侧部分的面，单击"倒角"按钮或者"挤出"按钮将选择的面挤出，如图 8.78 所示。

在挤出的面上加线调整形状至图 8.79 所示，然后将该模型适当旋转至图 8.80 所示位置。

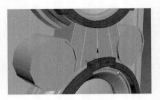

图 8.75

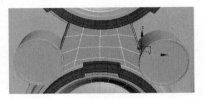

图 8.76

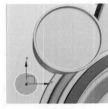

图 8.77

图 8.78

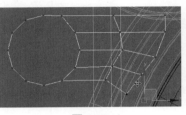

图 8.79

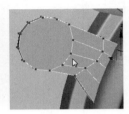

图 8.80

选择圆形面面向内倒角再挤出面，调整过程如图 8.81 和图 8.82 所示。最后分别在边缘位置加线，细分后的效果如图 8.83 所示。

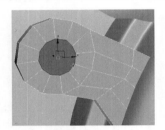

图 8.81

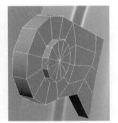

图 8.82

图 8.83

step 08 创建修改如图 8.84 所示的物体并移动到前面板的右上方位置。用同样的方法将环形线段切角(如图 8.85 所示)，最后按 Ctrl+Q 快捷键细分该模型。

图 8.84

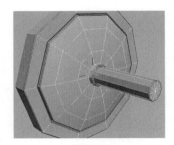

图 8.85

8.3   其他物体的制作

step 01 在相机侧面位置创建一个圆柱体，删除前后两个面，然后分别选择边界线配合 Shift 键缩放或者移动挤出调整至图 8.86 所示形状。再创建一个"分段"数为 80 的圆柱体(如

图 8.87 所示)，删除顶部和底部的面，间隔选择环形线段，用缩放工具向外缩放，如图 8.88 所示。选择前方边界线，按住 Shift 键向内缩放挤出面调整，如图 8.89 所示。

图 8.86

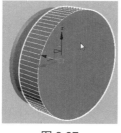
图 8.87

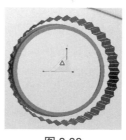
图 8.88

图 8.89

将边界线调整为一个正圆形。单击石墨建模工具下的"建模"|"循环"|"循环工具"按钮打开循环工具面板，单击"呈圆形"按钮(如图 8.90 所示)，此时选择的边界线会快速转换为一个正圆形，如图 8.90 所示。

图 8.90

step 02　选择圆形边界线先向后方挤出面(如图 8.91 所示)，再向内侧方向挤出面并调整(如图 8.92 所示)，最后重复挤出面并移动调整这些线段，形成中间有一定凸起的变化，如图 8.93 所示。

在图 8.94 所示的位置加线，间隔选择环形线段向内侧凹陷移动调整(如图 8.95 所示)，细分后的效果如图 8.96 所示。

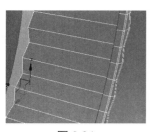
图 8.91

图 8.92

图 8.93

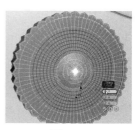
图 8.94

step 03　用圆柱体编辑调整出如图 8.97 所示的形状物体，将制作好的旋钮模型复制一个并调整好位置，如图 8.98 所示。

step 04　将旋钮模型再向下复制一个并旋转 90°，如图 8.99 所示。删除复制物体的部分面重新对齐多边形并简单调整，如图 8.100 所示。

将旋钮底部所有的面删除，然后选择边界线向内缩放并挤出面，如图 8.101 和图 8.102 所示。调整后的效果如图 8.103 所示。

step 05 在底部位置创建一个长方体并将其转换为可编辑的多边形物体，删除一半模型后加线调整形状，如图 8.104 和图 8.105 所示。将图 8.106 所示的线段切角设置，细分后的效果如图 8.107 所示。最后在该物体的顶部制作出如图 8.108 所示圆圈内的模型。

图 8.95

图 8.96

图 8.97

图 8.98

图 8.99

图 8.100

图 8.101

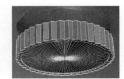

图 8.102

图 8.103

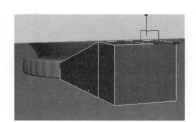

图 8.104

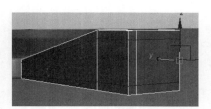

图 8.105

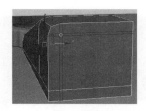

图 8.106

图 8.107

图 8.108

step 06 顶盖制作。在相机顶部位置创建一个长方体模型并将其转换为可编辑的多边形物体，大小如图 8.109 所示。加线调整后删除其中一个角的面，如图 8.110 所示。

图 8.109

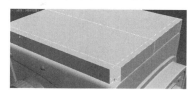

图 8.110

删除面后需要在该角位置把空口补起来，补洞的方法也有几种，这里介绍两种。第一种方法是选择上下对应的面，单击"桥"按钮连接出对应的面，然后选择其中一个边界线单击"封口"，如图 8.111 所示。第二种方法是直接选择洞口边界线单击"封口"按钮，然后选择中间部位上下的两个点，按 Ctrl+Shift+E 快捷键连接出线段即可。处理好洞口之后，在图 8.112 所示边缘位置加线，然后在修改器下拉列表中选择"对称"修改器镜像出另一半模型，如图 8.113 所示。

细分后根据效果再次在边缘位置加线，调整至理想效果，如图 8.114 所示。

step 07 创建一个长方体模型并将其转换为可编辑的多边形物体，分别在图 8.115 所示的位置加线，然后选择两边的面用"挤出"工具向下挤出面，如图 8.116 所示。当然也可以创建出一个如图 8.117 所示的样条线，通过"挤出"命令制作出所需效果，如图 8.118 所示。

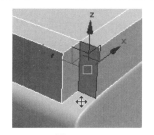

图 8.111

图 8.112

图 8.113

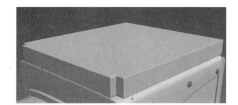

图 8.114

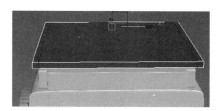

图 8.115

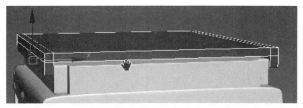

图 8.116

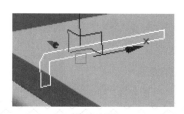

图 8.117

调整该模型布线(加线、切角等设置)至图 8.119 所示，细分后的效果如图 8.120 所示。

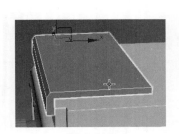

图 8.118

图 8.119

图 8.120

step 08 创建一个切角长方体，大小和位置如图 8.121 所示，将中间部位向前调整至图 8.122 所示位置。最后的整体效果如图 8.123 所示。

图 8.121

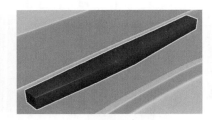

图 8.122

图 8.123

8.4 材质和渲染设置

模型制作完成后，接下来进行材质及渲染设置。

step 01 在材质设定之前，首先将同一个物体中需要表现不同材质的面选择并分离出来。选择图 8.124～图 8.130 所示的面，单击"分离"按钮将选择的面分离出来。

step 02 打开 4.3 节删除模型后另存的渲染场景，如图 8.131 所示。

图 8.124

图 8.125

图 8.126

图 8.127

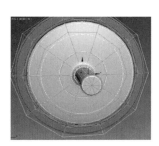
图 8.128

图 8.129

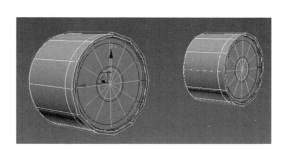
图 8.130

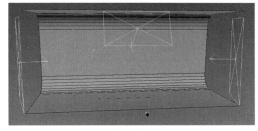
图 8.131

单击软件左上角的"图标"|"导入"|"合并"按钮,选择本章中制作好的模型将其合并进来,合并后的效果如图 8.132 所示。用缩放工具将模型放大并调整位置,大小比例如图 8.133 所示。

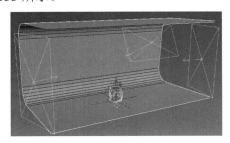
图 8.132

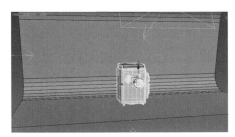
图 8.133

step 03 调整模型角度,按 M 键打开材质编辑器面板,首先选择一个空白材质球,设置成 VRayMtl,将"漫反射"设置为灰色,"反射"颜色设置为灰白色(不完全反射),"反射光泽"设置为 0.94,取消勾选"菲涅耳反射",在"双向反射分布函数"卷展栏中选择"沃德",调整"各向异性"值为 0.2,赋予场景中所有螺丝钉、螺丝帽以及图 8.134 所示的金属物体。

step 04 将第一个材质球直接拖放到第二个材质球上复制,重新命名,调整漫反射颜色接近于白色,在"反射"通道中选择衰减贴图。

提示

在"反射"通道上赋予衰减贴图的意义在于用衰减贴图以控制模拟"菲涅耳反射"。相对于"菲涅耳反射"而言,通过衰减贴图更能准确控制衰减范围和强度。正常情况下衰减贴图是通过黑白颜色来控制衰减程度，黑色代表不反射，白色代表反射，如图8.135所示。

除此之外还可以通过调整曲线来控制衰减贴图反射控制范围，在如图8.136所示位置添加一个点并调整点的位置，也就是白色区域变大，黑色区域变小，那么对应的就是反射范围增大，如图8.137所示。

设置"高光光泽"为0.8，"反射光泽"为0.9，在"双向反射分布函数"中选择"反射"，调整好后赋予图8.138和图8.139所示的物体。

图8.134

图8.135

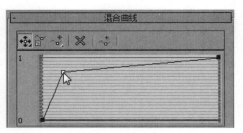

图8.136

图8.137

图8.138

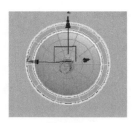

图8.139

step 05 选择第三个空白材质球，同样设置VRayMtl，设置"漫反射"颜色为黑色、"反射"颜色为灰白色、"高光光泽"为0.6、"反射光泽"为0.7，勾选"菲涅耳反射"，细分值为16，赋予图8.140所示红色箭头对应的物体。

step 06 将该黑色材质球拖动到第四个空白材质球上复制，重新命名，选择图8.141所示的物体并将该材质赋予该物体。

按Alt+Q快捷键独立化显示该物体，在修改器下拉列表中选择"UVW贴图"，"贴图类型"选择"柱形"，单击"适配"按钮，添加UVW贴图的模型如图8.142所示。选择刚复制的材质球，在"漫反射"通道中赋予一张如图8.143所示的贴图。单击▦按钮将贴图在模型上显示，此时的显示效果如图8.144所示。

图8.140

图8.141

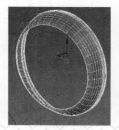

图8.142

图8.143

图8.144

继续在修改器下拉列表中选择"UVW 展开"修改器命令，单击 打开UV编辑器... 按钮打开编辑 UVW 面板，默认效果如图 8.145 所示。

单击 CheckerPattern 下的小三角按钮，选择"贴图#1(CLR3.jpg)"，如图 8.146 所示。此时 UVW 面板中就会显示该位图，如图 8.147 所示。用 UVW 移动、缩放、旋转工具或者 ⊡(自由变形)工具调整 UV 线至图 8.148 所示。

调整好 UV 后模型的显示效果如图 8.149 所示。

step 07 用同样的方法，选择图 8.150 所示前镜头内侧的模型，添加"UVW 贴图"，设置"贴图类型"为"圆柱"，将该材质球再复制一个，替换漫反射贴图为如图 8.151 所示位图，然后添加"UVW 展开"修改器，编辑 UV 点至图 8.152 所示位置。

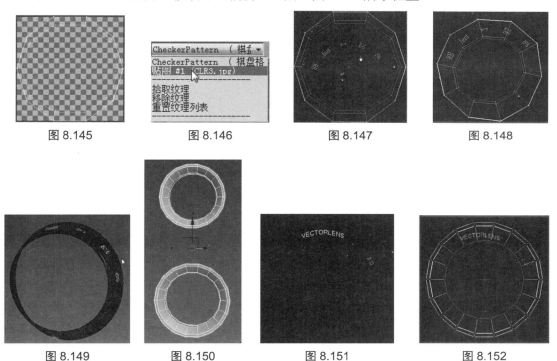

图 8.145　　　　　图 8.146　　　　　图 8.147　　　　　图 8.148

图 8.149　　　　　图 8.150　　　　　图 8.151　　　　　图 8.152

处理"UVW 贴图"后的模型显示效果如图 8.153 所示。

旋转调整 UVW 贴图中的 UV 面，如图 8.154 所示。用同样的方法在下方镜头中赋予另外一张贴图，显示效果如图 8.155 所示。

step 08 继续复制该材质，清除贴图。在凹凸通道中赋予一张如图 8.156 所示的颗粒贴图，分别赋予不同的模型，效果如图 8.157 所示。

 提示

因为场景中的模型大小不一样，同时赋予该贴图时，显示的颗粒大小也不完全相同，此时可以分别对不同的模型添加"UVW 贴图"，然后进入"子"级别，缩放调整"UVW 贴图"大小，也可以将该材质多复制几个，分别赋予不同的模型后调整"瓷砖"数量值以达到所需要求。

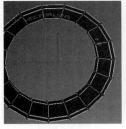
图 8.153

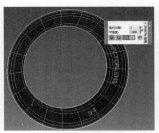
图 8.154

图 8.155

图 8.156

图 8.157

测试渲染效果如图 8.158 所示。

step 09 镜头材质设定。选择一个空白材质球，将其设置为"VRayMtl 材质"，参数设定如图 8.159 所示。在"反射"通道中赋予一张如图 8.160 所示的位图图片。

单击 查看图像 按钮，裁剪位图至图 8.161 所示，勾选 ☑ 应用 按钮，再次渲染后的效果如图 8.162 所示。

step 10 最终渲染时，将所有材质细分值增加一倍，然后在渲染设置面板中调整 GI 面板下"发光图"参数为"中"、"灯光缓存"细分值为 1000～2000、"采样大小"为 0.01，在"图样采样器(抗锯齿)"卷展栏中选择"类型"为"自适应"，将自适应图像采样器中的"最小细分"和"最大细分"值增大，设置好具体的渲染尺寸后渲染出图即可。最终的渲染效果如图 8.163 所示。

图 8.158

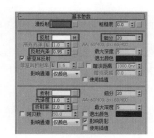
图 8.159

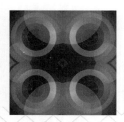
图 8.160

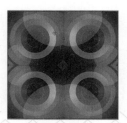
图 8.161

图 8.162

图 8.163

本 章 小 结

本章中制作的模型相对于前几章制作的模型而言稍微复杂一些，特别是镜头模型和旋钮模型的表现要更加细致。最后在赋予材质时，可以将同一个物体需要表现不同材质的面分离出来，也可以使用"多维/子物体"材质来表现。需要特别注意的是，金属材质的表现和透镜玻璃材质的表现要到位，最后配合灯光以及环境渲染即可。

第**9**章

气垫船的制作与渲染

气垫船又称腾空船，是一种以空气在船只底部衬垫承托的交通工具。气垫通常由持续不断供应的高压气体形成。气垫船主要用于水上航行和冰上行驶，还可以在某些比较平滑的陆上地形和浮码头登陆。气垫船是高速船的一种，因为行走时船身升离水面，船体水阻减少，从而航行速度比同样功率的船只快。很多气垫船的速度都超过 50 节。气垫船亦可用非常缓慢的速度行驶，在水面上悬停。

气垫船的缺点是耐波性较差，在风浪中航行失速较大。气垫船船身一般由铝合金、高强度钢或者玻璃钢复合材料制造；动力装置用航空发动机、高速柴油机或者燃气轮机；船底围裙用高强度尼龙橡胶布制成，磨损后可以更换。

随着时代的进步，气垫船的应用也越来越广。在军事上，可用以输送登陆兵、扫雷破障、武器平台、运输物资、后勤补给、救援搜救等。在日常生活中，则是休闲旅游的好帮手。在商业领域，则可用作巡逻执勤、商业捕鱼、环保工作、野生动物保护、油污清理、海关缉私、抗洪救灾、海岸科考，等等。

一些特殊气垫船除了在水面上行驶以外，还可以在沙滩、沼泽、湿地、雪地、冰层、泥地、草地、沙漠、公路上行驶，大大扩展了它的用途。

 设计思路

本章学习制作的气垫船船底两侧有刚性侧壁插入水中，首尾有柔性围裙形成的气封装置，可以减少空气外逸。航行时，利用专门的升力风机向船底充气形成气腔，使船体漂行于水面。它采用空气螺旋桨推进，航行时船底离开水面，因此具有较好的登陆快速性。

效果剖析

气垫船模型的制作过程如下。

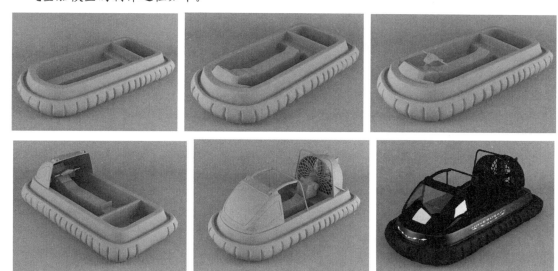

气垫船制作流程图

技术要点

本章的技术要点如下。

● 气垫船底部褶皱的制作方法；
● 边缘棱角的布线调整方法；
● 快照命令的使用；
● 多边形建模下的常用命令；
● "晶格"修改器命令的使用方法；
● VRay 材质的编辑；
● 渲染器参数设置；
● "UVW 贴图"的调整。

9.1　气垫和船底的制作

本实例制作的气垫船，底部为全气垫部分，首先要把这一部分模型制作出来，其重点是气垫一周褶皱部位的处理。

step 01 在视图中创建一个长、宽、高分别为 210cm、415cm、43cm 的长方体模型，该长方体的大小基本参考实际船体的大小。气垫船前后方均为圆角，所以要对该长方体模型编辑调整。右击长方体，在弹出的快捷菜单中选择"转换为"｜"转换为可编辑多边形"命令，将模型转换为可编辑的多边形物体。分别在横向和纵向上加线，如图 9.1 所示。在顶视图

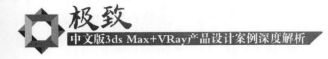
中调整点的位置控制模型形状至图 9.2 所示。

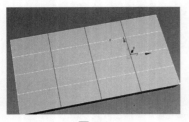

图 9.1

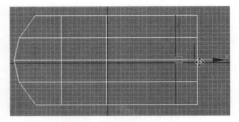

图 9.2

 提示

　　创建长方体时可以直接将分段数调整出来，也可以先将"分段"数都设置为 1，后面再根据需要随时添加分段数。

step 02　在模型厚度上添加分段，然后用缩放工具将添加的线段向外缩放并调整，如图 9.3 所示。继续添加分段并调整，如图 9.4 所示。细分后，调整模型形状，如图 9.5 所示。

　　接下来需要在侧面如图 9.6 所示竖线标识位置制作出凹陷的纹理。首先将如图 9.7 所示的不均匀布线调整分段至如图 9.8 所示的布线密度。单击石墨建模工具面板中的"建模"|"循环"|"循环工具"按钮，打开循环工具面板，选择如图 9.7 所示的环形线段，单击如图 9.9 所示的"中心"按钮，效果如图 9.10 所示。

图 9.3

图 9.4

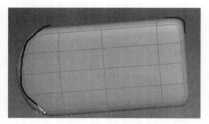

图 9.5

图 9.6

图 9.7

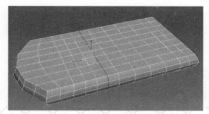

图 9.8

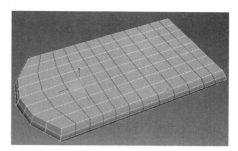

图 9.9　　　　　　　　　　　　　　　　　图 9.10

　　删除对称的另一半模型，选择如图 9.11 所示边缘所有的线段，单击"切角"按钮后方的 图标。在弹出的"切角"快捷参数面板中设置切角值，将线段进行切角设置，如图 9.12 所示。

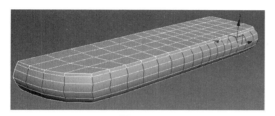

图 9.11　　　　　　　　　　　　　　　　　图 9.12

　　选择切角位置所有的面(如图 9.13 所示)，单击"倒角"按钮后方的 图标。在弹出的"倒角"快捷参数面板中设置倒角参数，进行多次倒角，倒角后的效果如图 9.14 所示。按 Ctrl+Q 快捷键细分该模型，效果如图 9.15 所示。

　　step 03 单击石墨建模工具面板中的"自由变形"|"绘制变形"|"偏移"按钮，开启偏移笔刷绘制。在模型表面适当绘制，使凹陷的纹理尽可能地出现一些随机变化的效果，如图 9.16 所示。

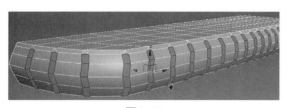
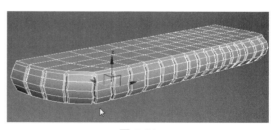

图 9.13　　　　　　　　　　　　　　　　　图 9.14

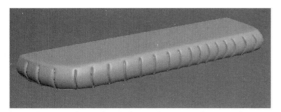
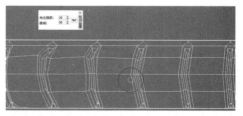

图 9.15　　　　　　　　　　　　　　　　　图 9.16

除此方法之外，还可以选择图 9.17 所示的部分面，然后在修改器下拉列表中选择"噪波"修改器，调整 X、Y、Z 轴的噪波强度以及比例大小，使模型表面产生不规则的变化，如图 9.17 所示。

图 9.17

提示

除了这两种方法之外，制作类似的模型时有可能需要修改器和偏移笔刷工具配合使用。也就是说，先给模型添加"噪波"修改器，然后将模型塌陷为多边形物体，再利用偏移笔刷进行不规则调整，这样调整的效果会更加逼真。

再次细分后的模型效果如图 9.18 所示。

图 9.18

step 04 取消细分，在修改器下拉列表中选择"对称"修改器，将另外一半对称出来，如图 9.19 所示。

将模型再次塌陷为多边形物体。首先选择图 9.20 所示顶部对角的两个面，单击石墨建模工具面板中的"建模"|"修改选择"|■(填充)按钮，同时快速选择对角面内所有的面，如图 9.21 所示。

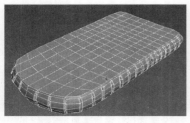
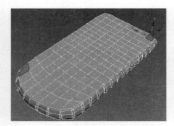
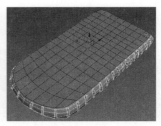

图 9.19 　　　　　　　　　　　　图 9.20 　　　　　　　　　　　　图 9.21

提示

除了这种快速选择所需面的方法之外，还有一种快捷的方法。首先选择图 9.22 所示的一圈面，然后在选择圈内任意一个面(如图 9.23 所示)，单击石墨建模面板中的"建模"|"修改选择"|■(填充)按钮，即完成操作。对比上面的方法，这种方法稍微复杂一些，但是相对于传统的一个一个面选择的方法而言要快捷方便得多。

选择好面后，先向内后向下，再向内多次倒角挤出面，如图 9.24 所示。然后将边缘位置的线段做切角处理，如图 9.25 所示。

step 05 将图 9.24 所示选择的面复制一份(按住 Shift 键轻轻移动即可复制)，选择"克隆到对象"，为了便于区别需要一种颜色显示，如图 9.26 所示。移除多余线段(选择线段后按 Ctrl+Backspace 快捷键)，将横向、纵向上的线段用缩放工具缩放到笔直状态，如图 9.27 所示。

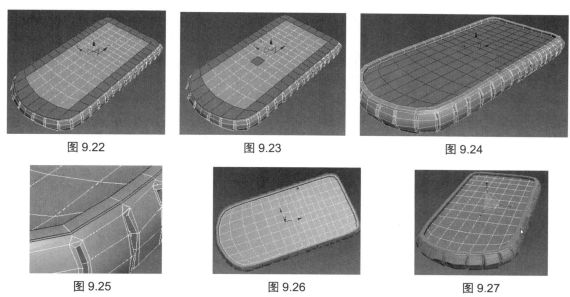

图 9.22　　　　　　　　　图 9.23　　　　　　　　　图 9.24

图 9.25　　　　　　　　　图 9.26　　　　　　　　　图 9.27

将复制的面用倒角工具向上倒角挤出(如图 9.28 所示)，然后删除顶部的面。按 3 键进入"边界"级别，选择顶部边界线，按住 Shift 键向内缩放并挤出面，如图 9.29 所示。

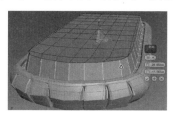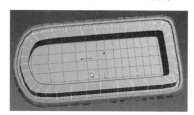

图 9.28　　　　　　　　　　　　　　　　图 9.29

按住 Shift 键再向下移动并挤出面，如图 9.30 所示。单击"封口"按钮将开口封闭，如图 9.31 所示。

图 9.30　　　　　　　　　　　　　　　图 9.31

提示

此时封口位置的面是一个多边形面，直接细分会出现一团糟糕的现象。所以在细分之前一定要首先调整布线。

调整封口后的面的布线。右键菜单中的"剪切"工具，在点与点之间对应剪切出线段，调整后的效果如图9.32所示。调整船舱深度，在图9.33所示位置做切线处理。

图 9.32

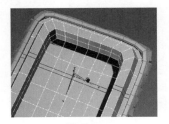

图 9.33

删除切线位置底部的面，如图9.34所示。选择图9.34所示左右对应的面，单击"桥"按钮使其自动生成中间的面，如图9.35所示。

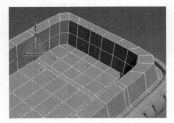

图 9.34

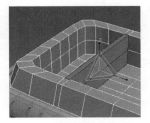

图 9.35

提示

这里为什么要删除底部的面再进行桥接命令呢？这是因为如果不删除底部的面，直接桥接出中间面的话，底部就会有 2 层面。虽然在不细分情况下看上去没有差别，但是在细分后必然会造成错误显示。

生成新的面后，由于底部布线较密，生成的面中间没有分段，这样图 9.36 所示圆圈内的点是没有和桥接位置的面相连接的，细分后也必然会出现一定的问题。所以首先要在中间位置分段，分段的数量由底部其他面的分段数决定，如图 9.37 所示。

按 Alt+X 快捷键透明化显示，首先删除桥接后生成的底部的面，然后将图 9.38 所示下方位置的 5 个点进行焊接，焊接后这两个部分的模型才是一个整体。

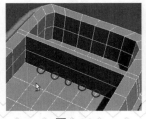

图 9.36

图 9.37

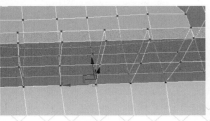

图 9.38

用"挤出"工具将图 9.39 所示的面挤出。如果此时细分会出现如图 9.40 所示的效果,在挤出面之前可以先将不需要的面删除,如图 9.41 所示。

  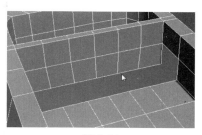

图 9.39　　　　　　　　　　图 9.40　　　　　　　　　　图 9.41

 提示

可以挤出面后再删除不需要的面,但是当挤出面之后,有一部分面可能会重叠,在选择这些面时会不方便。

再次挤出面,同时删除底部不需要的面。然后把对应的点一一焊接在一起,如图 9.42 所示。再次细分后的效果如图 9.43 所示。

提示

如果在挤出面后不删除底部的面,那么图 9.42 所示的点是不允许焊接调整的。

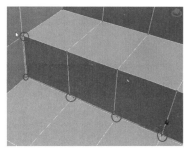 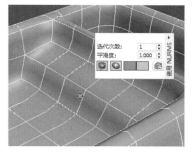

图 9.42　　　　　　　　　　　　　　　图 9.43

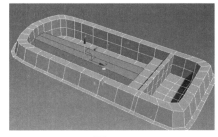 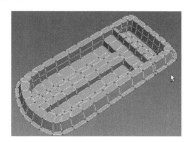

图 9.44　　　　　　　　　　　　　　　图 9.45

step 07 用同样的方法将图 9.44 所示的面挤出,删除重叠部分的面后进行点与点的焊接调整,根据模型需要加线调整,最后的效果如图 9.45 所示。

调整好模型的整体形状之后,针对边缘线段做切线处理或者加线处理,如图 9.46～图 9.48 所示。

注意

如果拐角位置的线段(如图 9.49 所示)没有做切角处理，那么细分后拐角位置就会出现较大的圆弧效果，如图 9.50 所示。这显然不是需要的效果，处理的方法也很简单，将拐角位置的线段做切角处理(如图 9.51 所示)，然后将多余的点用"目标焊接"工具进行焊接即可。

按 Ctrl+Q 快捷键细分该模型，效果如图 9.52 所示。

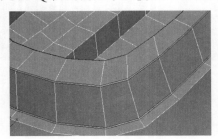

图 9.46

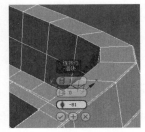

图 9.47

图 9.48

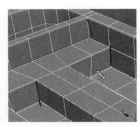

图 9.49

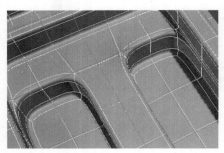

图 9.50

图 9.51

图 9.52

9.2　内部部件的制作

整体船舱制作完成后，接下来制作一些细节。

step 01 在图 9.53 所示的位置创建一个长方体模型，右击长方体，在弹出的快捷菜单中选择"转换为"｜"转换为可编辑多边形"命令，将模型转换为可编辑的多边形物体。加线调整长方体形状至图 9.54 所示。

分别在边缘位置加线，如图 9.55 所示。

选择图 9.56 所示的面用，"倒角"工具将面向上倒角挤出。单击工具栏中的"视图"按钮，在下拉列表中选择"局部"坐标方式调整点、线位置。将挤出的顶面删除，选择边界线后按住 Shift 键向内缩放并挤出，如图 9.57 所示。

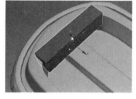

图 9.53

图 9.54

图 9.55

图 9.56

图 9.57

调整该部分形状后，再向下挤出面，如图 9.58 所示。在拐角位置加线，如图 9.59 所示。

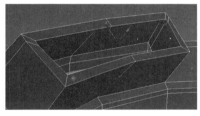

图 9.58

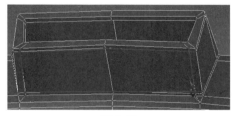

图 9.59

选择开口边界线，单击"封口"按钮将其封口，然后选择封口的面单击"分离"按钮将面分离出来，分离出来的面用来制作仪表盘。模型细分后的效果如图 9.60 所示。

step 02 在仪表盘表面的一角创建一个圆柱体并将其转换为可编辑的多边形物体，对其进行加线、倒角等调整，如图 9.61 所示。

图 9.60

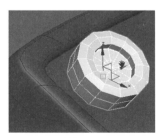

图 9.61

step 03 在视图中创建一个圆形、一个矩形、一个扇形的样条线，如图 9.62 所示。单击"附加"按钮依次拾取圆和矩形将两者附加起来。按 3 键进入"元素"级别，选择"扇形"，单击 (并集)按钮，再单击"布尔"按钮拾取圆和矩形完成布尔运算，运算后的效果如图 9.63 所示。在修改器下拉列表中选择"挤出"修改器，调整挤出的厚度值后移动到表盘的内部，如图 9.64 所示。在表针的底部再创建修改出表针支撑杆模型，如图 9.65 所示。

step 04 将制作好的表盘模型复制调整，如图 9.66 所示。在表盘下方位置创建修改出模型并向右复制调整，如图 9.67 所示。

step 05 在船舱中间部位创建一个长方体模型并将其转换为可编辑的多边形物体，如图 9.68 所示。在长方体上加线并调整形状，为了调整时更加直观地观察，按 Alt+Q 快捷键孤立化显示，调整好形状后分别在边缘位置加线，如图 9.69 所示。

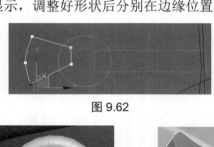

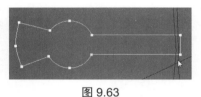

图 9.62

图 9.63

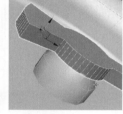

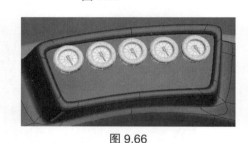

图 9.64

图 9.65

图 9.66

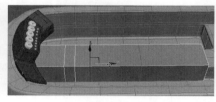

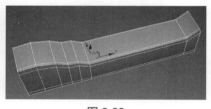

图 9.67

图 9.68

图 9.69

继续在图 9.70 所示的位置加线，然后将该线段做切角处理，选择切角位置的面并将其删除，就把整体的一个模型拆分成两个部分，选择左侧的部分，选择边界线按住 Shift 键向内挤出面并调整，如图 9.71 所示。

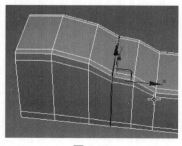

图 9.70

图 9.71

提示

几个不同元素级别的多边形组成的一个整体多边形物体需要独立显示操作时，可以按 5 键进入"元素"级别，选择部分面后按 Alt+H 快捷键隐藏选择的面，如图 9.72 所示。也可以按 Alt+I 快捷键将选择的面之外的部分隐藏起来，然后将开口边界线向内缩放并挤出，如图 9.73 所示。最后调整完成后再按 Alt+U 快捷键将隐藏的面全部显示出来，调整后的效果如图 9.74 所示。

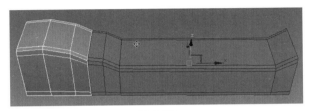
图 9.72

图 9.73

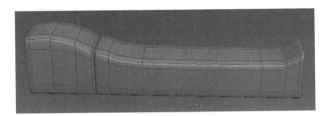
图 9.74

step 06　制作螺丝钉。在图 9.75 所示红色线圈位置制作一圈螺丝钉模型，首先创建一个切角的圆柱体，如图 9.76 所示。

选择船体螺丝钉相邻的环形线段，单击"利用所选内容创建图形"按钮，在弹出的对话框中选择"平滑"，单击"确定"按钮(如图 9.77 所示)，将选择的环形线段独立创建一个样条线。

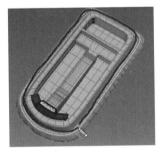
图 9.75

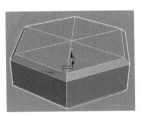
图 9.76

图 9.77

选择螺丝钉模型，单击"动画"|"约束"|"路径约束"按钮，拾取分离出来的路径样条线，执行该操作后就把螺丝钉模型约束到了样条线上，拖动时间滑块可以观察螺丝钉的运动情况。

选择"工具"|"快照"命令，在弹出的快照面板中将"副本"数设置为 100，"克隆方法"选择"复制"，"快照"模式选择"范围"，如图 9.78 所示；单击"确定"按钮，螺丝钉模型就会沿着路径运动的方向复制 100 个，如图 9.79 所示。

图 9.78

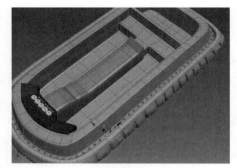

图 9.79

选择所有快照复制的螺丝钉模型，选择"组"|"组"命令，将这些模型设置为一个组，便于后面选择。

 提示

在选择这些螺丝钉模型时可以按 H 键，按名称在列表中一次性选择所有螺丝钉模型，单击"确定"按钮即可，如图 9.80 所示。

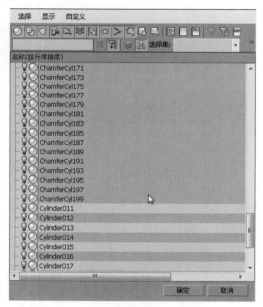

图 9.80

9.3 方向盘的制作

step 01 在图 9.81 所示的位置创建一个圆柱体，然后在圆柱体上方创建一个长方体模型，将该长方体模型转换为可编辑的多边形物体后，在中间位置加线，如图 9.82 所示。选择一半的点按 Delete 键删除。为了观察整体效果，单击 (镜像)按钮，选择"实例"方式镜像复制(如图 9.83 所示)，镜像后的模型如图 9.84 所示。

step 02 选择其中一边模型，调整形状，另外一边也会随着一起变化，如图 9.85 所示。继续加线调整至图 9.86 所示的形状。切换到侧面调整形状至图 9.87 所示。继续加线调整模型形状，过程如图 9.88 和图 9.89 所示。

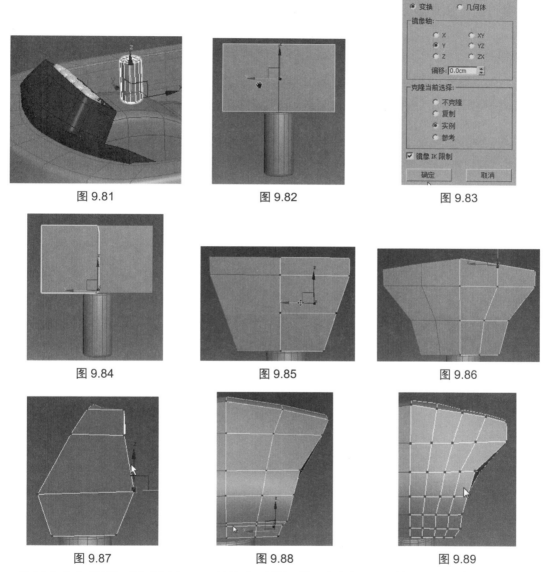

图 9.81　　　　　　　　　　图 9.82　　　　　　　　　　图 9.83

图 9.84　　　　　　　　　　图 9.85　　　　　　　　　　图 9.86

图 9.87　　　　　　　　　　图 9.88　　　　　　　　　　图 9.89

选择右上角的面，用"倒角"工具挤出面并调整，如图 9.90 所示。再选择右上角顶部的面继续挤出面，如图 9.91 所示。

step 03 删除挤出很小距离中的面，如图 9.92 所示。删除这些面后，每一部分都是独立的，将右侧独立的物体调整至图 9.93 所示的形状，然后将这些面隐藏起来。选择图 9.94 所示开口的边界线，单击"封口"按钮将开口封闭，然后选择上下对应的点按 Ctrl+Shift+E 快捷键加线，如图 9.95 所示。

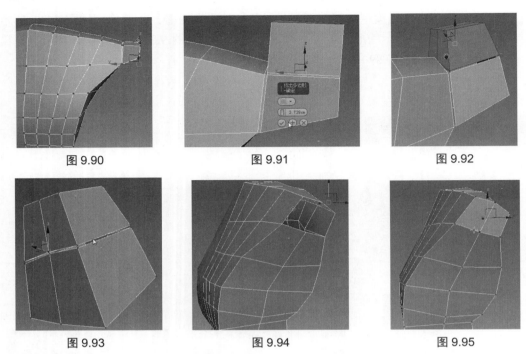

图 9.90　　　　　　　　图 9.91　　　　　　　　图 9.92

图 9.93　　　　　　　　图 9.94　　　　　　　　图 9.95

再次选择面挤出一个很小距离的面，如图 9.96 所示。在图 9.97 和图 9.98 所示的位置加线。删除另一半模型，在修改器下拉列表中选择"对称"修改器，对称出另一半模型后将其塌陷，如图 9.99 所示。

step 04　选择图 9.100 和图 9.101 所示的线段，单击"切角"按钮后方的■图标，在弹出的"切角"快捷参数面板中设置切角的值，如图 9.102 所示。将图 9.103 所示拐角位置多余的点用"焊接"工具焊接调整，焊接后的效果如图 9.104 所示。其他位置也用相同的方法处理。

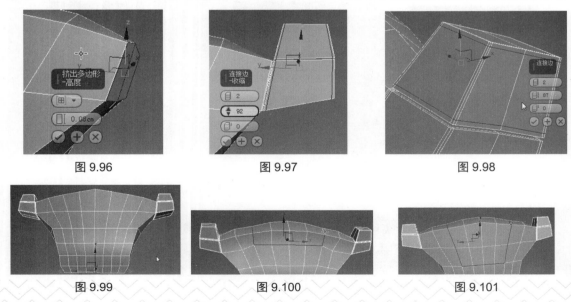

图 9.96　　　　　　　　图 9.97　　　　　　　　图 9.98

图 9.99　　　　　　　　图 9.100　　　　　　　　图 9.101

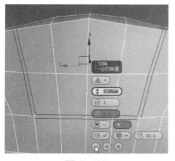

图 9.102

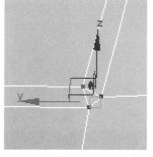

图 9.103

图 9.104

step 05 选择切角位置的面，先向内倒角挤出一个很小的距离，然后向下倒角挤出后删除面，如图 9.105 所示。细分后的效果如图 9.106 所示。

图 9.105

图 9.106

分别在图 9.107～图 9.109 所示的位置加线。加线的目的同样是约束边缘棱角效果。

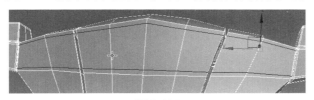

图 9.107

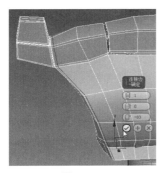

图 9.108

图 9.109

step 06 右击模型，在弹出的快捷菜单中选择"剪切"工具，在图 9.110 所示的位置切线，然后将切出的线段进行切角设置，如图 9.111 所示。同时，拐角位置的点焊接调整。

将图 9.112 所示的线段向后方移动调整出棱角效果。

注意

刚才由于手动剪切和切线的调整，图 9.113 中位置的面出现了六边面，需要手动调整布线。

右击模型，在弹出的快捷菜单中选择"剪切"工具，在图 9.114 和图 9.115 所示的前后位置上切线调整布线。将图 9.116 所示拐角位置的线段做切角处理，调整完成后模型的细分效果如图 9.117 所示。

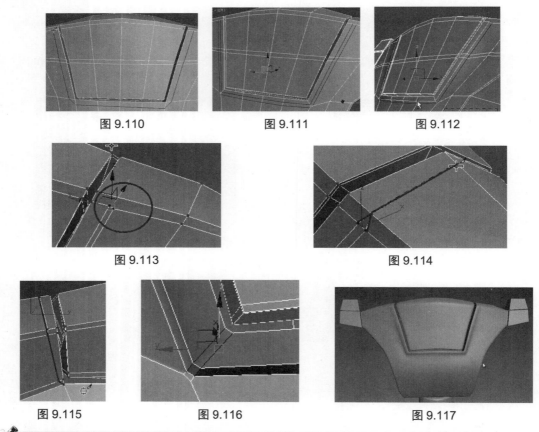

图 9.110　　　　　图 9.111　　　　　图 9.112

图 9.113　　　　　　　　　图 9.114

图 9.115　　　　图 9.116　　　　图 9.117

提示

如果觉得凹痕位置棱角还不是很明显，可以在图 9.118 所示的位置上加线然后向内侧适当移动，加线调整后的细分效果如图 9.119 所示。可以发现，边缘的棱角效果变得更加分明。

图 9.118　　　　　　　　　图 9.119

step 07 在图 9.120 所示的位置创建一个圆柱体，然后将其转换为可编辑的多边形物体。选择图 9.120 所示的面向外倒角，倒角后的效果如图 9.121 所示。

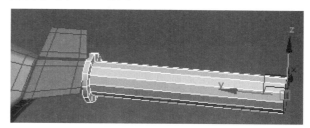

图 9.120

图 9.121

在长度上加线(如图 9.122 所示)，然后将添加的分段做切角处理，如图 9.123 所示。

选择图 9.124 所示切线位置的面，用"倒角"工具分别向内多次倒角挤出，倒角细节如图 9.125 所示。

step 08 细分后将该模型镜像复制一个并调整好位置，如图 9.126 所示。右击模型，在弹出的快捷菜单中选择"全部取消隐藏"，调整把手模型的大小比例，如图 9.127 所示。

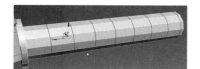

图 9.122

图 9.123

图 9.124

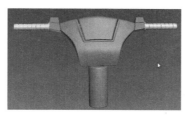

图 9.125

图 9.126

图 9.127

将把手模型旋转调整好角度，效果如图 9.128 所示。

图 9.128

 提示

在制作方向盘模型时，为什么不直接在开始时就旋转调整好角度再对多边形编辑调整呢？这是为了方便视图坐标的调整，如果旋转了角度，调整模型上的点时坐标就发生了变化，调整起来比较费时费力。

9.4　挡风板的制作

内部细节制作完成后，接下来制作挡风板模型。

step 01　在图 9.129 所示位置创建一个长方体模型并将其转换为可编辑的多边形物体，在中间部位加线，然后删除左侧一半模型，如图 9.130 所示。

step 02　单击🔳(镜像)按钮以"实例"方式关联镜像出另一半，调整形状至图 9.131 所示。在底部边缘位置加线后将底部的点向外调整，如图 9.132 所示。

　　　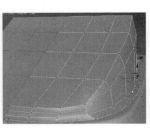

图 9.129　　　　　　图 9.130　　　　　　图 9.131　　　　　　图 9.132

接下来细致调整模型轮廓至图 9.133 所示。右击模型，在弹出的快捷菜单中选择"剪切"工具，在图 9.134 所示的位置手动切线。

step 03　选择切线位置的点并调整出图 9.135 所示的波浪线形状，在调整时单击"自由形式"|"绘制变形"|"偏移"笔刷和"松弛/柔化"笔刷进行形状的调整和表面的平滑处理。调整后的效果如图 9.136 所示。

step 04　同样用"剪切"工具在图 9.137 所示的位置切线，整体细致调整模型的轮廓如图 9.138 所示。

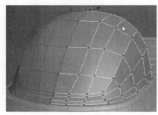　　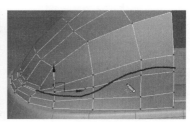

图 9.133　　　　　　图 9.134　　　　　　图 9.135

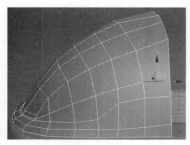　　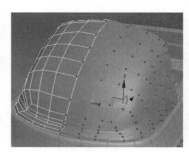

图 9.136　　　　　　图 9.137　　　　　　图 9.138

step 05　将镜像的另一半模型删除，然后在修改器下拉列表中选择"对称"修改器，调整对称轴心对称出另一半模型，删除图 9.139 所示背部和底部的所有面，然后添加"壳"修改器，调整厚度值后的效果如图 9.140 所示。

step 06　在修改器下拉列表中选择"编辑多边形"修改命令，如图 9.141 所示。在"编辑多边形"修改器进入"点""线""面""元素"级别对多边形进行形状调整。将顶部的位置尽可能地调整为一个平面效果，如图 9.142 所示。

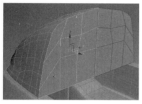

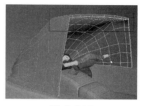

图 9.139　　　　　　　　　图 9.140　　　　　　　　　图 9.141　　　　　　　　　图 9.142

step 07　分别选择图 9.143 和图 9.144 所示内外对应的线段，用切角工具将线段切角，如图 9.145 所示。切角后，将拐角位置多余的点焊接，如图 9.146 所示。

选择图 9.147 所示切角位置所有的面(内部面也要选择)，先向外挤出一个很小的值，再向外挤出，如图 9.148 所示。

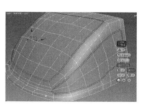

图 9.143　　　　　　　　　图 9.144　　　　　　　　　图 9.145

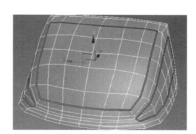

图 9.146　　　　　　　　　图 9.147　　　　　　　　　图 9.148

 提示

为什么要先挤出一个很小距离的面呢？这是因为直接通过这种方法来模拟边缘加线效果，省去了后期再次加线的麻烦，同时也达到了细分后边缘为棱角的目的。

在修改器下拉列表中选择"网格平滑"修改器后，操作后的效果如图 9.149 所示。注意此时图 9.150 中圆角过大。

图 9.149 图 9.150

将拐角位置的线段做切角处理，如图 9.151 所示。

step 08 选择图 9.152 所示的面，在"多边形：材质 ID"卷展栏中"设置 ID"为 2，如图 9.153 所示。

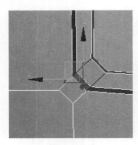

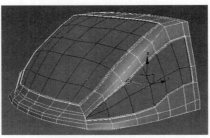

图 9.151 图 9.152 图 9.153

按 Ctrl+I 快捷键反选面(如图 9.154 所示)，"设置 ID"为 1，如图 9.155 所示。

step 09 将图 9.156 所示的线段进行切角设置，将图 9.157 所示的点用"焊接"工具焊接起来。

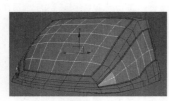

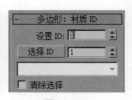

图 9.154 图 9.155 图 9.156 图 9.157

 提示

这里为什么不选择整条线段进行切线，而是选择部分线段进行切线调整呢？为什么切线后还要把图中圆圈处的点焊接在一起呢？这是因为要表现出模型上方位置是光滑棱角而下方位置是没有棱角的效果，中间可以有一个很好的过渡效果。细分后的效果如图 9.158 所示。

step 10 在顶部其中一角继续加线调整布线，选择顶部的部分面向上倒角挤出，如图 9.159 所示。

调整点的位置至图 9.160 所示形状，选择前后中心位置的点用切角工具将点切角，如

图 9.161 和图 9.162 所示。删除前后切角位置的面，如图 9.163 所示。

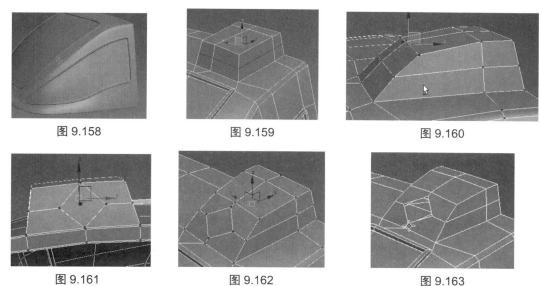

图 9.158　　　　　　　　　图 9.159　　　　　　　　　图 9.160

图 9.161　　　　　　　　　图 9.162　　　　　　　　　图 9.163

　　选择前后开口边界线，选择"桥"命令生成洞口位置的连接面，在空口位置内侧边缘加线调整，细分后的效果如图 9.164 所示。

　　在模型顶部继续加线并调整，如图 9.165 所示。

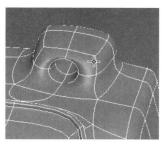
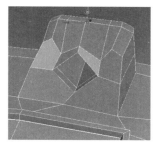

图 9.164　　　　　　　　　　　　　图 9.165

　　细分后的效果如图 9.166 和图 9.167 所示。

step 11 删除模型另一半，再次添加"对称"修改器，对称出另一半模型，整体效果如图 9.168 所示。

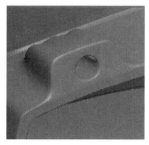
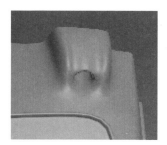

图 9.166　　　　　　　　　图 9.167　　　　　　　　　图 9.168

9.5　尾部的制作

接下来制作尾部模型。

step 01　创建一个管状体模型，大小和比例如图9.169所示。右击管状体，在弹出的快捷菜单中选择"转换为"｜"转换为可编辑多边形"命令，将模型转换为可编辑的多边形物体，删除底部面后调整形状，如图9.170所示。

将后方所有点向内缩小调整后加线(如图9.171所示)，细分后的效果如图9.172所示。

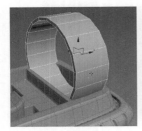

图9.169　　　　　　　图9.170　　　　　　　图9.171　　　　　　　图9.172

step 02　创建一个切角长方体模型并将其转换为可编辑的多边形物体，调整大小和形状，如图9.173所示。将该模型向右复制一个，位置如图9.174所示。

step 03　再创建一个长方体模型，位置和大小如图9.175所示，将其转换为可编辑的多边形物体，加线调整形状，如图9.176所示。

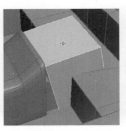

图9.173　　　　　　　图9.174　　　　　　　图9.175　　　　　　　图9.176

选择顶部部分面向上倒角挤出，分别在边缘位置加线，效果如图9.177所示。细分后的效果如图9.178所示。

step 04　创建一个圆柱体模型，用缩放工具沿着X轴适当缩放调整(如图9.179所示)，在该模型的上方位置继续创建一个圆柱体，删除前后面，如图9.180所示。

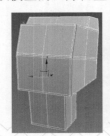

图9.177　　　　　　　图9.178　　　　　　　图9.179　　　　　　　图9.180

　　选择边界线后按住 Shift 键配合移动和缩放工具挤出面并调整，如图 9.181 所示。细分后的整体效果如图 9.182 所示。

　　step 05　继续创建一个圆柱体并将其转换为可编辑的多边形物体，删除前后面，如图 9.183 所示。用同样的方法选择边界线挤出面并调整，将拐角位置的线段做切角处理，如图 9.184 所示。

　　step 06　在扩展基本体面板下单击"胶囊"按钮，创建一个如图 9.185 所示的胶囊物体。再创建一个切角长方体，将其转换为可编辑的多边形物体，同时将该模型旋转调整角度。选择上方所有的点并旋转调整使模型发生扭曲变形效果，如图 9.186 和图 9.187 所示。

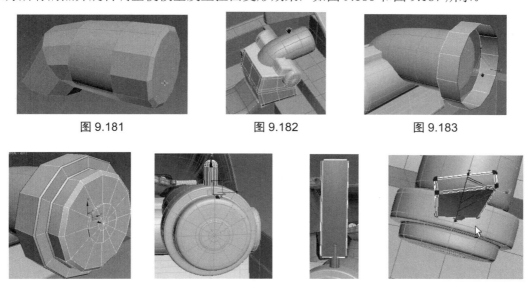

图 9.181　　　　　　　　　图 9.182　　　　　　　　　图 9.183

图 9.184　　　　　　　图 9.185　　　　图 9.186　　　　图 9.187

　　选择制作好的其中一个螺旋桨模型，将螺旋桨模型沿下方物体的轴心进行旋转复制，如图 9.188 所示。

　　调整物体轴心。单击工具栏中的 视图　　　▼ ，选择 拾取 ，拾取下方圆柱体模型，长按 按钮，选择 图标切换物体的轴心，此时所选择物体的轴心就切换到了拾取模型的轴心上，如图 9.189 所示。

　　按 A 键打开角度捕捉，按住 Shift 键每隔 60° 旋转复制，复制数量输入 5 后单击"确定"按钮，复制的效果如图 9.190 所示。

　　step 07　制作丝网结构，正常的丝网效果如图 9.191 所示。单击"线"按钮创建出样条线，勾选"在渲染中启用"和"在视口中启用"，如图 9.192 所示。这样就可以快速把样条线变成带有厚度的柱体结构，如图 9.193 所示。

🖊️ 提示

　　除了上述方法之外，还可以通过一种快捷的方法制作出所需要的效果。创建一个圆柱体并将其转换为可编辑的多边形物体，只保留图 9.194 所示正面的面，其他部位的面全部删除。单击"建模"|"多边形建模"|"生成拓扑"按钮，弹出一个如图 9.195 所示的快捷面板。

注意

这里为什么不直接创建圆柱体呢？因为样条线可以通过点来快速调整位置和长度，而圆柱体还需要单独调整参数，操作步骤比较烦琐。

图 9.188

图 9.189

图 9.190

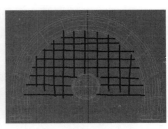
图 9.191

图 9.192

图 9.193

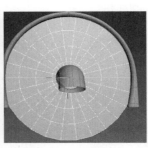
图 9.194

图 9.195

单击不同的按钮时，多边形面会发生不同的拓扑变化，经过多次试验发现单击██按钮的效果比较好，如图 9.196 所示。在修改器下拉列表下添加"晶格"修改器，此时多边形面会发生如图 9.197 所示的变化效果。

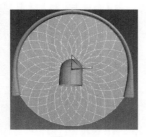
图 9.196

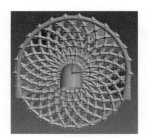
图 9.197

"晶格"修改器的主要参数如图 9.198 所示。该参数有三个选项：第一，"仅来自顶点的节点"，当选择此项后模型只会保留节点结构，如图 9.199 所示；第二，"仅来自边的支柱"，选择该选项后模型会只保留支柱结构，如图 9.200 所示；第三，"二者"，当选择此项后模型会同时保留节点和支柱结构，如图 9.197 所示。

此处选择"仅来自边的支柱"，勾选"在渲染中启用"和"在视口中启用"，设置厚度为 4，边数为 8，效果如图 9.201 所示。

整体模型效果如图 9.202 所示。

step 08　继续创建样条线并调整位置，如图 9.203 所示。勾选"在渲染中启用"和"在视口中启用"，调整样条线的粗细，如图 9.204 所示。

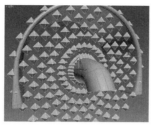

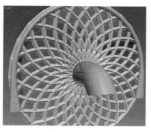

图 9.198　　　　　　图 9.199　　　　　　图 9.200　　　　　　图 9.201

图 9.202　　　　　　　　图 9.203　　　　　　　　图 9.204

将样条线转换为可编辑的多边形物体，将图 9.205 所示的面向外倒角挤出。

图 9.205

用同样的方法创建如图 9.206 所示的样条线，单击"圆角"按钮将拐角处理为圆角，如图 9.207 所示。

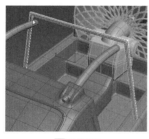

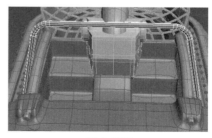

图 9.206　　　　　　　　　　　　图 9.207

再复制一个样条线并调整到图 9.208 所示位置，调整大小至图 9.209 所示。

然后创建出一些撑杆，如图 9.210 所示。在管体的底部创建出一些倒角的圆柱体，如图 9.211 所示。

最后的整体效果如图 9.212 所示。

图 9.208

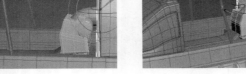
图 9.209

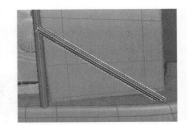
图 9.210

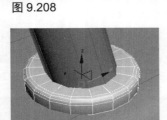
图 9.211

图 9.212

9.6 渲 染 设 置

step 01 按 F10 键打开材质编辑器，在渲染器中选择"V-Ray Adv"渲染器，在 VRay 面板的"图像采样器(抗锯齿)"卷展栏中的"类型"选择"自适应细分"，在"环境"卷展栏中勾选"使用全局照明(GI)环境"，GI 面板中勾选"启用全局照明(GI)"，"首次引擎"选择"发光图"，"二次引擎"选择"BF 算法"，"发光图预设"选择"低"。在 V-Ray 面板中勾选"覆盖材质"，按 M 键打开材质编辑器，选择一个默认的空白材质球并拖放到"无"按钮上，这样场景中所有物体都将以这个默认的材质进行渲染，在场景中没有创建灯光的情况下渲染效果如图 9.213 所示。

step 02 单击■(创建) | ◎(几何体)，在视图中创建一个 VRay 灯光(如图 9.214 所示)，再次渲染效果如图 9.215 所示。选择 VRay 面板，单击"VR-平面"按钮，在图中创建一个 VRay 平面，然后指定一个默认的材质，渲染效果如图 9.216 所示。从图 9.216 中可以发现左上角由于 VRay 灯光光照的原因，曝光严重。此时将灯光用缩放工具放大(如图 9.217 所示)，然后将"倍增"值降低为 2，再次渲染效果如图 9.218 所示。对比图 9.216 和图 9.218 可以发现，由于灯光面积变大，图中的阴影明显变虚。调整灯光的倍增值，渲染效果如图 9.218 所示。

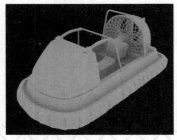
图 9.213

图 9.214

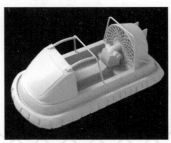
图 9.215

图 9.216

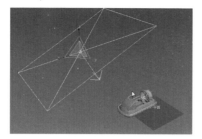
图 9.217

图 9.218

这里灯光强度的调节除了单位下的"默认(图像)"以外，还可以选择"辐射率(W)"为单位进行调节，当选择辐射率时，将下方的"倍增"值设置在 100，即通常所说的 100W，渲染后保持该参数不变，将 VRay 片灯缩小，再次渲染会发现灯光亮度几乎没有变化，也就是说，当选择辐射率为单位时，灯光强度不受灯光的大小的影响。

step 03　橡胶材质设定。选择一个空白材质球，设置为 VRay 材质，调整"漫反射"颜色为近似于黑色，"反射"颜色为灰黑色(不完全是黑色)，"高光光泽"为 0.3 左右，"反射光泽"为 0.7，然后在凹凸通道中赋予一个噪波贴图，将噪波的大小降低。调整并赋予气垫船底部气垫物体。

step 04　金属材质。选择第三个空白材质球，设置为 VRay 材质，设置"漫反射"颜色为黑色，"反射"颜色为灰色，"反射光泽"为 0.95，取消勾选"菲涅耳反射"，在"双向反射分布函数"卷展栏中选择"沃德"，调整"各向异性"值为 0.3。调整并赋予场景中所有螺丝钉模型。

step 05　选择第四个空白材质球，单击 Standard 按钮，在弹出的材质类型中选择"多维子对象"材质，设置多维子材质数量为 2，然后分别进入材质 1 和材质 2，指定为 VRay 材质。首先设置材质 1 中的"漫反射"和"反射"为黑色、"高光光泽"为 0.6、"反射光泽"为 0.8，材质 2 中的"反射"颜色为白色、"折射"颜色为白色、细分值为 12。调整并赋予气垫船玻璃罩物体，效果如图 9.219 所示。

选择图 9.220 所示的面，按住 Shift 键适当缩放复制。在修改器下拉列表中选择"壳"修改器，将其塌陷为多边形物体。在边缘位置加线调整后细分。选择前面设置的金属材质，分别赋予场景中的金属杆等模型(除了底部气垫外的黑色物体)，如图 9.221 所示。

图 9.219

图 9.220

选择图 9.222 所示的仪表模型，进入"面"级别，选择图中的面设置为 2 号 ID，然后将"多维/子对象"材质赋予该模型。

图 9.221

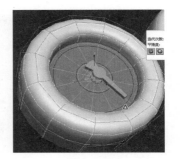

图 9.222

 提示

前提是在赋予材质之前要将玻璃的面 ID 设置为 2，其他面的 ID 设置为 1。

step 06 将图 9.223 所示的面分离出来，把手模型赋予一个黑色材质，再选择一个空白材质球，设置为 VRay 材质，设置"漫反射"颜色为红色、"反射"颜色为灰黑色、"高光光泽"为 0.75、"反射光泽"为 0.8，取消勾选"菲涅耳反射"，将该材质指定给把手刚分离出的面以及船底部物体，如图 9.224 所示。

测试渲染后的效果如图 9.225 所示。

 注意

玻璃上的反射区域是由于反射场景中灯光所引起的。在移动灯光后再次渲染，效果如图 9.226 所示，反射的白色区域也就消失了。

接下来在图 9.227 和图 9.228 所示区域进行贴图调整。选择前方贴图位置的面，设置面的 ID 为 2；选择侧面贴图位置的面，设置面的 ID 为 3。

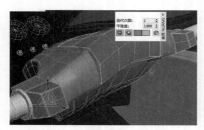

图 9.223

图 9.224

图 9.225

图 9.226

图 9.227

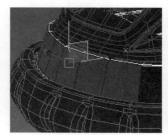

图 9.228

选择刚设置好的红色烤漆材质，单击 VRmtl 按钮。选择"多维/子对象"材质，在弹出的替换材质面板中选择"将旧材质保存为子材质"。单击"设置数量"按钮设置材质数量为 3。将第一个红色烤漆材质拖放到第二个和第三个材质上，实例材质方法选择复制。

　提示

此处这样设置的意义是保证所有的面都是一个烤漆材质、参数均一样的同时，可以针对 2 号 ID 和 3 号 ID 再分别单独调整贴图。

进入 2 号材质，在"漫反射"颜色上右击并选择复制(复制该颜色)，然后在"漫反射"通道上赋予一个混合贴图，在混合贴图参数面板中，右击颜色 1，选择粘贴，将复制的红色颜色粘贴进来，颜色 2 保持白色不变。在混合量通道上选择一张贴图，如图 9.229 所示。

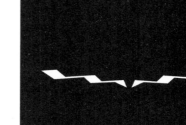

图 9.229

　提示

这个图片就是一个黑白图片，黑色区域显示的是颜色 1 中的信息，白色区域显示的是颜色 2 中的信息。颜色 1 为红色，那么实际上黑色区域最终显示的也就是红色；加入颜色 1 中贴图信息，那么黑色区域显示的就是 1 中的贴图。

测试渲染之后，如果模型上没有显示图案信息，可能是因为 UV 贴图造成的。给当前模型添加"UVW 展开"修改器，单击"打开 UV 编辑器"按钮，在编辑 UVW 面板中单击 ■(UV 面)按钮，选择前方的面，单击▥(断开)按钮，将选择的 UV 面断开，然后用移动工具将断开的 UV 面移动到 UV 框中，旋转角度并调整大小，此时的 UV 面如图 9.230 所示。选择横向上 UV 线，单击⊷(水平对齐到轴)按钮可以快速将 UV 线设置成直线，如图 9.231 所示。

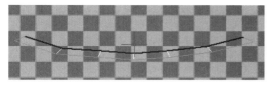　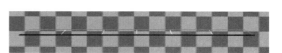

图 9.230　　　　　　　　　　　　　　　　　　　　图 9.231

单击"CheckerPattern(棋盘格)"，选择"贴图#1"，根据图片参考调整 UV 面大小，如图 9.232 所示。模型上显示的效果如图 9.233 所示。

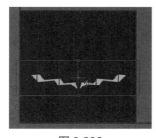　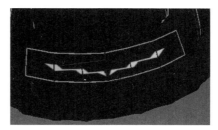

图 9.232　　　　　　　　　　　　　　　　　　　图 9.233

将"多维/子对象"材质中的 2 号材质直接拖到 3 号材质上进行复制，在混合两贴图通道中赋予一张如图 9.234 所示的贴图。用同样的方法将侧面中需要表现贴图的 UV 面拆分开来进

行贴图的位置调整，如图 9.235 所示。场景显示效果如图 9.236 所示。

测试渲染后的效果如图 9.237 所示。如果觉得效果不满意的话，还可以直接打开 4.3 节删除模型后另存的设置好的渲染场景，将本章中的模型导入进来，渲染效果如图 9.238 所示。

图 9.234

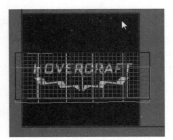

图 9.235

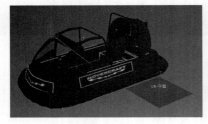

图 9.236

图 9.237

图 9.238

在最终出图时，将参数调高，除此之外，还可以勾选 GI 面板下的"环境阻光(AO)"，开启"AO"选项后，整体效果会更加逼真美观，因为它是一个全局开关，最终会导致渲染时间大大增加。

"环境阻光(AO)"参数中有一个半径值，该半径值的大小要根据场景中物体的大小设定。例如当前场景中气垫船的厚度为 103mm，那么此处可以将半径值设置为 300mm 大小(比整体模型小，但是比某个物体厚度大)即可。

到此为止，本实例全部制作完成。

本 章 小 结

通过本章的学习应重点掌握模型上的褶皱凹陷纹理的制作方法以及同一个物体不同材质的表现方法，还应掌握"多维/子对象"材质的使用方法和混合贴图的使用方法。此外，本章还重点介绍了通过"晶格"修改器快速制作物体框架的方法，最后是灯光的表现、环境的模拟等。无论场景复杂与否，在制作模型时须划分好顺序归类，明确先做什么后做什么。同时还有一点需要特别注意，就是应把握好每一部分模型的比例大小。

第10章

歼击机的制作与渲染

歼击机(也称战斗机)，即用于在空中消灭敌机和其他飞航式空袭兵器的军用飞机，是航空兵空中作战的主要机种。歼击机的主要任务是与敌方歼击机进行空战，夺取空中优势(制空权)；其次是拦截敌方轰炸机、强击机和巡航导弹，还可携带一定数量的对地攻击武器，执行对地攻击任务。歼击机包括防空用的截击机，但自 20 世纪 60 年代以后，由于雷达、电子设备和武器系统的完善，专用截击战斗机的任务已由制空战斗机完成，截击机不再发展。

 设计思路

歼击机一般为单座。为扩大驾驶员视界，采用水泡形座舱，即使在地面上，也能保证将驾驶员弹射到足够的高度。歼击机大量采用整体机，内部油箱载油量约占正常起飞重量的30%。歼击机广泛采用基于数字式电传操控的主动控制技术，提高飞机的作战性能。现代歼击机普遍装有口径 20 毫米以上的航空机关炮，同时携带多枚雷达制导的中距拦射导弹和红外线跟踪的近距格斗导弹。

效果剖析

制作歼击机的主要过程如下。

歼击机制作流程图

技术要点

本章的技术要点如下。

- 参考图的设置方法;
- 多边形编辑下的一些常用建模命令的使用方法;
- 机身凹痕纹理的制作方法;
- 利用样条线快速制作所需模型;
- 贴图的制作;
- UVW 贴图调整;
- 渲染参数设置。

10.1 机身的制作

本章的模型比较复杂,在制作时比例不容易把握。因此在制作模型时需要用到参考图。首先来设置参考图。

step 01 参考图一般需要 3 张,分别为顶视图参考图、前视图参考图和左视图参考图。

按 Alt+B 快捷键打开背景设置。在背景设置面板中有以下几种选项(如图 10.1 所示)，分别是顶视图、左视图和前视图，默认使用的均为"使用自定义用户界面纯色"，透视图中默认使用的是"使用自定义用户界面渐变颜色"。所以在顶视图、前视图、左视图中看到的背景颜色默认是一个灰色的纯色，在透视图中看到的是灰色的渐变色。

如果需要设置为参考图作为背景显示，此处选择"使用文件"，单击"文件"按钮，在弹出的选择文件面板中选择一张图片后单击"确定"按钮，此时就把图片加载到背景中了，如图 10.2 所示。加载进来的背景显示效果如图 10.3 所示。按 G 键即可取消网格显示。

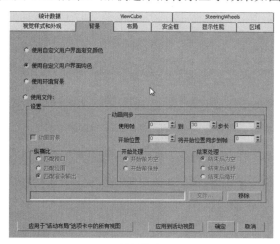

图 10.1

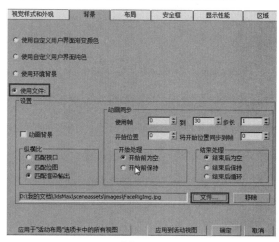

图 10.2

把参考图加载到背景中之后，在前视图中创建基本几何体，如这里需要创建一个眼睛大小的球体圆柱体，在创建后需要经常切换视图，以及视图的缩放、平移等。当平移视图时，背景参考图并不会随之变化；当缩放视图时，背景参考图也不会跟随缩放。出现这样的现象是不行的，因此在 2014 版本之后 3ds Max 软件对功能作了一些更改。

当在透视图中用同样的方法设置一个背景图片后，单击透视图中左上角的"+"按钮，选择图 10.4 所示的"2D 平移缩放模式"，此时缩放或者平移视图时，图片也会随之缩放或者平移，如图 10.5 所示。

那么有些同学会说了，透视图有这个功能不也一样吗？但是这里要说的是：我们需要在顶视图、前视图、左视图锁定缩放平移选项，但它恰恰把这一功能取消了，透视图虽然有时需要这个功能，但只是在某些特殊情况下。

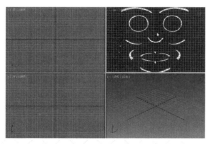

图 10.3

图 10.4

那么，有没有其他办法能把这个功能找回来呢？答案是有，但有一些 BUG。选择"自定义"菜单下的"首选项"，在"视口"面板下单击"选择驱动程序"按钮，在弹出的"显示驱动程序选择"面板中单击下拉小箭头，选择"旧版 Direct3D"选项(如图 10.6 所示)，单击"确定"按钮，系统会提示："显示驱动程序更改将在下次启动 3ds Max 时生效"。关闭软件后再重新启动软件，按 Alt+B 快捷键打开背景面板后可以发现此时已经出现了"锁定缩放/平移"选项，如图 10.7 所示。选择一张图片，在"纵横比"下选择"匹配位图"选项，单击"确定"按钮把图片加载到背景中。此时移动视图时，参考图片虽然也能随着变化，但是缩放视图时其还是有一个致命的缺点，即图片不能完全按照缩放比例跟随缩放变化。通俗来讲，就是当视图缩放一倍大小时，参考图片可能只缩放了 10%，这样在建模时基本上完全不能用。所以该方法也可以放弃了。

图 10.5

图 10.6

选择"自定义"菜单下的"首选项"，在"视口"面板下单击"Nitrous Direct3D 11(推荐)"选项后确定，重新启动软件。

既然通过背景设置参考图的方法不再实用，那么我们继续来寻找其他可解决的办法。接下来我们用贴图的方法模拟参考图的设置。创建一个面片物体，面片物体的大小直接由参考图的大小决定，如参考图的大小尺寸为 480×640，那么创建的面片尺寸可以是 480×640 的大小也可以是该大小的倍数(可大可小，但是比例不能变)。这里创建一个 4800×6400 大小的面片，单击(系统)按钮，单击"资源浏览器"按钮打开资源管理器，找到参考图所在的目录，选择其中对应的一张图片拖放到该面片上，这样就快速给该面片指定了一个贴图，效果如图 10.8 所示。

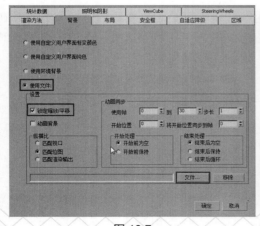

图 10.7

图 10.8

将该面片旋转 90° 复制，用同样的方法放置指定一张前视图的参考图片，然后将面片再旋转复制并指定一张左视图的参考图片，效果如图 10.9 所示。

提示

参考图设置好之后，注意要将顶视图、前视图、左视图中的显示效果更改为"明暗处理"，这是因为如果使用"真实"效果，容易在面片上产生阴影，影响参考图的观察，如图 10.10 所示顶视图和左视图中的阴影。更改的方法也很简单，在视图左上角单击"明暗处理+边面"，在弹出的面板中选择"明暗处理"，如图 10.11 所示。同时还要注意一点，就是在顶视图、前视图和左视图中要把边面显示关闭。关闭开启的方法是直接按 F4 键。

参考图设置完成后，接下来最重要的一步就是调节参考图的大小比例。创建一个长方体模型，当然创建的长方体模型会遮挡图片的显示，此时可以按 Alt+X 快捷键透明化显示，如图 10.12 所示。将该长方体转换为可编辑的多边形物体，分别根据参考图上的模型边缘位置调整长方体的大小与之相匹配。如图 10.13 所示在顶视图中将长方体的大小调整到飞机的边缘位置。然后切换到前视图，此时发现前视图中长方体的大小和图片大小不一致，如图 10.14 所示。选择参考图的面片物体，切换到缩放工具缩放面片的大小，使图片上的飞机长度和长方体长度相等并且位置也要相对应，如图 10.15 所示。顶视图和前视图调整完成后，切换到左视图，用同样的方法调整参考图片的大小和位置使之与飞机模型相对应，如图 10.16 所示。调整完成后的整体效果如图 10.17 所示。由此可见，参考图片大小不一定完全相同，但是应保证图片上的飞机的长、宽、高在各个视图中是相等的。

图 10.9

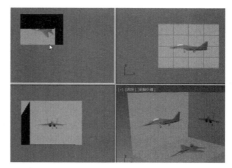
图 10.10

图 10.11

图 10.12

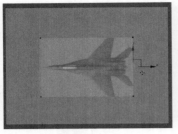
图 10.13

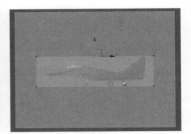
图 10.14

图 10.15

图 10.16

图 10.17

　　参考图大小调整完成后，删除创建的透明长方体模型。在正式制作模型之前还有一点需要设置。大家都知道创建的参考图面片也是一个实体模型，在制作飞机模型时会经常误操作这些面片(如误选到这些面片后可能会移动、缩放、旋转等)，为了使这些面片物体不被操作，可以进行如下操作：选择这些面片物体，右击，在弹出的快捷菜单中选择"冻结当前选择"。但此时又有一个新问题出现，冻结这些面片后参考图不见了，如图 10.18 所示。再次右击并选择"全部解冻"，选择这 3 个面片后右击，在弹出的快捷菜单中选择"对象属性"，在对象属性面板中物体默认勾选"以灰色显示冻结对象"(如图 10.19 所示)，所以冻结这些面片后就变成了灰色显示，这里取消勾选即可。当再次冻结面片后，图片就可见了，同时又保证了这些面片被冻结的状态，不能被选择操作。

图 10.18

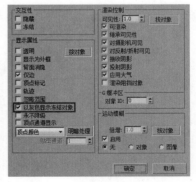
图 10.19

　　step 02　在左视图中创建一个圆柱体，设置"边数"为 12、"高度分段"数为 1，右击，在弹出的快捷菜单中选择"转换为"｜"转换为可编辑多边形"命令，将模型转换为可编辑的多边形物体。按 Alt+X 快捷键透明化显示，如图 10.20 所示，由于飞机模型是左右对称结构，制作时可以先删除一半模型，如图 10.21 所示。

　　同时为了便于整体观察模型效果，单击▣(镜像)按钮以"实例"方式镜像出另一半。选择一侧的线段，按住 Shift 键向右挤出面并调整(如图 10.22 所示)，继续挤出面并调整，根据参考图机身的形状调整线段和点的位置，如图 10.23 所示。

step 03　继续选择右侧的线段，按住 Shift 键向右挤出面，整体将该部分缩放调整至图 10.24 所示。

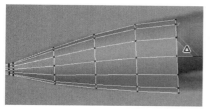

图 10.20

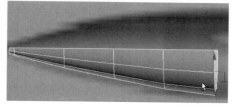

图 10.21

图 10.22

图 10.23

图 10.24

　　在挤出面调整时，要根据机身形状的结构变化实时调整线段的大小以及形状，继续向尾部方向挤出面并调整，在调整时根据需要适当加线，用缩放工具沿 Z 轴压扁，如图 10.25 所示。再次向尾部挤出面，挤出过程中尾部的形状是一个弧形面，所以要将这些水平面调整至弧形面，如图 10.26 所示。细分后的效果如图 10.27 所示。从图 10.27 可以很直观地观察到中间有一段水平面的过渡。

step 04　制作机身底部结构。首先选择一侧下方的线段按住 Shift 键移动挤出面并调整，如图 10.28 所示。在挤出的面中间部位加线(加线的数量取决于对应的上方线段的多少)，如图 10.29 所示。继续选择底部边缘的线段向机身尾部挤出面。

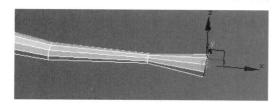

图 10.25

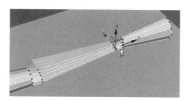

图 10.26

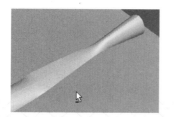

图 10.27

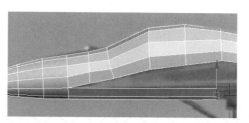

图 10.28

step 05 选择图 10.30 所示的线段挤出面并调整，将该线段移动到机翼的侧端位置，用缩放工具沿 Z 轴缩放调整厚度，如图 10.31 所示。切换到顶视图，根据图片参考图调整边缘的点，如图 10.32 所示。

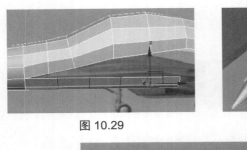

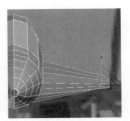

图 10.29　　　　　　　　　　图 10.30　　　　　　　　　　图 10.31

图 10.32

右击模型，在弹出的快捷菜单中选择"剪切"工具，在该透明物体尾部手动剪切线段，然后删除不需要的面，如图 10.33 所示。继续加线调整布线，如图 10.34 所示。

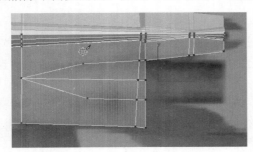
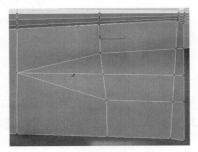

图 10.33　　　　　　　　　　　　　　图 10.34

由于底部该位置对应的是喷气发动机，结构为圆柱体形状，所以该位置在调整时要调整成一个半圆形状。首先将图 10.35 所示的点沿 Z 轴向上适当移动调整，右击模型，在弹出的快捷菜单中选择"剪切"工具，在该位置手动切线调整，如图 10.36 所示。

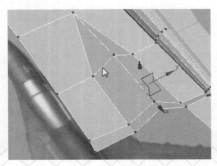

图 10.35　　　　　　　　　　　　　　图 10.36

选择不需要的线段，按 Ctrl+Shift+Backspace 快捷键将线段移除，如图 10.37 所示。继续选择"剪切"工具向前方位置延伸加线，如图 10.38 所示。然后在图 10.39 所示位置加线并将线段向上移动调整，使该部位接近于一个半圆形。

图 10.37

图 10.38

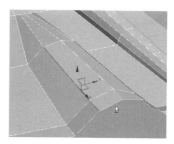

图 10.39

step 06　在机身底部创建一个面片物体并将其转换为可编辑的多边形物体，如图 10.40 所示。加线调整形状至图 10.41 所示。

删除该模型一半面，选择机身模型，单击"附加"按钮，拾取创建的面片物体，将其附加在一起，然后选择边缘的线挤出面，如图 10.42 所示。调整点、线形状至图 10.43 所示。

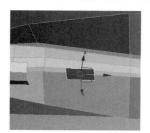

图 10.40

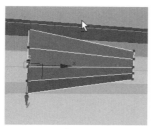

图 10.41

图 10.42

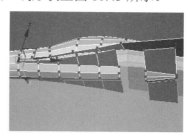

图 10.43

选择边，多次向后方位置挤出面并调整，过程如图 10.44 所示。此时机身侧面中间位置是镂空的，如图 10.45 所示。

图 10.44

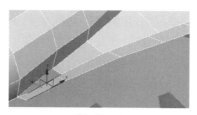

图 10.45

接下来将上下对应的线段与线段之间连接出面。选择图 10.46 所示上下对应的线段，单击"桥"按钮，桥接后出现线交叉现象，如图 10.47 所示。

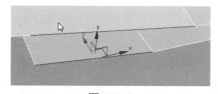

图 10.46

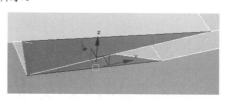

图 10.47

撤销并单独挤出面后用目标焊接工具进行焊接时也不能进行焊接调整，如图 10.48 所示。右击模型，在弹出的快捷菜单中选择"对象属性"，在对象属性面板中勾选"背面消隐"，如图 10.49 所示。

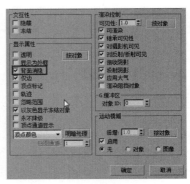

图 10.48　　　　　　　　　　　　　　　图 10.49

单击"确定"按钮，即可看到真实的法线方向，如图 10.50 所示。从图 10.50 可以发现，机身顶部面的法线方向向上，底部面的法线方向也是向上的。正常情况下底部法线方向应该向下，所以造成了桥接后面的扭曲。

选择图 10.51 所示的面，单击"翻转"按钮将法线翻转，再次进行桥接时即正常了，如图 10.52 所示。

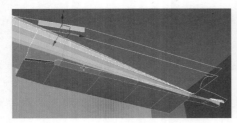

图 10.50　　　　　　　　　　　　　　　图 10.51

用同样的方法分别将上线对应的线段之间桥接出面并调整，尾部挤出如图 10.53 所示形状，调整形状至图 10.54 所示。

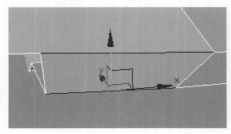
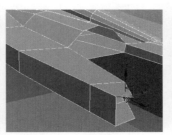

图 10.52　　　　　　　　图 10.53　　　　　　　　图 10.54

最后在图 10.55 所示的位置加线调整。

加线调整布线过程中可以随时细分观察效果，如图 10.56 所示。

将图 10.57 所示的线段桥接出面，再将图 10.58 所示的位置封口处理。

在图 10.59 所示的位置加线，选择图 10.60 所示的两个点按 Ctrl+Shift+E 快捷键连接出中间的线段。

图 10.55

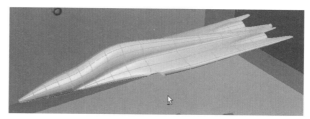
图 10.56

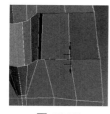
图 10.57

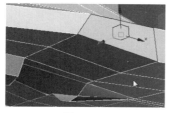
图 10.58

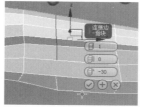
图 10.59

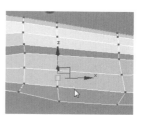
图 10.60

step 07 选择机身侧面的面，用"挤出"工具将面挤出，如图 10.61 所示。调整翅膀的宽度如图 10.62 所示。

用同样的方法将尾部的面挤出，如图 10.63 所示。在尾部加线并调整布线以及形状至图 10.64 所示。

机身尾部用"剪切"工具加线制作出一个镂空的小角，如图 10.65 所示。在机翼上切线，如图 10.66、图 10.67 所示。

分别选择图 10.68 和图 10.69 所示上下对应的线段，用"挤出"工具将线段向内挤出并调整，如图 10.70 所示，细分后的效果如图 10.71 所示。

从图 10.71 所示的细分效果来看，所需要表达的凹痕并不理想。接下来分别在图 10.72～图 10.74 所示的凹痕边缘位置加线约束，再次细分后的效果如图 10.75 所示。

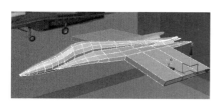
图 10.61

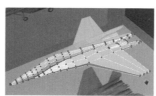
图 10.62

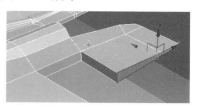
图 10.63

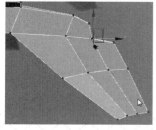

图 10.64

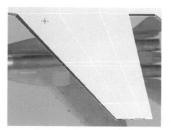
图 10.65

图 10.66

图 10.67

图 10.68

图 10.69

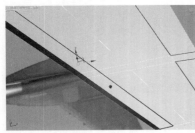

图 10.70

图 10.71

图 10.72

图 10.73

图 10.74

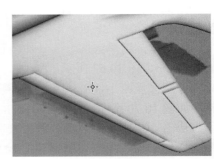

图 10.75

step 08 用"加线""挤出面"命令调整尾部形状，如图 10.76 和图 10.77 所示。

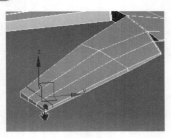

图 10.76

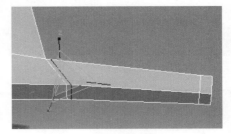

图 10.77

step 09 创建一个面片物体并将其移动到机身顶部，如图 10.78 所示，将该面片物体转换为可编辑的多边形物体后加线，然后选择部分面并向上挤出面调整，如图 10.79 所示。

调整形状至图 10.80 所示，在该模型厚度的中间位置加线，调整至图 10.81 所示。

选择图 10.82 所示的线段做切角处理，整体调整布线和形状，如图 10.83 所示。

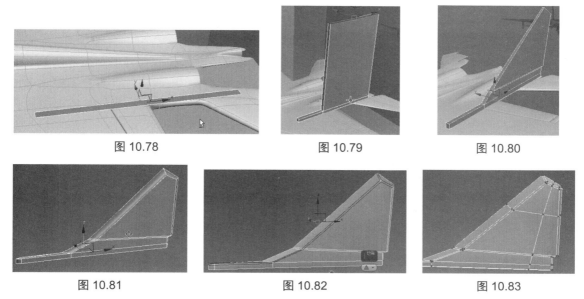

图 10.78　　　　　　　　　　图 10.79　　　　　　　　　　图 10.80

图 10.81　　　　　　　　　　图 10.82　　　　　　　　　　图 10.83

选择图 10.84 所示的线段并向内挤出，然后在凹痕边缘位置加线约束，如图 10.85 所示，细分后的效果如图 10.86 所示。

step 10　在尾翼位置创建一个胶囊物体并将其转换为可编辑的多边形物体，如图 10.87 所示。将胶囊两端分别用缩放工具缩放调整大小至图 10.88 所示。选择机身模型，单击"附加"按钮，拾取修改的胶囊物体完成附加，整体效果如图 10.89 所示。

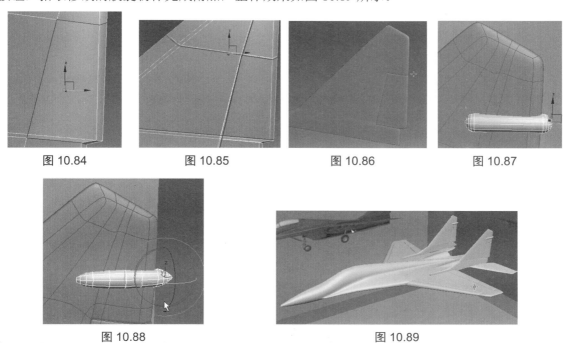

图 10.84　　　　图 10.85　　　　图 10.86　　　　图 10.87

图 10.88　　　　　　　　　　图 10.89

10.2 发动机的制作

在制作发动机部分时，需要经常从底部观察模型效果，因为底部受参考图面片的影响，不便于观察。此时可以在右键菜单中选择"全部解冻"，选择底部的面片，再在右键菜单中选择"隐藏选定对象"将其隐藏，当然也可以直接删除。再次选择另外两张参考图面片物体，在右键菜单中选择"冻结当前选择"，把选择的面片再次冻结起来。

step 01 在机身底部创建一个圆柱体并将其转换为可编辑的多边形物体，删除两端的面，如图 10.90 所示。将该物体移动调整位置至图 10.91 所示(基本上是上下各占一半)。

将该模型向后复制一个并移动调整至图 10.92 所示，将原有物体顶部的面删除，如图 10.93 所示。

修改调整复制物体的形状(加线缩放调整线段大小)，如图 10.94 所示。注意两个物体首尾的对齐方式。

图 10.90

图 10.91

图 10.92

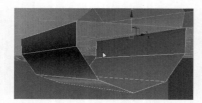

图 10.93

图 10.94

step 02 选择半圆形物体，按 2 键进入"边"级别，选择前方的线段，按住 Shift 键沿 X 轴方向移动挤出面并调整，如图 10.95 所示。

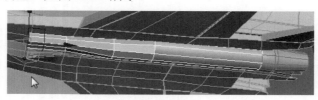

图 10.95

单击"快速切片"按钮，在图 10.96 所示的位置切片，然后删除顶端的面，如图 10.97 所示。

将顶部的面以及侧面封口处理，调整的方法可以结合"桥""封口"等命令，调整后的效果如图 10.98 所示。

图 10.96

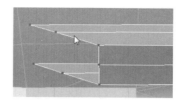

图 10.97

图 10.98

在修改器下拉列表中选择"壳"修改器，调整厚度值，如图 10.99 所示。然后，将该模型再次塌陷为多边形物体，分别在内外侧边缘位置加线，加线细分后的效果如图 10.100 所示。此处后半部分应得到一个半圆形状，所以要将后半部分(如图 10.101 所示红圈内)的点焊接调整。

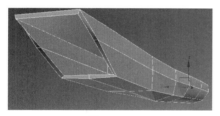

图 10.99

图 10.100

用"目标焊接"工具在"点"级别下依次将相邻的点焊接，再次细分后的效果如图 10.102 所示，可以发现，焊接后模型前半部分为方形，然后逐渐过渡成圆形，这正是理想的效果。

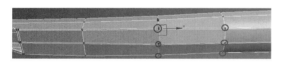

图 10.101

图 10.102

step 03　选择图 10.103 所示的发动机部位模型，在修改器下拉列表中选择"壳"修改器，设置厚度值后的效果如图 10.104 所示。

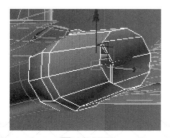

图 10.103

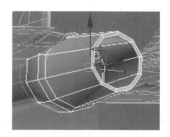

图 10.104

将该模型塌陷为可编辑的多边形物体，分别在边缘位置加线并细分，然后创建一个如图 10.105 所示的胶囊物体，将该胶囊物体转换为可编辑的多边形物体，删除一半的面，然后将其移动到图 10.106 所示物体的内部。因为胶囊物体的法线是向外的，应须选择所有面单击"翻转"按钮将法线翻转。

step 04 选择机身模型，单击"附加"按钮，依次拾取创建的模型全部附加起来。

接下来调整图 10.107 所示机身底部洞口位置。将图 10.108 所示的线段挤出面，进入"点"级别，将右侧的点用"目标焊接"工具焊接到相邻的点上，如图 10.109 所示。另外一侧执行同样的操作，再将整个洞口位置线段向下挤出后将开口封口即可，调整后的效果如图 10.110 所示。

分别在图 10.111 所示的上下边缘位置加线约束，然后将四个角的线段做切角处理，如图 10.112 所示。细分后的效果如图 10.113 所示，细分后部分效果还不是太美观，此时可以手动剪切加线调整布线，在图 10.114 所示的位置加线，使其边缘的棱角得到约束，再次细分后的效果得到明显改善。

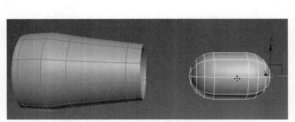
图 10.105

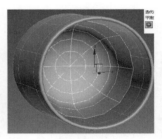
图 10.106

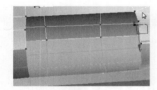
图 10.107

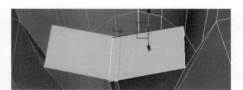
图 10.108

图 10.109

图 10.110

图 10.111

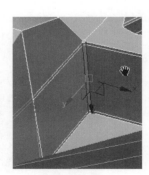
图 10.112

图 10.113

图 10.114

10.3　支架结构的制作

step 01　在飞机底部中心位置创建如图 10.115 所示的结构。选择一个圆柱体复制旋转调整角度并转换为可编辑的多边形物体，选择顶部两个面并挤出，如图 10.116 所示。调整挤出面的长度和位置，然后镜像复制一个，再创建圆柱体并复制调整至图 10.117 所示形状。

图 10.115

图 10.116

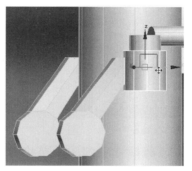

图 10.117

step 02　将创建的圆柱体转换为可编辑的多边形物体后，选择面并挤出调整至图 10.118 所示。再次向内侧方向挤出，如图 10.119 所示。在修改器下拉列表中选择"对称"修改器，对称出另一半模型，如图 10.120 所示。

图 10.118

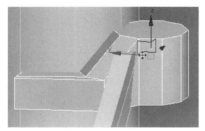

图 10.119

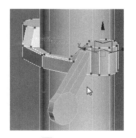

图 10.120

step 03　创建并复制调整出其他圆柱体结构，如图 10.121 所示。用"附加"工具将所有模型附加起来，用桥接命令桥接出对应的面，如图 10.122 所示。用同样的方法将上下圆柱体对应的面也桥接出面，如图 10.123 所示。

　删除内侧的面，选择图 10.124 所示两边对应的边界线，选择"桥"命令桥接出对应的面，如图 10.125 所示。最后调整结构形状至图 10.126 所示。

step 04 在支撑杆底部创建一个圆柱体，如图 10.127。调整底座大小比例，向下复制圆柱体并缩放调整底部大小，如图 10.128 所示。在图 10.129 所示的位置复制调整出一个圆柱体。

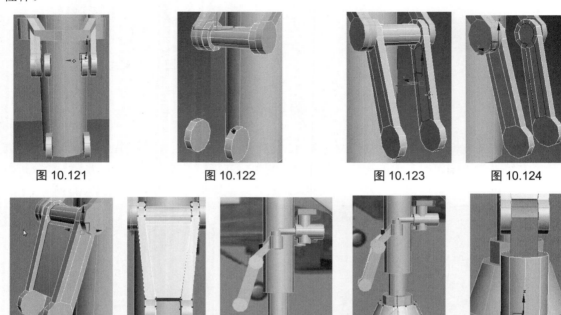

图 10.121　　　　　图 10.122　　　　　图 10.123　　　　　图 10.124

图 10.125　　　图 10.126　　　图 10.127　　　图 10.128　　　图 10.129

将该圆柱体底部的面挤出并调整，如图 10.130 所示。在其旁边位置创建并修改出图 10.131 所示形状的物体。

step 05 单击"线"按钮，创建出图 10.132 所示的几个样条线，分别对每个样条线添加"挤出"修改命令，如图 10.133 所示。

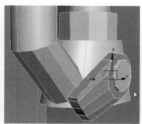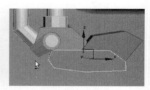

图 10.130　　　　图 10.131　　　　图 10.132　　　　图 10.133

step 06 轮子的制作。创建一个切角的圆柱体，如图 10.134 所示。在轮子外侧再创建一个圆柱体并将其转换为可编辑的多边形物体，如图 10.135 所示。配合面的挤出工具，调整该物体形状至图 10.136 所示。

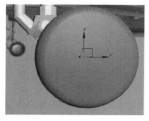
图 10.134

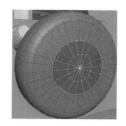
图 10.135

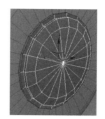
图 10.136

 step 07 支柱杆顶部形状调整。选择支撑杆模型，右击，在弹出的菜单中选择"剪切"工具，将底部面加线处理，前后对比效果如图 10.137 和图 10.138 所示。

选择一侧的面并挤出调整(如图 10.139 所示)，再调整另一侧的形状，如图 10.140 所示。

step 08 其他连接件的制作。创建一个圆，右击模型，在弹出的快捷菜单中选择"转换为"|"转换为可编辑样条线"命令，将矩形转换为可编辑的样条线，如图 10.141 所示，选择底部两个点并移动调整至图 10.142 所示。在修改器下拉列表中选择"壳"修改器调整厚度并复制，如图 10.143 所示。

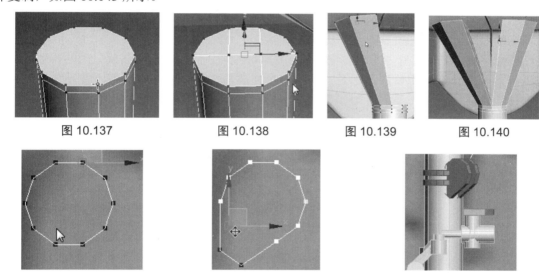
图 10.137　　　　图 10.138　　　　图 10.139　　　　图 10.140

图 10.141　　　　图 10.142　　　　图 10.143

step 09 在连接件与顶部支撑杆之间创建出圆柱体，如图 10.144 所示。再次创建一个圆柱体并调整角度和位置至图 10.145 所示。最后再创建一个长方体模型，将分段数调整至图 10.146 所示。

图 10.144

图 10.145

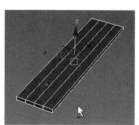
图 10.146

添加"弯曲"修改器，参数设置如图 10.147 所示，弯曲后的效果如图 10.148 所示。

将弯曲后的长方体模型移动到液压杆的外侧，如图 10.149 所示。创建出其他连接件位置的模型，如图 10.150 所示。

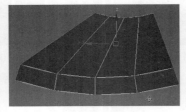
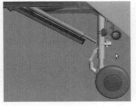

图 10.147　　　　　　　　图 10.148　　　　　　　　图 10.149　　　　　　　　图 10.150

10.4　后支架的制作

step 01　后支架制作方法和前支架制作方法基本一致，最终效果如图 10.151 所示。创建并修改一个如图 10.152 所示的样条线，在修改器下拉列表中选择"挤出"修改器，调整厚度并移动至如图 10.153 所示位置。用同样的方法创建一个如图 10.154 所示的多边形和长方形。

通过样条线之间的"布尔"运算来运算出图 10.155 所示的形状(样条线之间的布尔运算前面也讲解得非常详细，需要注意的是，如果两个样条线之间需要布尔运算，首先它们必须是一个物体，也就是说首先要用"附加"命令将要布尔运算的样条线附加起来，两条独立的样条线是不能进行布尔运算的)。在修改器下拉列表中选择"挤出"修改命令，挤出后的效果如图 10.156 所示。右击模型，在弹出的快捷菜单中选择"转换为" | "转换为可编辑多边形"命令，将模型转换为可编辑的多边形物体，加线调整模型布线，如图 10.157 所示。

图 10.151　　　　　　　　图 10.152　　　　　　　　图 10.153

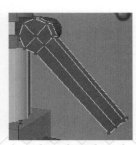

图 10.154　　　　　　　　图 10.155　　　　　　　　图 10.156　　　　　　　　图 10.157

单击 █(镜像)按钮，将该模型镜像复制后用"附加"工具将其附加在一起，如图 10.158 所示。继续加线，然后桥接出如图 10.159 所示的面，同样的方法将底部内侧中间的部分也桥接起来，如图 10.160 所示。

step 02　复制调整出图 10.161 所示的物体，在两者之间创建一个圆柱体，如图 10.163 所示。

图 10.158

图 10.159

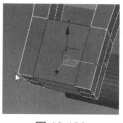

图 10.160

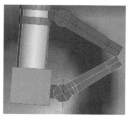

图 10.161

图 10.162

step 03　在图 10.163 所示的位置创建样条线，选择样条线中的点并右击，在弹出的快捷菜单中选择"平滑"，将点的模式更改为平滑点，然后在各个轴向中调整样条线的形状至图 10.164 所示。在"渲染"卷展栏中勾选"在渲染中启用"和"在视口中启用"，调整样条线的半径大小，效果如图 10.165 所示。最后在底部的支撑位置创建出与轮子的连接杆，如图 10.166 所示。

图 10.163

图 10.164

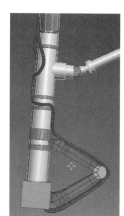

图 10.165

图 10.166

将一侧的支撑架模型复制到另一侧，如图 10.167 所示。整体效果如图 10.168 所示。

图 10.167

图 10.168

10.5　武器的制作

step 01　创建一个长方体模型并将其转换为可编辑的多边形物体，编辑调整至图 10.169
所示的形状，然后将该模型向上复制两个并调整大小和位置至图 10.170 所示。

　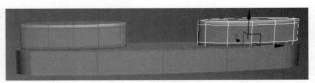

　　图 10.169　　　　　　　　　　　　　　　　　图 10.170

在底部位置创建一个胶囊物体，如图 10.171 所示，修改胶囊物体形状至图 10.172 所示。

　　图 10.171　　　　　　　　　　　　　　　　　图 10.172

step 02　通过加线、面的倒角工具制作出弹头与弹体之间的凹痕，如图 10.173 所示。创
建一个长方体模型并编辑调整至图 10.174 所示结构。

　　将该模型围绕弹体轴心旋转复制几个，如图 10.175 所示。用同样的方法复制调整出尾部
的结构，如图 10.176 所示。

　　调整各部位的比例大小，效果如图 10.177 所示。

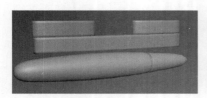　　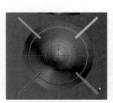

　图 10.173　　　　　　　　　图 10.174　　　　　　　　　图 10.175

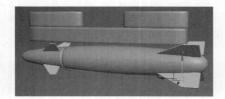　

　　图 10.176　　　　　　　　　　　　　　　图 10.177

　　将制作好的其中一个弹体模型连续复制并调整，如图 10.178 和图 10.179 所示。

step 03　用前面介绍的方法制作出图 10.180 所示方框中的凹痕效果。

　　至此，所有的模型基本上制作完成，但是机身模型前面是通过镜像复制出的一半，它们
其实是两个物体，所以将另一半模型删除后在修改器下拉列表中选择"对称"修改器对称出
另一半，再次将模型塌陷。然后选择最前端开口边界线，按住 Shift 键向前挤出面并调整出尖

端部分形状，如图 10.181 所示。

图 10.178

图 10.179

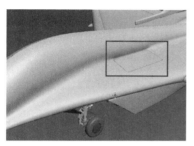

图 10.180

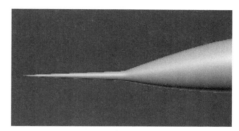

图 10.181

step 04　选择图 10.182 所示的面，单击"分离"按钮，将选择的面分离出来。选择分离出的面，在修改器下拉列表中选择"壳"修改器，增加模型厚度后再次塌陷，在边缘位置加线调整，细分后的效果如图 10.183 所示。

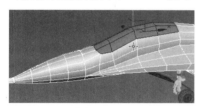

图 10.182

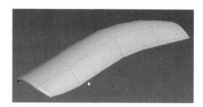

图 10.183

选择图 10.184 所示的面将 ID 设置为 1，按 Ctrl+I 快捷键反选面，将该部分的面设置 ID 为 2。

选择图 10.185 所示机舱盖开口位置的边界线，配合 Shift 键向内挤出面来模拟出模型的厚度，如图 10.186 所示。细分后的效果如图 10.187 所示。

至此，模型部分全部制作完毕，效果如图 10.188 所示。

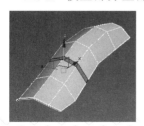

图 10.184

图 10.185

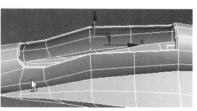

图 10.186

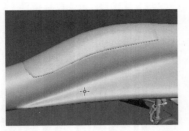

图 10.187   图 10.188

10.6 材质渲染设置

 选择图 10.189 所示的面，将 ID 设置为 1，按 Ctrl+I 快捷键反选面，设置 ID 为 2，如图 10.190 所示。

图 10.189   图 10.190

step 02 制作需要用到的贴图。

打开 Photoshop 软件，打开一张如图 10.191 所示的八一五星照片。

选择"图像"|"画布大小"，将宽度和高度由原来的 36cm、34cm 均设置为 60cm 以增大画布，如图 10.192 所示。单击 T 按钮，输入歼击机编号"12768"，按 Ctrl+T 快捷键调整文本大小并将字体调整为红色，如图 10.193 所示。按住 Ctrl 键并在文字层上单击，快速选择文字，如图 10.194 所示。按 Alt+Ctrl+Shift+N 快捷键建立一个新的空白图层，选择"编辑"|"描边"命令，在弹出的描边面板中设置描边的颜色为五星外边缘的黄色，描边宽度为 5 个像素。用同样的方法继续在外边缘描边一个像素的灰黑色，效果如图 10.195 所示。将制作好的贴图保存为 JPG 格式的图片。

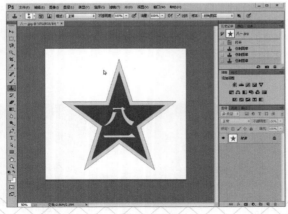

图 10.191   图 10.192

图 10.193　　　　　　　　　图 10.194　　　　　　　　　图 10.195

step 03 回到 3ds Max 软件，选择飞机模型，在修改器下拉列表中选择"UVW 展开"修改器，选择图 10.196 中的 UV 面，单击▦(断开)按钮将选择的 UV 面断开，用移动工具将 UV 面移开。用同样的方法将图 10.197 所示的 UV 面也断开，断开的 UV 面此时为图 10.198 所示的下方红色区域，从图 10.198 可以发现它们的 UV 面挤压在了一起，此时可以单击▣(按多边形角度展平)按钮快速将 UV 面展开，展开的 UV 面如图 10.199 所示。

　　配合▤(水平对齐到轴)▥(垂直对齐到轴)工具快速调整 UV 面为一个矩形，单击"CheckerPattern(棋盘格)"右侧的小三角按钮，选择"拾取纹理"，如图 10.200 所示。拾取前面制作的贴图文件，显示效果如图 10.201 所示。将调整好的 UV 面分别移动到数字和八一五星图片上，如图 10.202 所示。

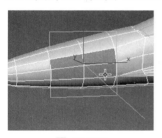

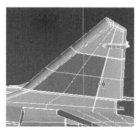

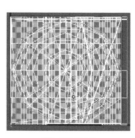

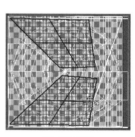

图 10.196　　　　　　　图 10.197　　　　　　　图 10.198　　　　　　　图 10.199

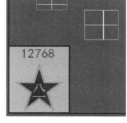

图 10.200　　　　　　　　图 10.201　　　　　　　　图 10.202

step 04 设置渲染器为 VRay 渲染器，按 M 键打开材质编辑器，选择第一个空白材质球，将其材质类型设置为"多维/子对象"材质，删除多余的子材质，保留 2 个即可。然后单击第一个子材质右侧的"无"按钮，在弹出的"材质/贴图浏览器"中选择 VRayMtl 材质类型，设置"漫反射"为灰黑色、"反射"为灰色、"高光光泽"为 0.6、"反射光泽"为

0.9、"细分"为16。然后将材质1复制到材质2上，进入2号材质，在漫反射通道上赋予一个Mix混合贴图，如图10.203所示。

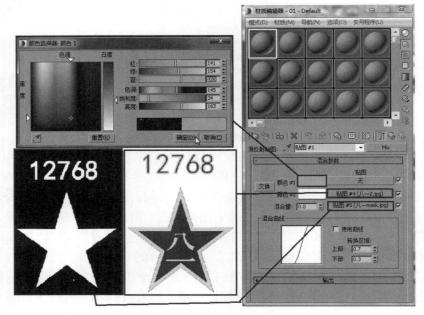

图10.203

在混合贴图中分别设置八一五星图片和黑白图片。首先进行黑白图片的制作，在Photoshop中的文字层上右击，选择栅格化文字，按Ctrl+Shift+E快捷键合并所有图层，然后在背景层上双击，在弹出的新建图层面板中单击，"确定"按钮(将背景层直接转换为普通层)。单击 (羽化)按钮，在图片上白色区域单击快速选择所有白色选区，将背景设置为黑色，按Ctrl+Delete快捷键填充前景色为黑色，然后按Ctrl+Shift+I快捷键反选选区，将该选区填充一个白色，效果如图10.204所示。将设置好的贴图赋予飞机机身模型，如果模型显示没有变化，可以单击 按钮来切换贴图显示效果。此时的贴图显示效果如图10.205所示。

图10.204

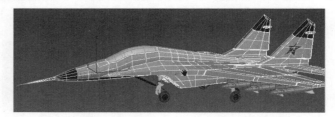

图10.205

此时发现图片发生了扭曲现象，如图10.206所示。这是因为前面调整该部位UV面时，特意更改成了方形，如图10.207所示。

重新选择UV面，单击 (按多边形角度展平)按钮，将选择的UV面展开，根据贴图显示效果调整UV面的大小和位置，调整的UV面如图10.208所示。

图 10.206

图 10.207

图 10.208

　　其他部位的 UV 面如图 10.209 所示的方框部分，可以发现模型有些边缘也出现了一些贴图效果，如图 10.221 所示，这不是所需要的效果。此时可以将图 10.209 中红框中的 UV 面缩小，移动到 UV 框非图片区域，如图 10.211 所示。调整后的模型显示效果如图 10.212 所示。

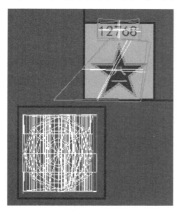

图 10.209

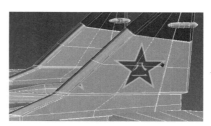

图 10.210

图 10.211

图 10.212

step 05　重新选择材质球，取消勾选"菲涅耳反射"，根据材质效果轻微调整高光。在"双向反射分布函数"卷展栏中选择"沃德"，将"各向异性"值设置为 0.3，如图 10.213所示。

图 10.213

step 06　选择第二个空白材质球，设置为 VRay 材质，设置"漫反射"颜色为黑色、"反射"颜色为黑灰色(稍微调整带点灰即可，也就是说它有一点点的反射)，赋予轮胎模型和电线模型。

step 07　选择第三个材质球，设置"漫反射色"颜色为黑灰色、"反射"颜色为白色、"高光光泽"为 0.95、"反射光泽"为 0.98，取消勾选"菲涅耳反射"，设置细分值为 12，在"双向反射分布函数"卷展栏中选择"沃德"，"各向异性"值设置为 0.2 左右，赋予场景中轮毂和一些金属物体。

step 08　选择一个空白材质球，设置"漫反射"颜色为机身的灰色、"反射"颜色为灰黑色，在"双向反射分布函数"卷展栏中选择"沃德"，"各向异性"值为 0.3，取消勾选"菲涅耳反射"，赋予场景中导弹模型。

step 09　机舱盖材质。选择一个空白材质球，设置为"多维/子对象"材质，删除多余材质，只保留 2 个，材质 1 和材质 2 均设置为 VRaymtl 材质类型。材质 1 参数比较简单，就是一个透明的玻璃材质，将"反射"和"折射"颜色都设置为白色，"折射率"适当增大，设置为 2，"细分"设置为 24；将前面设置好的机身金属材质直接拖放到材质 2 上复制。将该"多维/子对象"材质赋予机舱盖模型，最后的显示效果如图 10.214 所示。

step 10　打开 4.3 节删除模型后另存的渲染场景，将本章中的飞机模型合并进来。调整大小比例、位置以及角度，测试渲染效果如图 10.216 所示。

图 10.214

图 10.215

在机舱盖位置出现了一些黑色区域，这可能和当前的环境有关。按 F10 键，打开渲染设置面板，在"环境"卷展栏中勾选"反射/折射环境"，单击后方的"无"按钮，选择"位图"，然后选择一张 HDRI 贴图，将该贴图拖放到一个空白材质球上，选择"实例"方式关联复制，在该贴图参数中选择"环境"，贴图类型选择"球形环境"，如图 10.216 所示。

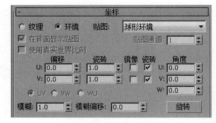

图 10.216

 提示

在环境中设置 HDRI 贴图的意义在于更加逼真地表现场景中一些反射和折射不到的部分，大家都知道反射和折射不到的部分会默认以背景颜色为主，也是导致机舱盖位置出现部分黑色的原因。通过 HDRI 贴图环境的设置，可以将这些区域根据贴图信息来表现反射或者折射。

再次渲染后黑色区域消失，效果如图 10.217 所示。但是机舱盖的玻璃效果还是不好，选择该材质球继续调整。此时希望玻璃带有一定的颜色，那么在参数面板中可以设置烟雾颜色，同时将烟雾倍增值增大到 2，再次渲染后的效果如图 10.218 所示。

图 10.217

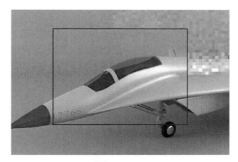

图 10.218

 step 11 最终渲染图像时，调整图像渲染尺寸，在"图像采样器(抗锯齿)"卷展栏中的"类型"选择"自适应"，在"发光图"卷展栏中的"预设"选择"中"，在"灯光缓存"卷展栏中的"采样大小"减小为 0.01，细分可以再适当地增大，开启"环境阻光"，半径设置为 1000 左右。最终的渲染效果如图 10.219 所示。

图 10.219

本 章 小 结

　　本章中的模型稍微复杂一些，所以在制作时，需要运用参考图以控制模型的整体比例。类似复杂的模型在制作时一般只需要制作出能看得到的地方，一些内部零部件就不需要再一一表现了。因此本实例中的模型我们也只是制作了一些大块结构，一些小的零部件因为看不到也就没有一一制作。但需要注意的是，看得到的地方，该细致的还是要细致，如歼击机底座支架部分，上面的电线、螺丝、液压杆模型等。材质部分的制作也非常简单，只需要注意机身上一些贴图的设置即可。

第11章

摩托车的制作与渲染

　　摩托车，由汽油机驱动，靠手把操纵前轮转向的两轮或者三轮车，轻便灵活，行驶迅速，广泛用于巡逻、客货运输等，也用作体育运动器械。从广义区分，摩托车可分为街车、公路赛摩托车、越野摩托车、巡航车、旅行车等。

　　一般习惯上多按用途、结构和发动机形式和工作容积对摩托车进行分类。如仅将它作为城市内或短距离的代步工具，则选用时速不超过 50 公里、结构紧凑小巧的微型摩托车或轻便摩托车。需要经常往返城乡之间，能二人骑乘，宜选用发动机工作容积 125～250 毫升的普通摩托车。如行驶的道路条件较差、要求高速行驶或者作一般竞赛用，则选用越野摩托车或者超级摩托车。

　　一般摩托车十分重视行驶时的舒适性和操控方便性。超级运动摩托车则不同，它更重视摩托车的高速行驶性能。它和赛车不同，追求的是乘坐时的青春动感，而不像赛车那样一味地追求高车速。没有一定的高速性能做保障，骑手很难体验到这种快感，所以必须提高摩托车的车速。

　　摩托车由发动机、传动系统、行走系统、转向、制动系统和电气仪表设备五部分组成。
　　发动机则由机体、曲柄连杆、化油器、润滑系统、启动系统构成。
　　传动系统由初级减速、离合器、变速箱、次级减速等几部分组成。
　　行走系统的作用是支承全车及装载的重量，保证操控的稳定性和乘坐的舒适性。行走系统主要包括车架、前叉、前减震器、后减震器、车轮等。

转向：前轮与车把配合控制着摩托车的行驶方向。

制动系统：一般前轮制动由手捏闸把来控制，后轮制动由脚踩制动踏板来完成。

电气仪表设备与汽车基本相似。电气线路分为电源、点火、照明、仪表和音响五部分。

了解了摩托车的基本结构后，我们就来学习一下超跑摩托车的制作过程。

 设计思路

本实例中的超跑摩托车注重舒适性与美观性的双重结合，类似于美式风格中的摩托车。车把相对于其他摩托车而言要显得略长、略高，颜色以大红色为主，座椅稍微向下凹陷更加注重舒适性，其他部位基本与常见的摩托车相似。

效果剖析

制作摩托车的主要过程如下。

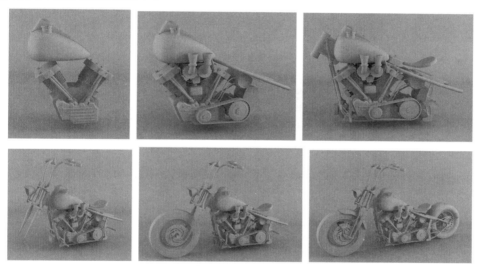

摩托车制作流程图

技术要点

本章的技术要点如下。

- 在没有参考图情况下的整体模型比例的把控；
- 多边形建模下的常用命令；
- 硬边的棱角处理；
- 样条线的创建及修改；
- 物体阵列复制方法；
- 电线线路的快速制作方法；
- 星形线快速制作齿轮；
- 超级布尔运算；
- 物体布线的调整。

制作步骤

本实例中的摩托车模型比较复杂，零部件比较多，所以在制作时一定要明确先后顺序。先制作油箱，然后是油箱下方的发动机结构，再是传动装置，接下来制作车把、前轮，最后制作后轮以及其他零部件。

11.1 油箱的制作

第 10 章中的歼击机模型在制作时运用了参考图的制作方法，那么本章中就不再使用参考图，这样做的好处是：第一更加直观，第二可以锻炼制作者在制作模型时的比例感(当然这要求制作者有一定的基础)。

step 01 在视图中创建一个长、宽、高分别为 45cm、120cm、70cm 的长方体模型，右击长方体，在弹出的快捷菜单中选择"转换为" | "转换为可编辑多边形"命令，将模型转换为可编辑的多边形物体。分别在长、宽、高上加线并调整点来控制模型结构，如图 11.1 所示。然后在长度上继续加线调整至图 11.2 所示。

将宽度上中心位置的环形线段进行切角设置，如图 11.3 所示。再次调整形状，然后将模型细分一级，如图 11.4 所示。

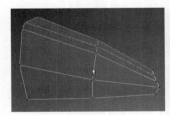
图 11.1

图 11.2

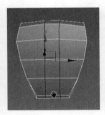
图 11.3

图 11.4

右击模型，在弹出的快捷菜单中选择"转换为" | "转换为可编辑多边形"命令，将模型塌陷，塌陷后模型布线增加，如图 11.5 所示。选择图 11.6 所示的面，用倒角工具将面向上挤出。

step 02 将面向上挤出后再向内收缩，然后再次向下挤出，如图 11.7 所示。选择图 11.8 所示的面，用挤出工具挤出面。

注意

面的挤出方式有三种，此处选择按"组"的方式挤出。

用缩放工具沿 Z 轴将挤出的面缩放在一个平面内，如图 11.9 所示。将整体面旋转调整，如图 11.10 所示。

图 11.5

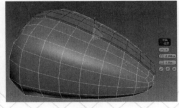
图 11.6

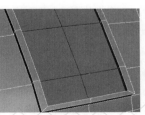
图 11.7

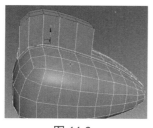
图 11.8

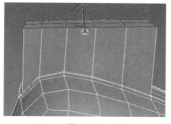
图 11.9

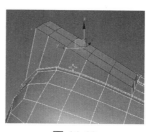
图 11.10

进入"顶点"级别，调整上端顶点，使其有一定的圆角，如图 11.11 所示。再次选择挤出调整的面，分别向内和向下挤出面并调整，如图 11.12 所示。

分别在挤出面的顶端、底端位置加线约束调整，如图 11.13 所示。

 step 03 在图 11.14 所示的位置创建一个圆柱体，将该圆柱体转换为可编辑的多边形物体，分别删除顶端的面，按 3 键进入"边界"级别，选择顶部边界线，按住 Shift 键配合缩放和移动工具挤出面并调整，如图 11.15 所示。选择所有边缘位置的环形线段做切角处理，如图 11.16 所示。

提示

由于该模型调整了角度，通过边界线的方法挤出调整面时，其轴向不容易控制，所以也可以通过选择面的方法用倒角工具直接调整出所需效果。

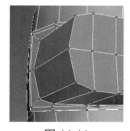
图 11.11

图 11.12

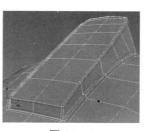
图 11.13

图 11.14

 step 04 选择部分面，按住 Shift 键拖动复制，为了便于区分，需更改颜色，如图 11.17 所示。调整大小并重新加线调整至图 11.18 所示。

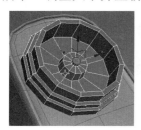
图 11.15

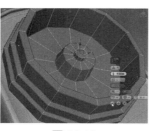
图 11.16

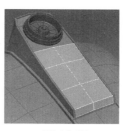
图 11.17

图 11.18

提示

这里为什么要用面的复制方法进行调整而不是重新创建呢？重新创建面的话，还要调整大小、角度等，不如直接在原有面的基础上复制更快捷。

　　删除不需要的面(如图 11.19 所示)，根据需要加线调整形状至图 11.20 所示。选择所有的面，单击"倒角"按钮后方的■图标，在弹出的"倒角"快捷参数面板中设置倒角方式为"按多边形"，再设置挤出的高度，效果如图 11.21 所示。

　　此时如果直接细分的话，会出现图 11.22 所示的效果，这是因为拐角位置没有线段的约束造成的。接下来分别在拐角位置加线，再次细分后的效果如图 11.23 所示。

图 11.19

图 11.20

图 11.21

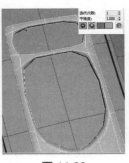
图 11.22

图 11.23

step 05 创建一个圆柱体并将其转换为可编辑的多边形物体，编辑调整至图 11.24 所示的形状和大小。在该物体表面上再创建一个长方体，如图 11.25 所示，同样将该长方体物体转换为可编辑的多边形物体。

　　对长方体模型加线调整形状，细分后的效果如图 11.26 所示。

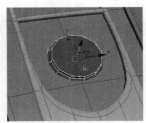
图 11.24

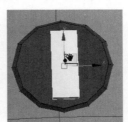
图 11.25

图 11.26

step 06 将图 11.27 所示的线段进行切角设置，选择顶端的面并向上挤出，如图 11.28 所示。将挤出的面调整至图 11.29 所示的形状。

图 11.27

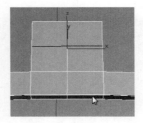
图 11.28

图 11.29

 提示

　　在调整时可以选择"屏幕"坐标方式进行调整。

　　创建一个长方体模型(如图 11.30 所示)，将该长方体调整至图 11.31 所示的形状。

step 07 在侧面创建一个圆柱体并修改调整至图 11.32 所示的形状。

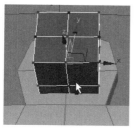

图 11.30

图 11.31

图 11.32

 注意

　　此处为了便于说明物体表面自动平滑和不平滑的区别，将该物体复制一个，选择其中一个物体上的所有面，单击"多边形：平滑组"卷展栏中的"自动平滑"按钮将面设置为自动平滑。然后选择另一个物体的所有面，单击"清除全部"按钮将面平滑清除，效果对比如图 11.32 所示，参数面板如图 11.33 所示。通过图 11.32 中两个物体对比发现，在保持同样面数的情况下，可以通过该设置来表现一些圆滑的效果，从而大大节省面数。当然有一些特殊的物体需要表现棱角的效果也可以通过该方法实现。

图 11.33

step 08　创建油箱盖等模型，如图 11.34 所示。油箱盖模型比较简单，就是由一些简单的几何体等组成的，如图 11.35～图 10.37 所示。侧边的连接体在创建时可以先创建出图 11.38 所示的样条线，然后在修改器下拉列表中选择"挤出"修改器，设置好厚度参数后将其塌陷为可编辑的多边形物体即可。

图 11.34

图 11.35

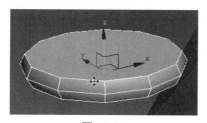

图 11.36

图 11.37

图 11.38

　　图 11.39 所示的物体制作时也是先创建出一侧的样条线，添加"挤出"修改器后将其塌陷为可编辑的多边形，然后复制一个，用"附加"工具将两者附加在一起，进入"面"级别，

选择内侧对应的面，单击"桥"按钮生成对应的面即可。最后将整个油箱盖模型对称复制并调整到另一侧，如图 11.40 所示。

图 11.39

图 11.40

11.2　汽缸的制作

接下来制作油箱底部模型——汽缸。

step 01　创建出图 11.41 所示的两条样条线，分别添加"挤出"修改器命令并设置合适的挤出值，效果如图 11.42 所示。将这两个物体转换为可编辑的多边形物体后，选择绿色物体中两边的面，单击"倒角"按钮后方的□图标，在弹出的"倒角"快捷参数面板中设置倒角参数，将面向外倒角挤出，效果如图 11.43 所示。

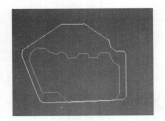

图 11.41

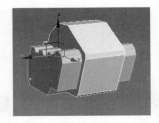

图 11.42

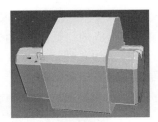

图 11.43

step 02　创建一个圆柱体并将其转换为可编辑的多边形物体，用"倒角"命令将外侧的面倒角挤出，调整至图 11.44 所示形状来模拟制作螺丝钉模型，然后将该物体分别复制并调整至图 11.45 所示。

step 03　在图 11.46 所示的位置创建一个圆柱体，在参数面板中开启"启用切片"选项，设置"切片结束位置"为 180，如图 11.47 所示。这样创建出的圆柱体实际上是半个圆柱体，因为该圆柱体需要贴附在汽缸表面上，内侧看不到，所以此处创建一半即可。创建完成后，向下复制调整至图 11.48 所示。

图 11.44

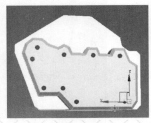

图 11.45

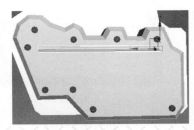

图 11.46

step 04 在汽缸侧面顶部位置再次创建一个圆柱体并将其转换为可编辑的多边形物体，修改形状至图 11.49 所示。在该物体上再创建一个方形盒子物体，复制调整出剩余的部分，如图 11.50 所示。然后复制出另一侧模型，如图 11.51 所示。

图 11.47

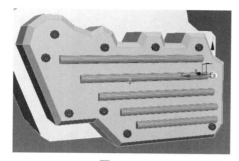

图 11.48

图 11.49

图 11.50

图 11.51

step 05 在汽缸顶部侧面创建一个长方体模型，旋转调整好角度，使其与汽缸表面完全贴合，将该物体转换为可编辑的多边形物体后，分别在边缘位置加线，如图 11.52 和图 11.53 所示。

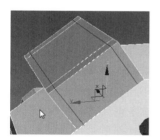

图 11.52

图 11.53

 提示

注意控制加线的位置与边缘线段的距离，在长度方向和宽度方向上所添加的线段与边缘有一定的距离，厚度上两边加线的位置与边缘位置非常接近，在细分后就会造成四角有一定的圆滑过渡，而上下面的边缘棱角就比较明显，如图 11.54 所示。

用多边形细分的方法创建的模型面数一半在细分后会成倍增加，所以此处为了节省面数，也可以换一种方法来制

图 11.54

作。创建一个圆角的矩形，效果和参数如图 11.55 所示。在修改器下拉列表中选择"挤出"修改器命令，设置挤出的高度值，效果如图 11.56 所示。切换坐标方式为 Local(自身)坐标方式，沿 Z 轴向上复制，如图 11.57 所示。

图 11.55

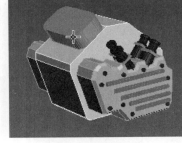
图 11.56

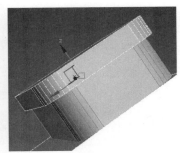
图 11.57

用同样的方法再复制两个，将这些物体转换为可编辑的多边形物体，调整其厚度，同时将图 11.58 所示的 1 物体顶部放大调整。选择图 11.58 所示的 2 物体，用同样的方法沿自身 Z 轴方向向上多复制几个，如图 11.59 所示。

用缩放工具分别缩放调整复制物体的大小，再向上复制一个，如图 11.60 所示。复制后删除"挤出"修改器命令，保留矩形，然后创建一个圆角的样条线，如图 11.61 所示。圆角样条线也非常容易创建，先创建两个直角的线段，再用"圆角"工具将其处理为圆角即可。

图 11.58

图 11.59

图 11.60

图 11.61

选择矩形，在修改器下拉列表中选择"倒角剖面"修改器，单击"拾取剖面"按钮，如图 11.62 所示，拾取圆角的样条线，此时效果如图 11.63 所示。进入倒角剖面的 剖面 Gizmo 子级别，旋转调整角度得到正确的结果位置，效果如图 11.64 所示。

step 06 在图 11.65 所示的位置再创建一个长方体，将前面创建的螺丝钉模型复制一个并调整长度，再复制到四角位置和顶部位置，如图 11.66 所示。然后创建一个如图 11.67 所示形状的物体并复制调整到另一侧。整体选择一侧汽缸模型，单击 (镜像)按钮，镜像复制出另一侧，效果如图 11.68 所示。

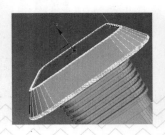

图 11.62　　　　　　　图 11.63　　　　　　　图 11.64　　　　　　　图 11.65

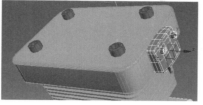

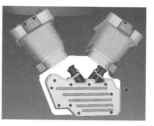

图 11.66　　　　　　　　　　　图 11.67　　　　　　　　　　图 11.68

step 07 在汽缸之间创建一个圆柱体并将其转换为可编辑的多边形物体，向右关联复制，如图 11.69 所示。选择其中一个圆柱体，在图 11.70 所示的前后位置加线，然后选择线段上方的点并删除。选择图 11.71 所示的边界线，单击"封口"按钮将开口封闭。按 4 键进入"面"级别，选择侧面的面并用倒角工具倒角挤出，如图 11.72 所示。

进入线段级别，将图 11.73 所示的线段进行切线设置，将侧面的面再次向内倒角，如图 11.74 所示。

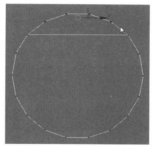

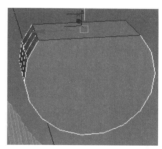

图 11.69　　　　　　　　　　　图 11.70　　　　　　　　　　图 11.71

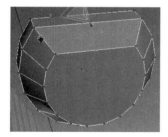

图 11.72　　　　　　　　　　　图 11.73　　　　　　　　　　图 11.74

step 08 创建一个圆柱体和长方体，大小和位置如图 11.75 所示。在创建面板下的复合面板中单击"超级布尔"按钮，选择"并集"，单击"开始拾取"按钮，拾取另一个物体完成布尔运算，如图 11.76 所示。

将该物体转换为可编辑的多边形物体，删除前方的面，如图 11.77 所示。将相邻的点用"焊接"工具焊接起来，然后将开口封口处理，调整模型布线，如图 11.78 所示。继续加线调整物体形状，如图 11.79 所示。

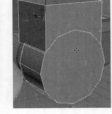

| 图 11.75 | 图 11.76 | 图 11.77 | 图 11.78 | 图 11.79 |

step 09 创建圆柱体并复制调整大小(如图 11.80 所示),再创建一个如图 11.81 所示的样条线。

在"渲染"卷展栏中勾选"在渲染中启用"和"在视口中启用",调整厚度为 2.5cm、边数为 8,效果如图 11.82 所示。右击模型,在弹出的快捷菜单中选择"转换为"|"转换为可编辑多边形"命令,将模型转换为可编辑的多边形物体。

 注意

直接由样条线转化而来的多边形物体的顶部和底部面布线不规则(如图 11.83 所示),所以要先将这些面删除,再用封口工具将开口封闭,这样做的好处是不至于细分后出现错误。

加线调整物体形状至图 11.84 所示。

将圆柱体再复制一个调整角度和大小,同时将线段数也增大,如图 11.85 所示。将该圆柱体转换为可编辑的多边形物体,在图 11.86 所示的位置加线处理。

| 图 11.80 | 图 11.81 | 图 11.82 |

| 图 11.83 | 图 11.84 | 图 11.85 | 图 11.86 |

分别选择中间部位间隔的面(如图 11.87 所示),按 Delete 键删除。切换到侧视图,按 3 键进入"边界"级别,框选所有边界线,按住 Shift 键向内缩放挤出面,如图 11.88 所示。在透

视图中沿 X 轴方向再次缩放调整，效果如图 11.89 所示。

step 10　此时整体模型效果如图 11.90 所示，选择该部分模型，分别复制出剩余的部分，如图 11.91 所示。

step 11　在图 11.92 所示的位置创建一个倒角的长方体，再创建出图 11.93 所示的物体。创建出图 11.94 所示的样条线，勾选参数面板中的"在渲染中启用"和"在视口中启用"，设置边数和粗细后的效果如图 11.95 所示。

图 11.87

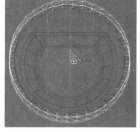
图 11.88

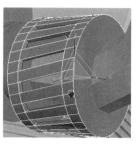
图 11.89

图 11.90

图 11.91

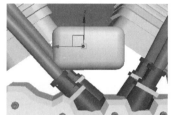
图 11.92

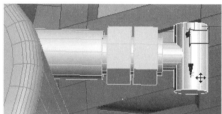
图 11.93

图 11.94

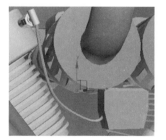
图 11.95

将样条线和连接的物体镜像复制到另一侧，如图 11.96 所示。最后创建出中间的部分，如图 11.97 所示。

图 11.96

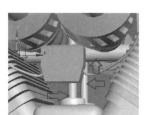
图 11.97

11.3 支架结构及传动装置的制作

step 01 创建一个如图 11.98 所示的样条线。在"渲染"卷展栏中勾选"在渲染中启用"和"在视口中启用",调整半径值大小,如图 11.99 所示。镜像复制该样条线到另一侧,然后创建出内侧的样条线,如图 11.100 所示。

step 02 创建一个圆柱体模型并将其转换为可编辑的多边形物体,将侧面的面用"倒角"工具倒角挤出,效果如图 11.101 所示。调整好一侧的效果后,在修改器下拉列表中选择"对称"修改器,对称出另一半,如图 11.102 所示。然后在图 11.103 所示的位置再创建一个样条线。

用同样的方法在"渲染"卷展栏中勾选"在渲染中启用"和"在视口中启用",调整粗细后的效果如图 11.104 所示。将该样条线转换为可编辑的多边形物体,在右侧顶端的位置加线后选择面向外挤出,效果如图 11.105 所示。

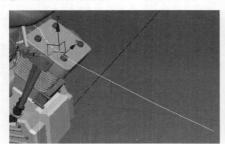

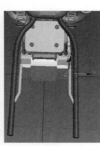

图 11.98   图 11.99   图 11.100   图 11.101

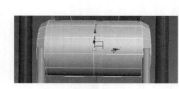

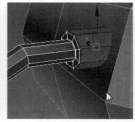

图 11.102   图 11.103   图 11.104   图 11.105

按 Ctrl+Q 快捷键细分该模型并向下复制,效果如图 11.106 所示。单击 ▥(镜像)按钮镜像复制出另一侧模型,如图 11.107 所示。

图 11.106   图 11.107

step 03 在图 11.108 所示的位置创建一个封口的样条线,然后添加"挤出"修改器命令，设置挤出的高度值后的效果如图 11.109 所示。

在该物体的侧面再创建一个倒角的长方体模型，如图 11.110 所示。然后用缩放工具选择右侧的点并整体缩小，如图 11.111 所示。用样条线的方法再次创建出图 11.112 所示红色的连接线。

step 04 在图 11.113 所示的位置创建一个大小如图 11.113 所示的切角长方体模型，然后创建一个如图 11.114 所示的封闭样条线。

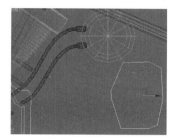
图 11.108

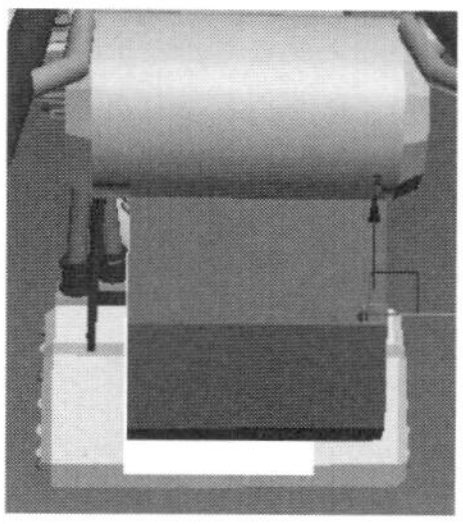

图 11.109

图 11.110

图 11.111

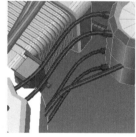
图 11.112

图 11.113

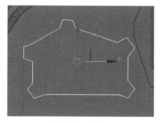
图 11.114

添加"挤出"修改器后的效果如图 11.115 所示。将该模型转换为可编辑的多边形物体，在两端位置加线，选择两端的面并用缩放工具缩小调整，使其有一个过渡的棱角，效果如图 11.116 所示。

step 05 单击 ✳ | ⊕(样条线)|"星形"按钮，在视图中创建一个星形线，效果和参数设置如图 11.117 和图 11.118 所示。

图 11.115

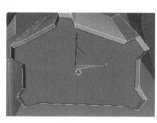
图 11.116

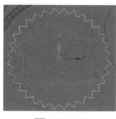
图 11.117

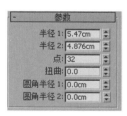
图 11.118

在内部创建一个圆形，用"附加"工具附加在一起，然后将该样条线沿 Y 轴复制一个，用缩放工具缩小调整，如图 11.119 所示。在修改器下拉列表中选择"挤出"修改器命令，效果如图 11.120 所示。然后将该物体转换为可编辑的多边形物体后，选择内侧圆形线段并用移动工具向外稍微移动一定的距离，如图 11.121 所示。

选择内侧所有的面，用"倒角"工具向内倒角挤出，如图 11.122 所示。然后在洞口位置创建一个切角的圆柱体，用对齐工具和齿轮模型对齐调整至如图 11.123 所示。

在切角圆柱体表面创建一个多边形物体和圆柱体，如图 11.124 所示。此时需要将创建的圆柱体围绕多边形物体复制一周，但是当前的坐标中心为圆柱体的左边，所以要先拾取多边形物体的坐标轴心，再旋转复制，如图 11.125 所示。

在多边形物体表面创建一个圆柱体并编辑调整至图 11.126 所示形状。为了便于区分，给模型换一种颜色，细分后的整体效果如图 11.127 所示。

用同样的方法创建出小齿轮模型结构(见图 11.128)。整体选择大小齿轮模型并镜像复制，如图 11.129 所示。

 注意

小齿轮并不是简单地复制、缩放、调整，那样会破坏物体的比例，所以调整的方法可以参考大齿轮的制作过程。

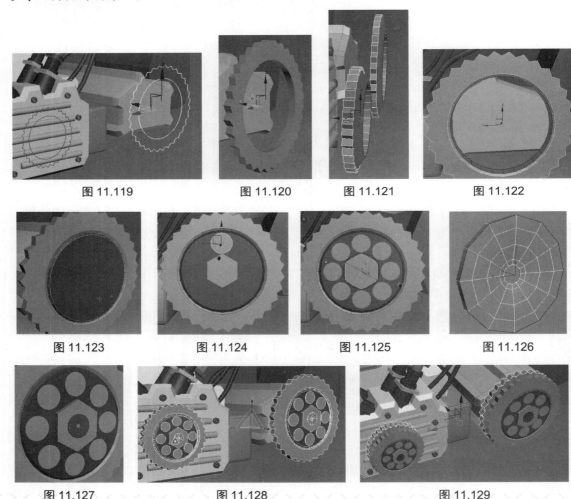

图 11.119　　　　图 11.120　　　　图 11.121　　　　图 11.122

图 11.123　　　　图 11.124　　　　图 11.125　　　　图 11.126

图 11.127　　　　　　　图 11.128　　　　　　　图 11.129

step 06 皮带轮的制作。创建两个圆形和一条不规则的矩形样条线，如图 11.130 所示。

用样条线之间的布尔运算方法运算出图 11.131 所示形状。

注意

样条线之间的布尔运算方法前几章中已经介绍过了，这里再说明一下要注意的事项。首先，要进行样条线之间的布尔运算，样条线与样条线之间必须是一个整体，所以前提是要用"附加"工具将所有样条线附加起来。其次，进入"样条线"级别，选择其中的一条样条线，选择好运算方式后拾取其他样条线完成布尔运算即可。

运算完成后，单击"轮廓"按钮，在样条线上单击并拖动鼠标挤出轮廓，如图 11.132 所示。

在修改器下拉列表中选择"挤出"修改器挤出厚度，将模型再复制一个，如图 11.133 所示。此时整体效果如图 11.134 所示。

step 07　创建一个如图 11.135 所示的长方体模型并将其转换为可编辑的多边形物体，分别加线调整形状至图 11.136 所示。选择部分面并挤出调整至图 11.137 所示，选择图 11.138 所示的面并向内倒角挤出。

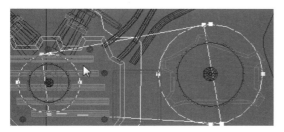
图 11.130

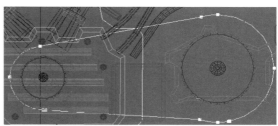
图 11.131

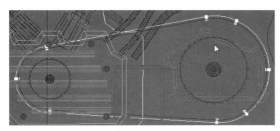
图 11.132

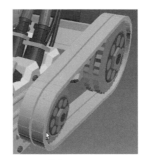
图 11.133

图 11.134

图 11.135

图 11.136

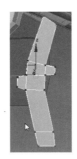
图 11.137

图 11.138

将面向下倒角挤出，如图 11.139 所示。继续加线调整形状(如图 11.140 所示)，细分后的效果如图 11.141 所示。

图 11.139

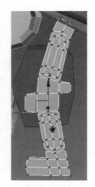
图 11.140

图 11.141

创建一个倒角的圆柱体与变速箱连接，如图 11.142 所示。将该圆柱体复制一个并调整到图 11.143 所示的位置。

step 08 创建长方体模型，编辑并复制，效果如图 11.144 所示，将这两个模型附加在一起后，按 4 键进入"面"级别，选择内侧对应的面，单击"桥"按钮生成中间的面，如图 11.145 所示。

在该连接件的内侧创建一个多边形圆柱体，然后创建一个圆柱体并修改调整至图 11.146 所示。

图 11.142

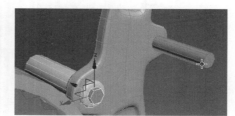
图 11.143

图 11.144

图 11.145

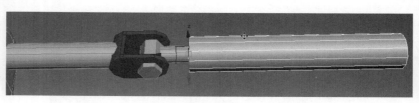
图 11.146

继续创建一个圆柱体和一个长方体，移动它们的位置，使之嵌入圆柱体内部，如图 11.147 所示。在创建面板下的复合面板中用布尔运算工具运算至图 11.148 所示形状。

单击 (镜像)按钮镜像复制浅红色物体，然后删除上半部分的模型，如图 11.149 所示。在该物体外侧创建并修改一个如图 11.150 所示形状的物体，然后选择图 11.151 所示的面，向内再向下倒角挤出。

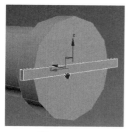
图 11.147

图 11.148

图 11.149

图 11.150

图 11.151

为了细分后模型不至于出现一些较大的变形效果，在顶部位置加线，如图 11.152 所示。选择浅红色物体，单击"附加"按钮，拾取刚复制好的物体，选择内侧对应的面并桥接出底部的连接结构的面，如图 11.153 所示。在桥接面的两侧分别加线约束，细分后的效果如图 11.154 所示。

step 09 在油箱后方位置创建一个倒角矩形(如图 11.155 所示)，修改调整形状至图 11.156 所示。

在修改器下拉列表中选择"倒角"修改器，设置参数如图 11.157 所示。倒角后的效果如图 11.158 所示。

图 11.152

图 11.153

图 11.154

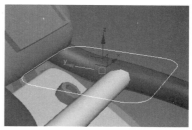
图 11.155

图 11.156

图 11.157

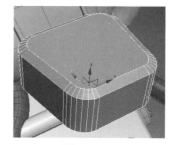
图 11.158

在顶部位置创建一个如图 11.159 所示的矩形，添加"挤出"修改器，将矩形挤出为三维模型，然后创建一个多边形物体，如图 11.160 所示。

制作钥匙。创建如图 11.161 所示的样条线，选择其中一条线段，右击，在弹出的快捷菜单中选择"转换为"｜"转换为可编辑样条线"命令，将矩形转换为可编辑的样条线。单击"附加"按钮，拾取另两条线段，按 3 键进入"样条线"级别，选择"并集"后拾取另外两条线段完成布尔运算，运算后的效果如图 11.162 所示。在修改器下拉列表中选择"挤出"修改器后移动到合适的位置，如图 11.163 所示。

再创建一个圆环物体，旋转调整角度至图11.164所示，然后整体旋转图11.165所示的物体并调整角度。

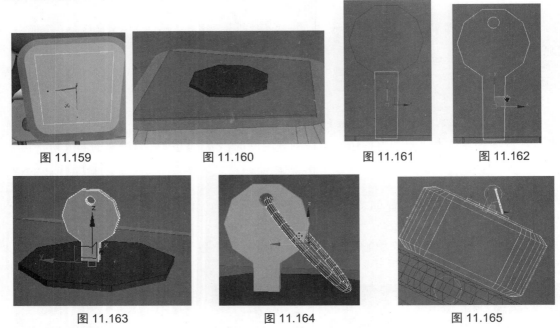

图 11.159　　　　图 11.160　　　　图 11.161　　　　图 11.162

图 11.163　　　　　　图 11.164　　　　　　图 11.165

 注意

在底部创建出支架模型，用一些简单的圆柱体代替，如图11.166所示。

step 10 在油箱前部位置创建如图11.167所示的物体，用超级布尔运算完成并集的布尔运算，效果如图11.168所示。在修改器下拉列表中选择"四边形网格化"修改器命令，调整参数中的"四边形大小%"为6，效果如图11.169所示。

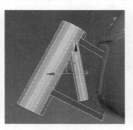

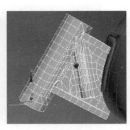

图 11.166　　　　图 11.167　　　　图 11.168　　　　图 11.169

 注意

"四边形网格化"命令可以快速将不规则的物体重新布线调整成四边面物体。"四边形大小%"值越小，网格越密集；值越大，网格越稀疏。通过"四边形网格化"命令布线的模型在特殊情况下没有人工布线调整的模型美观，但它更加快捷。

step 11 创建一条样条线，在"渲染"卷展栏中勾选"在渲染中启用"和"在视口中启用"，效果如图11.170所示。然后创建一条如图11.171所示的样条线。

添加"挤出"修改器，设置挤出的厚度值，移动到油箱前方底部位置，如图 11.172 所示。然后在摩托车支架杆上创建一个管状体，编辑调整至图 11.173 所示形状。

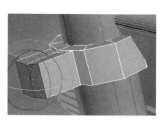

图 11.170　　　　　　　图 11.171　　　　　　　图 11.172　　　　　　　图 11.173

创建如图 11.174 所示的样条线，单击"圆角"按钮将直角点处理为圆角点，如图 11.175 和图 11.176 所示。在"渲染"卷展栏中勾选"在渲染中启用"和"在视口中启用"，设置边数和半径值后的效果如图 11.177 所示。

图 11.174　　　　　　　图 11.175　　　　　　　图 11.176　　　　　　　图 11.177

step 12　创建一个如图 11.178 所示的物体，加线细分后的效果如图 11.179 所示。

整体镜像复制刚创建的模型，如图 11.180 所示。创建出图 11.181 所示箭头中粉色长方体并简单调整形状，将箭头中样条线适当向上移动使之上下错开，如图 11.181 所示。

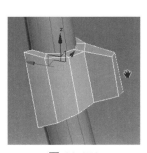
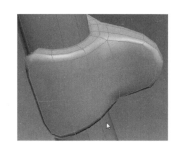

图 11.178　　　　　　　　　　图 11.179　　　　　　　　　　图 11.180

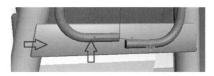

图 11.181

制作出图 11.182 所示的物体。该物体的创建方法为：先创建一个球体，然后在球体上创建一个长方体，用布尔运算工具运算出所需要的形状。再创建一条如图 11.183 所的样条线，添加"倒角"修改器，效果和参数如图 11.184 和图 11.185 所示。

用同样的方法创建一个如图 11.186 所示形状的物体，然后在该物体表面上创建并复制调整出一些不规则的长方体，如图 11.187 所示。

step 13 创建如图 11.188 所示的样条线，并集布尔运算后添加"挤出"修改器挤出厚度，如图 11.189 所示。

用同样的方法创建如图 11.190 所示的样条线，添加"挤出"修改器后的效果如图 11.191 所示。

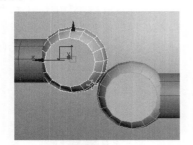

图 11.182

图 11.183

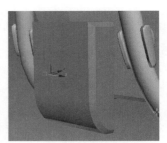

图 11.184

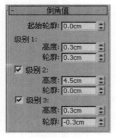

图 11.185

图 11.186

图 11.187

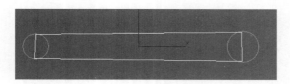

图 11.188

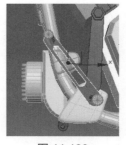

图 11.189

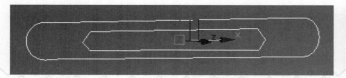

图 11.190

图 11.191

镜像复制刚制作的模型至另一侧，如图 11.192 所示。

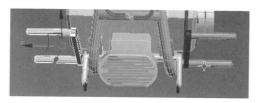

图 11.192

step 14　制作前叉。制作好的前叉效果如图 11.193 所示。首先创建一条如图 11.194 所示的样条线，在"渲染"卷展栏中勾选"在渲染中启用"和"在视口中启用"，调整边数和半径值，效果如图 11.195 所示。将模型塌陷为可编辑的多边形物体，然后针对该物体分别加线、倒角、调整出所需形状。

step 15　制作车灯。首先创建一个球体并将其转换为可编辑的多边形物体，删除球体一半的面，然后添加"壳"修改器并调整壳的厚度，再次将模型塌陷为可编辑的多边形物体并细致调整形状。制作好的效果如图 11.196 所示。在车灯下方位置创建一些连接杆模型，如图 11.197 所示。

图 11.193

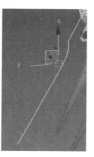

图 11.194

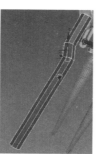

图 11.195

图 11.196

图 11.197

11.4　车把的制作

step 01　创建一条如图 11.198 所示的样条线，在"渲染"卷展栏中勾选"在渲染中启用"和"在视口中启用"，调整边数和半径值，效果如图 11.199 所示。

将其转换为可编辑的多边形物体，由于样条线在显示半径后两端的面布线不规则(如图 11.200 所示)，所以一定记得把两端的面删除后重新调整，调整后的端面效果如图 11.201 所示。

图 11.198

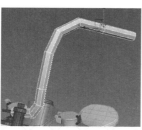

图 11.199

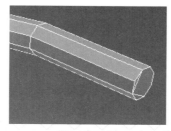

图 11.200

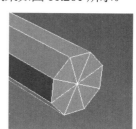

图 11.201

在图 11.202 所示的位置加线，选择环形线段并将线段向内挤出后再做切线处理，如图 11.203 所示。细分后的效果如图 11.204 所示。

选择把手位置的面并用"倒角"工具向外多次倒角挤出，如图 11.205 所示。修改后的细分效果如图 11.206 所示。

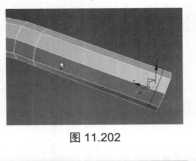

图 11.202

图 11.203

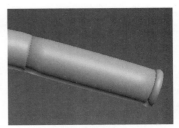

图 11.204

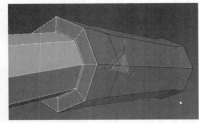

图 11.205

图 11.206

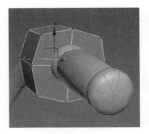

图 11.207

step 02 在把手位置创建一个圆柱体并将其转换为可编辑的多边形物体，编辑调整至图 11.207 所示形状。将一侧的面先向内再向外挤出(如图 11.208 所示)，右击模型，选择"剪切"工具，手动剪切调整布线至图 11.209 所示。

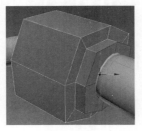

图 11.208

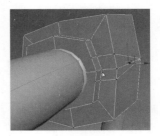

图 11.209

删除图 11.210 所示的面，然后将相邻的面挤出，如图 11.211 所示。将挤出部分内侧的面删除后，用"焊接"工具将对应的点焊接起来，如图 11.212 所示。

继续手动切线并调整布线至图 11.213 所示，然后在图 11.214 所示的位置加线调整。

选择图 11.215 所示的面，单击"倒角"按钮后方的▫图标，在弹出的"倒角"快捷参数面板中设置倒角参数，先向内再向外多次倒角挤出所需要的面，如图 11.216 和图 11.217 所示。

用同样的方法将图 11.218 所示的面倒角挤出，然后在模型中间环形位置加线，如图 11.219 所示。

将加线位置中的面向内倒角挤出，如图 11.220 所示。

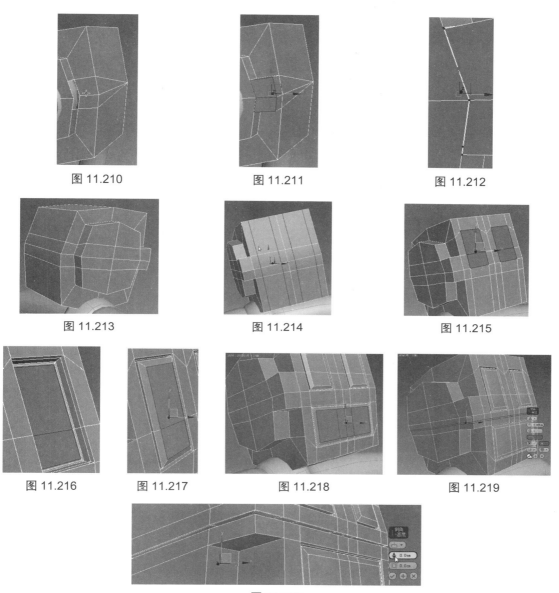

图 11.210　　　　　　　　　图 11.211　　　　　　　　　图 11.212

图 11.213　　　　　　　　　图 11.214　　　　　　　　　图 11.215

图 11.216　　　图 11.217　　　　图 11.218　　　　　图 11.219

图 11.220

　　分别在模型的边缘位置加线约束，如图 11.221 所示。创建几个大小不同的圆柱体，调整位置和大小至如图 11.222 所示。

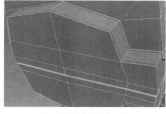

图 11.221

图 11.222

step 03 创建如图 11.223 所示的样条线。在修改器下拉列表中选择"挤出"修改器,将模型转换为可编辑的多边形物体,调整布线至图11.224所示。

提示

此处创建的样条线中间为什么加了那么多点呢?这是为了后期挤出模型后调整布线方便的需要。

将该模型向下再复制一个,单击"附加"按钮拾取模型,使其附加在一起,如图 11.225 所示。然后选择内侧对应的面,单击"桥"按钮生成对应的面,如图 11.226 所示。

分别加线调整至如图 11.227 所示。

step 04 创建如图 11.228 所示的样条线,添加"挤出"修改器后调整布线,如图 11.229 所示。选择部分面并挤出后再次调整形状至图 11.230 所示。

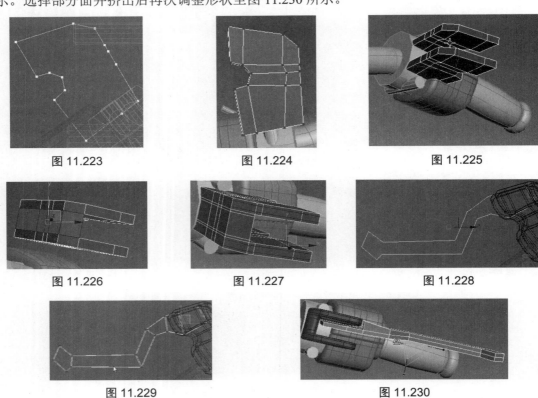

将该模型镜像复制后附加在一起,如图 11.231 所示,桥接出图 11.232 所示的面。

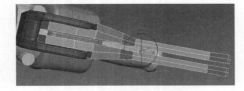

图 11.231

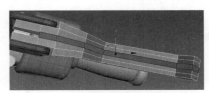

图 11.232

加线进一步细致调整形状至图 11.233 所示。

step 05 创建车闸部位的螺丝钉模型等，如图 11.234 所示。整体将把手模型镜像复制调整到另一侧，如图 11.235 所示。

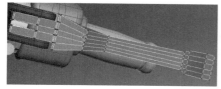

图 11.233　　　　　　　　图 11.234　　　　　　　　图 11.235

11.5　轮胎的制作

step 01 在前轮位置创建一个管状体，如图 11.236 所示。将管状体向内复制缩放，将内圈的点通过缩放工具缩放调整，如图 11.237 所示。

图 11.236　　　　　　　　　　　　　　　图 11.237

在轮胎模型中间位置加线向外缩放，如图 11.238 所示。将两侧的环形线段进行切角设置，如图 11.239 所示。

step 02 将复制的内侧物体换个颜色以便于区分，并将边缘的线段进行切角设置，如图 11.240 所示。用同样的方法向内再复制并调整大小，如图 11.241 所示。

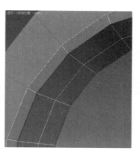
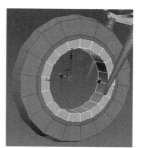

图 11.238　　　　　图 11.239　　　　　图 11.240　　　　　图 11.241

加线后向内侧移动调整位置，并将外边缘和内边缘线段进行切角设置，如图 11.242 所示。细分后的效果如图 11.243 所示。

step 03 在轮胎轴心位置创建一个圆柱体，如图 11.244 所示。然后创建一个细长的圆柱体作为链条模型，如图 11.245 所示。将该物体塌陷为可编辑的多边形物体，在顶端位置加线调整形状至图 11.246 所示。

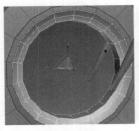
图 11.242

图 11.243

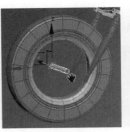
图 11.244

图 11.245

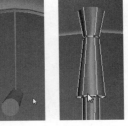
图 11.246

将该物体旋转复制，调整位置(注意上下端的位置均是错开的)，如图 11.247 所示。选择这两根链条模型，切换物体的轴心至中心圆柱体的轴心上，如图 11.248 所示。

图 11.247

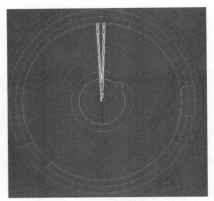
图 11.248

 注意

此处轴心的切换需要先拾取中心物体的轴心，然后切换坐标轴心。

旋转复制("实例"方式关联复制)，此处也可以使用阵列工具进行复制，复制后的效果如图 11.249 所示。

step 04 制作刹车盘。在图 11.250 所示的位置再创建一个圆柱体，然后在该物体表面创建一个如图 11.251 所示形状的物体，将该物体围绕中间轴旋转复制，同样以"实例"方式关联复制。根据复制后的整体效果再细致调整物体形状，调整后的效果如图 11.252 所示。

图 11.249

图 11.250

图 11.251

图 11.252

step 05 在刹车盘表面创建并复制调整出圆柱体，该圆柱体要比刹车盘厚，如图 11.253 所示。选择刹车盘模型，在创建面板下的复合面板中单击"ProBoolean(超级布尔运算)"按钮，单击"开始拾取"按钮，分别拾取蓝色物体和绿色圆柱体完成布尔运算，运算后的效果如图 11.254 所示。

此时如果细分就会出现图 11.255 中所示的乱面现象，所以在细分前要将模型处理为四边形。在修改器下拉列表中选择"四边形网格化"修改器，调整"四边形大小%"值，注意该值一定不能太小，如果太小的话，系统会将模型分为非常小的四边形，造成系统崩溃。图 11.256 所示为值为 0.2 时的效果，图 11.257 所示为 1.2 时的效果，所以该值越小，布线越密集，此处找一个合适的值即可。

 注意

在添加完"四边形网格化"修改器后，如果再想修改物体形状就比较复杂了，因为模型布线非常密集，调整起来非常麻烦，所以先删除该命令，手动在图 11.258 所示的位置加线，用缩放工具向外缩放调整，使外侧尽可能地调整为一个圆形，如图 11.259 所示。为了使模型更加精细，可以继续加线调整，如图 11.260 所示。

图 11.253

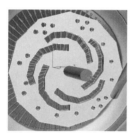
图 11.254

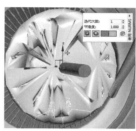
图 11.255

图 11.256

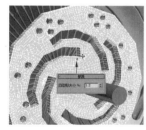
图 11.257

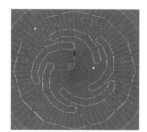
图 11.258

图 11.259

图 11.260

修改好形状后再执行"四边形网格化"修改器命令。模型细分后的效果如图 11.261 所示。

step 06 用多边形建模方法制作刹车盘结构，如图 11.262 所示。该结构主要由一些简单的几何体修改而成，看似复杂，其实比较简单，方法基本上相似。

step 07 创建出车把上的减震装置(类似于弹簧模型)，如图 11.263 所示，该结构在制作时可以创建出弹簧线，然后在"渲染"卷展栏中勾选"在渲染中启用"和"在视口中启用"，设置边数和半径值即可，最后将样条线转换为可编辑的多边形物体。

 注意

这里并不是简单的缩放加宽，而是要进入"多边形"子级别通过移动点的方法进行加宽，如图 11.264 所示。

step 08 将前轮胎模型复制到后轮位置，调整后轮胎宽度。后轮胎内部结构和前轮胎基本上一致，如图 11.265 所示。

图 11.261

图 11.262

图 11.263

图 11.264

在左视图中创建一个星形线，如图 11.266 所示。右击星形线，在弹出的快捷菜单中选择"转换为"｜"转换为可编辑样条线"命令，将矩形转换为可编辑的样条线。进入"点"级别，长按■按钮，选择■(圆形)选择工具，选择内侧所有的点，单击"切角"按钮将内侧的点切角处理，如图 11.267 所示。用同样的方法选择外侧所有点做切角处理，如图 11.268 所示。

图 11.265

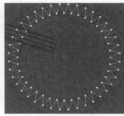
图 11.266

图 11.267

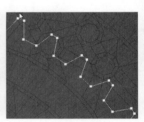
图 11.268

切角后的样条线整体效果如图 11.269 所示。然后创建一个圆和齿轮线对齐调整，如图 11.270 所示。

在修改器下拉列表中选择"倒角"修改器将模型挤出调整，效果如图 11.271 所示。然后在齿轮内部创建一个圆柱体并将其转换为可编辑的多边形物体，修改形状至图 11.272 所示。

图 11.269

图 11.270

图 11.271

图 11.272

将边沿线段切线处理后细分，效果如图 11.273 所示。在该物体上创建并复制出一些圆柱体，如图 11.274 所示。在创建面板下的复合面板中单击"ProBoolean(超级布尔运算)"按钮，单击"开始拾取"按钮，依次拾取创建的小圆柱体完成布尔运算，运算后的效果如图 11.275 所示。

step 09 创建出连接支架和齿轮的支架结构，如图 11.276 和图 11.277 所示，最后创建出一些多边形物体来模拟螺丝帽，如图 11.278 所示。

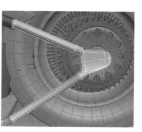

图 11.273　　　　　图 11.274　　　　　图 11.275　　　　　图 11.276

step 10 制作挡泥板。可以利用面片物体的编辑进行制作，也可以先创建一个圆环物体并将其转换为可编辑的多边形物体，删除多余的面，然后逐步调整剩余的面的结构，直至达到理想效果。制作好的效果如图 11.279 所示。最后制作后尾灯和支架模型，如图 11.280 和图 11.281 所示。

图 11.277　　　　图 11.278　　　　　图 11.279　　　　　图 11.280　　　　图 11.281

step 11 创建如图 11.282 所示的样条线，利用样条线之间的布尔运算得到如图 11.283 所示的结构。单击"轮廓"按钮，将样条线向外挤出轮廓，在修改器下拉列表中选择"挤出"修改器，制作皮带轮模型，如图 11.284 所示。

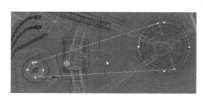
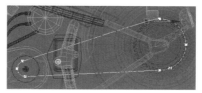

图 11.282　　　　　　　　　　　　　　　　图 11.283

将前轮的刹车盘模型复制调整到后轮右侧位置，如图 11.285 所示。

图 11.284　　　　　　　　　　　　　图 11.285

11.6 排气筒的制作

排气筒有两种制作方法，第一种是利用圆柱体进行多边形编辑，第二种是用样条线直接调节。此处选用样条线进行制作。

step 01 在图 11.286 所示的位置创建一条样条线。

图 11.286

在"渲染"卷展栏中勾选"在渲染中启用"和"在视口中启用"，调整边数和半径值的大小，效果如图 11.287 所示。

 注意

样条线点的方式以及插值的多少将直接影响物体线段的疏密。

图 11.287

step 02 将该样条线转换为可编辑的多边形物体，删除两端的面，加线选择尾部的面并倒角处理，效果如图 11.288 所示。选择尾部边界线并向内挤出面来模拟模型的厚度，如图 11.289 所示。

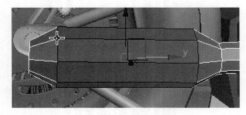

图 11.288

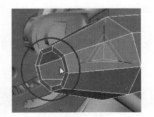

图 11.289

step 03 将图 11.290 所示的线段做切角处理，然后选择图 11.291 所示的面，按住 Shift 键轻轻移动，在弹出的克隆部分网格面板中选择"克隆到对象"，将复制出的面换一种颜色显示。

选择克隆出的面模型，利用"倒角"工具挤出面并调整，最后分别在边缘加线约束，细分后的效果如图 11.292 所示。

step 04 用同样的方法在图 11.293 所示的位置创建样条线并调整至图 11.293 所示。

图 11.290

图 11.291

图 11.292

图 11.293

将该样条线转换为可编辑的多边形物体，参考上述排气筒制作调整方法来调整，调整好的效果如图 11.294 所示。为了增加排气筒细节，可以在中间位置加线、切线、选择面并向内倒角挤出，如图 11.295 所示。

图 11.294

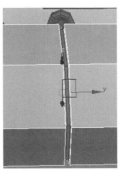

图 11.295

step 05 其他小物件的制作。利用样条线的调节方法创建出图 11.296 所示的一些线结构。最后制作出座椅底部的支撑结构，如图 11.297 所示。该结构也是由一些几何体、螺旋线等拼接而成的，并不复杂，效果如图 11.298 所示。

至此，模型部分全部制作完毕，整体效果如图 11.299 所示。

图 11.296

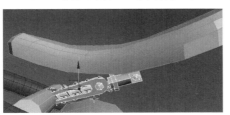

图 11.297

图 11.298

图 11.299

11.7　材质渲染设置

首先把模型合并到 4.3 节删除模型后保存的渲染场景中，如图 11.300 所示。

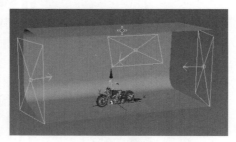

图 11.300

本实例中用到的材质并不多，接下来介绍这些材质的设定。

step 01 制作黑色橡胶材质。首先调整"漫反射颜色"为图 11.301 所示，"反射"颜色近似于黑色，红、绿、蓝值设置在 15 左右。设置"高光光泽"为 0.65、"反射光泽"为 0.99(适当有一点反射模糊)，勾选"菲涅耳反射"，参数面板如图 11.302 所示。

图 11.301

此处已经把这些材质指定给了不同的物体，单击 (按材质选择)按钮，在弹出的选择面板中直接单击"确定"按钮即可把当前指定该材质的所有物体快速选择，指定给该材质的物体如图 11.303 所示。

step 02 制作不锈钢金属材质。其参数面板如图 11.304 和图 11.305 所示，取消勾选"菲涅耳反射"，反射值不要设置太高(调整灰色即可)。赋予金属材质的物体如图 11.306 所示。

step 03 制作红色金属材质。红色金属材质和上面的金属材质参数基本相同，如图 11.307 所示。设置"漫反射"和"反射"颜色，参数如图 11.308 和图 11.309 所示。在

图 11.302

"双向反射分布函数卷展栏中调整"各向异性"值为 0.2，如图 11.310 所示。

图 11.303

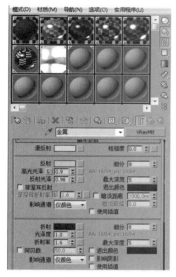

图 11.304

图 11.305

图 11.306

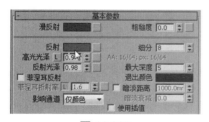

图 11.307

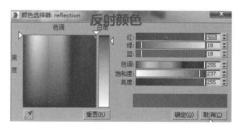

图 11.308

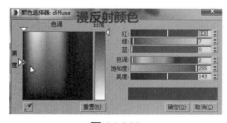

图 11.309

图 11.310

单击 (按材质选择)按钮，快速选择赋予该材质的物体，如图 11.311 所示。

图 11.311

 提示

为什么有些赋予灰色金属的物体也被选中了呢？这是因为有些物体是"多维/子对象"材质，它包含了这两个材质。

step 04 设置"多维/子对象"材质。直接将 2 上材质球拖放到材质 1 上关联复制，将 3 号红色金属材质球拖放到材质 2 上关联复制，如图 11.312 所示。设置"多维/子对象"材质是出于同一个物体需要表现不同材质的需求，前提是要设置好不同面的材质 ID。

step 05 设置暗色金属材质。和金属材质参数类似，调整"漫反射"和"反射"颜色更加深一些，将"各向异性"值降低为 0.1，如图 11.313 和图 11.314 所示。

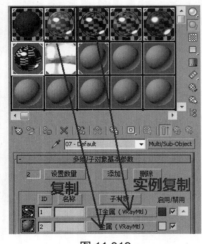

图 11.312

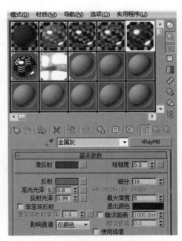

图 11.313

step 06 再次设置"多维/子对象"材质。该"多维/子材质"和前面的"多维/子对象"材质有点不同，将红色金属拖放到 1 号材质上关联复制，将金属材质拖放到 2 号材质上，只是 2 号材质多赋予了一个棋盘格贴图，如图 11.315 所示，模型显示效果如图 11.316 所示。

单击 2 号材质，在"漫反射"通道上单击棋盘格贴图，根据显示效果调整瓷砖数量，直至满意为止，参数如图 11.317 所示。

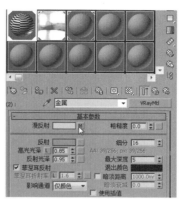

图 11.314

图 11.315

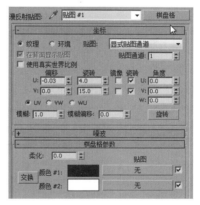

图 11.316

图 11.317

 注意

　　模型要显示正确的效果，首先添加"UVW 贴图"修改器，贴图类型选择"平面"方式，旋转调整平面角度，此时棋盘格会扭曲变形，如图 11.318 所示。所以需要再添加"UVW 展开"修改器，将物体的 UV 贴图调整至图 11.319 所示。调整 UV 时，可以配合■(垂直对齐到轴)和■(水平对齐到轴)工具快速调整。

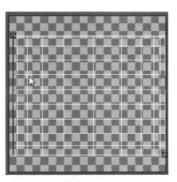

图 11.318

图 11.319

注意

"瓷砖"的 U、V 参数初始值均为 1，效果如图 11.320 所示。当瓷砖的 U、V 参数分别为 4 和 15 时，效果如图 11.321 所示。还有一点需要注意，棋盘格的反射值不要设置太高，如果取消勾选"菲涅耳反射"，渲染效果会出现如图 11.322 所示的情况，棋盘格显示不清，这是由于反射值过高引起的。勾选"菲涅耳反射"，同时将反射值降低，再次渲染的效果如图 11.323 所示，效果得到明显改善。

图 11.320

图 11.321

图 11.322

图 11.323

step 07 渲染参数设置。开启"启用全局照明"，"首次引擎"选择"发光图"，"二次引擎"选择"灯光缓存"，"发光图"参数中的预设在测试渲染时选择"低"，"灯光缓存"参数保持默认。

提示

灯光缓存下的参数在测试渲染时可以将细分适当降低到 600～800，不过由于现在计算机配置都比较高，在细分值1000的情况下渲染时间也不会延长太多，所以保持默认参数即可。

在 V-Ray 面板下的"图像采样器(抗锯齿)"卷展栏中的"类型"选择"自适应细分"，在"环境"卷展栏中勾选"反射/折射环境"，在"贴图"通道中赋予一张 HDR 贴图，然后将该贴图拖放到一个材质球上关联复制，然后在坐标卷展栏中选择"环境"，贴图类型选择"球形环境"，如图 11.324 所示。

为什么这里要用到反射/折射环境贴图呢？如果没有反射/折射贴图的设置，图 11.325 所示的部分区域在渲染时会出现比较黑的情况。当前的场景中摄像机的位置以图 11.326 所示右侧 5 条线的位置为背景色，背景色是由环境面板中的背景颜色决定的，如图 11.327 所示。默认背景色为黑色，场景中反射和折射不到的地方就会默认以黑色背景色为"反射/折射环境"，所以就会出现一些问题。

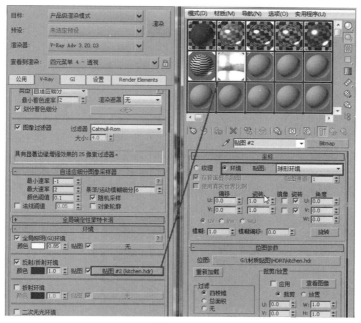

图 11.324

图 11.325

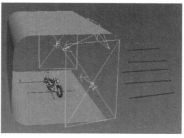

图 11.326

图 11.327

当使用一张如图 11.328 所示的 HDR 贴图作为反射/折射环境后，场景中会以当前贴图为环境进行计算。

图 11.328

还有一点需要特别说明，如果在测试渲染中发现红色金属存在没有被渲染出来的情况，如图 11.329 所示。这是因为材质中的反射颜色没有被设置，如图 11.330 所示。

图 11.329

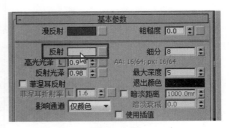

图 11.330

把反射颜色更改为红色之后的渲染效果如图 11.331 所示。

如果觉得不锈钢金属太亮的话，可以暂时勾选"菲涅耳反射"，渲染效果如图 11.332 所示，不过有些地方看起来有点像陶瓷效果。

图 11.331

图 11.332

如果想让效果介于两者之间的话，可以取消勾选"菲涅耳反射"，然后在"反射"通道中赋予衰减贴图，在衰减贴图中的"混合曲线"卷展栏中调整曲线来控制反射程度，如图 11.333 所示。

最终渲染时，选择摩托车模型，旋转调整到一个合适的角度，如图 11.334 所示。将渲染尺寸设置为 2000×1500，在"图像采样器(抗锯齿)"卷展栏中的"类型"选择"自适应"，在"灯光缓存"卷展栏中的采样大小值降低为 0.01，在"发光图"卷展栏中"预设"值选择"中"，最终渲染效果如图 11.335 所示。

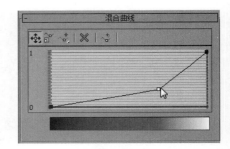

图 11.333

图 11.334

图 11.335

本 章 小 结

　　本章中的模型在制作时没有用到参考图，比例大小完全靠个人感觉，所以有时个人感觉是非常重要的一个因素，当然这种比例感是要通过大量练习才能达到的。模型的制作技术基本上和多边形下的命令有关，一些看似非常复杂的模型其实就是由这些细细碎碎的几何体拼接而成的，就像堆积木一样，从小到大、从简单到复杂。当把这些简单的物体堆积在一起变成不简单的东西后，你会发现是多么地有意思，多么地有成就感！

　　模型的制作并不是一时半会儿就能完全掌握的，需要多练习、多动手。坚持努力，相信不久后的某一天，你就会成为建模高手！

第12章

SUV 汽车的制作与渲染

SUV 的英文全称是 Sport Utility Vehicle，是指运动型多用途车。SUV 的特点是动力强、越野性能好、宽敞舒适，具有良好的载物和载客功能。也有人说，SUV 是豪华轿车的舒适精细加上越野车的本性。SUV 是轿车与越野车的混血后裔。

SUV 乘坐空间表现比较出色，无论在前排还是后排，都能舒展地坐在车里。前排座椅的包裹性与支撑性十分到位。此外车内的储物格也比较多，日常使用方便。

SUV 按尺寸可以分为小型 SUV、紧凑型 SUV、中大型 SUV 和全尺寸 SUV。

小型 SUV：长度≤4000mm，代表车型有长城 M1、长城 M4、瑞风 S3、比亚迪元等。紧凑型 SUV：4000mm≤长度≤4600mm，代表车型有别克昂科拉 GX、长安 CS55、雪佛兰创界、哈弗 H6、北京现代 ix35、大众途观、本田 CR-V、奇瑞瑞虎、海马 S7 等。中大型 SUV：4600mm≤长度≤5000mm，代表车型有奥迪 Q7、宝马 X5、长城哈弗 H8、路虎发现、路虎揽胜运动版等。全尺寸 SUV：长度≥5000mm，代表车型有红杉、凯迪拉克凯雷德、宝马 X7、英菲尼迪 QX80 等。

SUV 凭借良好的通过性、大空间、时尚外观等优势迅速占据了国内市场，销量不断攀升，越来越受老百姓的青睐。

本章就来学习制作一辆奔驰 SUV 模型。

 设计思路

本实例中的奔驰 SUV 主要以外观表现为主，外观分为模型以及材质的表现(汽车车漆和别的材质不同，细节比较多)。奔驰汽车以豪华舒适著称，所以它的大空间也是本实例的一个特点。内饰部分的制作则一笔带过，不再详细讲解。

效果剖析

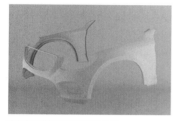 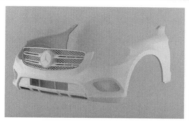 

奔驰 SUV 制作流程图

技术要点

本章的技术要求如下。

- 参考图的设置；
- 多边形建模常用命令；
- 需要注意的一些建模技巧；
- 面片物体表现厚度的方法；
- 曲面物体棱角的表现方法；
- 车漆材质的制作方法；
- 渲染设置。

制作步骤

　　本实例中的 SUV 汽车模型更加复杂，要注意的细节更多，在制作时先从翼子板开始制作，然后是前保险杠、车盖、车身、车门、尾部、车顶、底板、轮胎，最后是车灯、后视镜物体。

12.1　翼子板的制作

　　翼子板紧邻前保险杠和前轮，制作方法如下。

step 01 ▶ 首先准备 4 张参考图分别为顶视图、左视图、前视图和后视图，如图 12.1 所示。

图 12.1

　　在视图中创建一个面片，设置长、宽分别为 2400cm、3200cm。此处设置的面片尺寸大小和参考图的图片大小比例相同。单击 ↗ 按钮，单击资源管理器按钮打开资源管理器，在资源管理器中找到参考图所在文件夹，直接拖动图片到面片物体上，这样就直接把图片贴图赋予了面片物体并显示出来，如图 12.2 所示。

　　分别将顶视图、前视图、左视图和透视图中的显示方法设置为明暗处理，如图 12.3 所示。按 G 键取消网格显示，设置好后的效果如图 12.4 所示。

图 12.2

图 12.3

step 02 ▶ 在顶视图中创建一个长方体模型并将其转换为可编辑的多边形物体，根据参考图中汽车的大小调整长方体的长宽；切换到左视图，根据长方体的宽度先来调整参考图的大小，使汽车长度和长方体长度完全一致，调整长方体的高度，使其和汽车高度一致；切换到前视图，此时可以发现，长方体盒子大小和参考图片大小不一致，选择参考图面片物体，用缩放工具缩放面片物体的大小，使参考图片和长方体大小完全对位。调整好后的效果如图 12.5 所示。

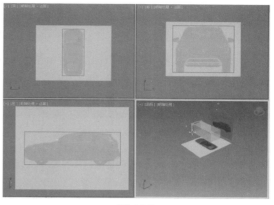

图 12.4　　　　　　　　　　　　　图 12.5

　　删除长方体模型，选择 3 个参考图面片物体，右击，选择"对象属性"，在弹出的对象属性面板中取消勾选"以灰色显示冻结对象"，单击"确定"按钮，然后右击，选择"冻结当前选择"将选择的面片物体冻结起来。

　　step 03　在左视图中创建一个面片物体，将该面片物体长度分段和宽度分段均设置为 1，右击，在弹出的快捷菜单中选择"转换为"│"转换为可编辑多边形"命令，将模型转换为可编辑的多边形物体。按 Alt+X 快捷键透明化显示，选择顶部边并按住 Shift 键挤出面调整，调整过程如图 12.6 和图 12.7 所示。

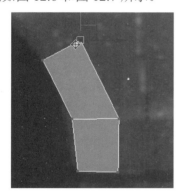

图 12.6　　　　　　　　　　　　　图 12.7

　　step 04　选择图 12.8 所示的边向上挤出面，注意此时从左视图中观察这些面和参考图中的位置是对位的，但实际上挤出的面是一个平面，大家都知道汽车表面都是带有弧线形的，它在各个轴向上的位置都是变化的，所以在顶视图中要将挤出的面向内移动调整。如果观察不直观的话，可以在透视图中观察调整，如图 12.9 所示。

　　继续挤出面并调整，如图 12.10 所示。调整形状至图 12.11 所示。

　　在面的挤出调整过程中可以选择线段一次性挤出面，如图 12.12 所示。然后在中间部位加线调整，如图 12.13 所示。

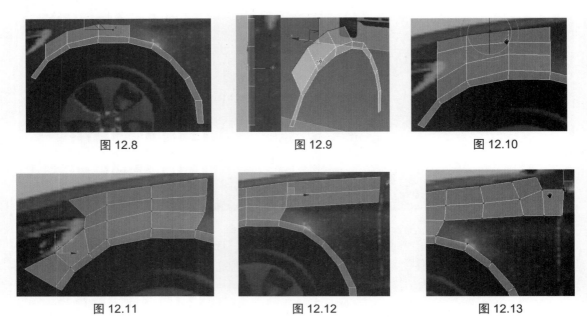

图 12.8　　　　　　　　　图 12.9　　　　　　　　　图 12.10

图 12.11　　　　　　　　　图 12.12　　　　　　　　　图 12.13

　　将图 12.14 所示的线段挤出面并调整，注意顶视图中要将面向内侧移动，如图 12.15 所示。该部位是与支柱衔接的部分，要注意轴向的变化。

step 05　选择线段并挤出轮毂外侧的形状，如图 12.16 所示。然后挤出翼子板底部右侧的面，如图 12.17 所示。在挤出面的调整过程中，可以用"目标焊接"工具将多余的点焊接起来。

step 06　右击模型，选择"剪切"工具手动剪切调整布线至图 12.18 所示。然后将多余的线段移除，如图 12.19 所示。

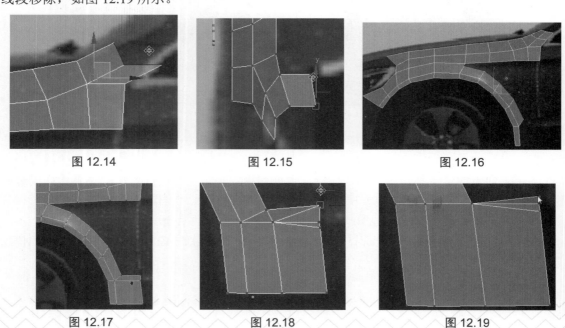

图 12.14　　　　　　　　　图 12.15　　　　　　　　　图 12.16

图 12.17　　　　　　　　　图 12.18　　　　　　　　　图 12.19

用同样的方法将图 12.20 所示的面向下挤出来，配合"目标焊接"工具将点焊接调整后再次加线调整至图 12.21 所示，以突出模型该位置的棱角效果。

为了使棱角效果更加明显，在透视图中将中间的线段向外移动调整位置，如图 12.22 所示。同样选择边并挤出，配和"目标焊接"工具将点焊接起来，如图 12.23 所示。

step 07 继续挤出面并调整，如图 12.24 所示。将两侧的点焊接起来，此时会发现下方的线段比挤出面的线段多了一条，此时的焊接效果肯定定有镂空的，如图 12.25 所示。要想完全焊接，需要对挤出面的部分加线。

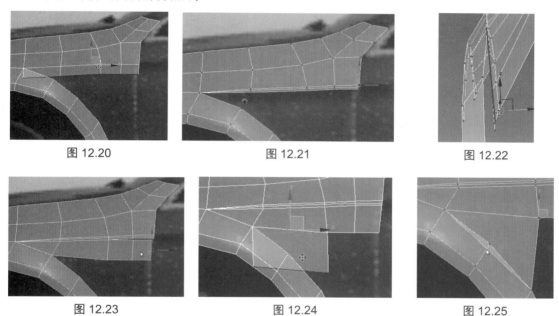

图 12.20   图 12.21   图 12.22

图 12.23   图 12.24   图 12.25

在图 12.26 所示的位置加线，然后将加线位置下方的点和下方对应的点焊接起来，如图 12.27 所示。

用同样的方法将剩余的面挤出，再将点焊接起来，在调整时不能只调整左视图中点的位置，还要根据整体形状分别在其他视图中调整好位置并随时在透视图中观察效果，如图 12.28 和图 12.29 所示。

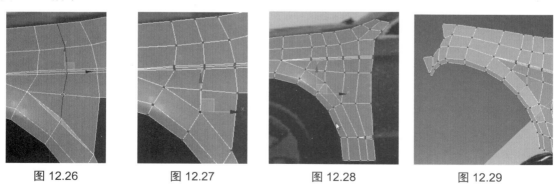

图 12.26   图 12.27   图 12.28   图 12.29

step 08 按 Alt+X 快捷键取消透明化显示，按 Ctrl+Q 快捷键细分该模型，效果如图 12.30

所示。再次按 Ctrl+Q 快捷键取消细分，选择底部的线段继续挤出面，如图 12.31 所示。

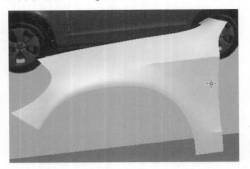
图 12.30

图 12.31

在图 12.32 所示的位置分别手动加线调整，同时调整 X 轴向上的位置，如图 12.33 所示。选择图 12.34 所示的线段进行切角设置，细分后的效果如图 12.35 所示。

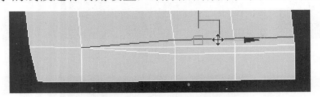
图 12.32

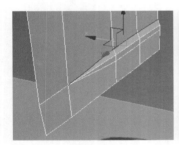
图 12.33

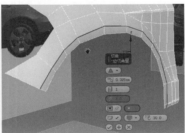
图 12.34

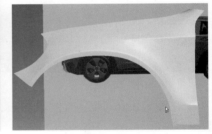
图 12.35

 选择边界线，按住 Shift 键移动挤出边缘的厚度面，如图 12.36 所示。然后整体向内适当缩放调整，如图 12.37 所示。

注意

用这种方法挤出物体厚度后直接细分的话，边缘和拐角位置会比较圆滑，如图 12.38 所示。所以在挤出厚度后，需要在边缘位置和拐角位置分别进行加线、切角设置，如图 12.39 ～图 12.42 所示。

再次细分后的效果如图 12.43 所示，现在边缘棱角得到了明显改善。

step 10 在翼子板内侧位置再创建一个面片物体，如图 12.44 所示。选择边并挤出调整至图 12.45 所示形状。选择边界线并向内挤出厚度，再分别在边缘位置做加线处理，如图 12.46 所示。最后用"附加"工具将两个物体附加在一起。

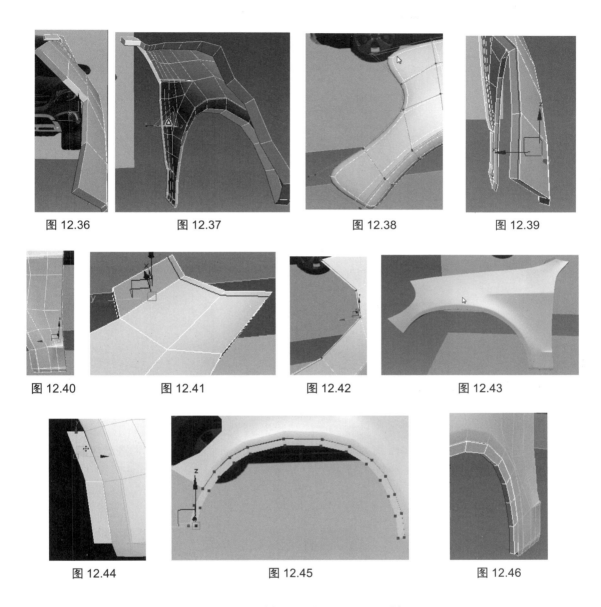

图 12.36　　　　　图 12.37　　　　　　　图 12.38　　　　　　图 12.39

图 12.40　　　　　图 12.41　　　　　　　图 12.42　　　　　　图 12.43

图 12.44　　　　　　　图 12.45　　　　　　　　　图 12.46

12.2　前保险杠的制作

保险杠的制作要复杂一些，因为它涉及圆角的过渡变化，也是制作的一个难点。

step 01　创建一个面片物体并将其转换为可编辑的多边形物体，如图 12.47 所示。结合前面介绍的方法选择边并挤出面至图 12.48 所示。

注意

此时挤出的面都是在一个平面上的(如图 12.49 所示)，所以一定要在其他视图中调整好衔接的位置或者在透视图中直接调整。

step 02　选择环形线段并整体向上挤出面，将其中一个角的点焊接起来，如图 12.50 所

示。然后选择图 12.51 所示的线段挤出面并调整，调整形状后依次挤出，效果如图 12.52 所示。

在前视图中调整挤出面的形状至图 12.53 所示，然后选择下方边缘的线段并向下挤出面，如图 12.54 所示。

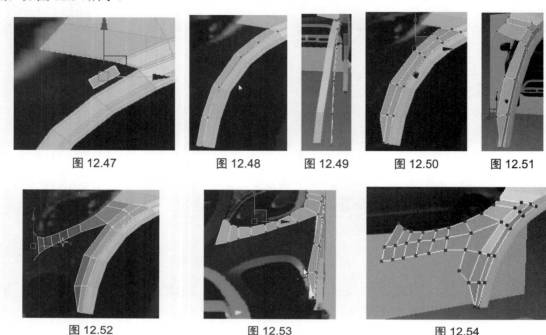

图 12.47　　　　图 12.48　　　　图 12.49　　　　图 12.50　　　　图 12.51

图 12.52　　　　　　图 12.53　　　　　　图 12.54

继续挤出面并调整，左视图和前视图中的形状如图 12.55 和图 12.56 所示。

step 03　将左侧底部边挤出面并调整，如图 12.57 所示。在前视图中挤出保险杠下边缘的面，如图 12.58 所示。

在挤出的面上加线调整后向上挤出面并调整，如图 12.59 所示。然后选择右侧的线段挤出面并调整，如图 12.60 所示。

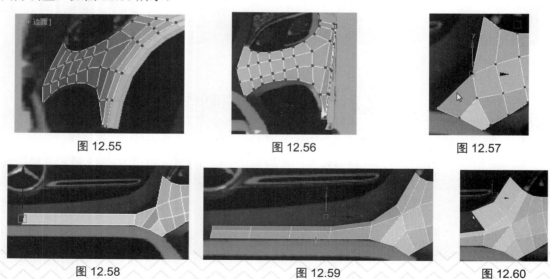

图 12.55　　　　　　图 12.56　　　　　　图 12.57

图 12.58　　　　　　图 12.59　　　　　　图 12.60

step 04 用同样的方法挤出面，使用"目标焊接"工具将相邻的点焊接起来，如图 12.61 所示。选择最右侧下边缘的线段挤出面并调整，如图 12.62 所示。

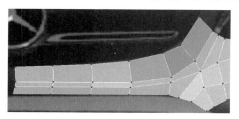

图 12.61

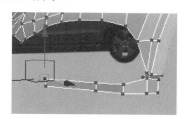

图 12.62

继续挤出面并调整出雾灯的灯口形状，然后加线将上下对应的面桥接起来，如图 12.63 所示。此处这样调整的目的是先制作出雾灯灯口的封闭面结构，便于选择边界线向内缩放挤出面，如图 12.64 所示。

图 12.63

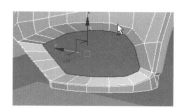

图 12.64

选择边界线分两次向内挤出厚度，如图 12.65 和图 12.66 所示。此处这样操作的目的是表现棱角效果，当然也可以一次挤出面，再在拐角位置加线。

选择图 12.67 所示的环形线段，右击环形线段，在弹出的菜单中单击"连接"后方的◼图标，调整加线的位置至图 12.68 所示。

图 12.65

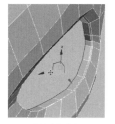

图 12.66

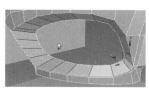

图 12.67

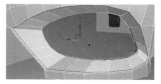

图 12.68

step 05 为了使部分位置棱角更加明显，将图 12.69 所示的部分线段进行切角设置，再使用"目标焊接"工具或者"焊接"工具将图 12.70 所示圆圈内多余的点进行焊接。

图 12.69

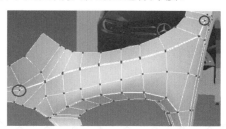

图 12.70

挤出厚度，调整出底部的面，如图 12.71 所示。然后选择边界线向内挤出厚度后缩放调整大小，并在边缘位置加线约束，如图 12.72 所示。

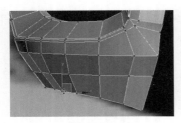

图 12.71

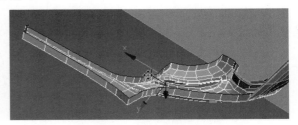

图 12.72

 提示

加线调整的原则就是哪里需要表现棱角效果就将哪里的线段调整密集一些(通过切线、加线、手动剪切线段的方法)。

在制作过程中可以随时按 Ctrl+Q 快捷键细分观察效果，如图 12.73 所示。制作完成后在修改器下拉列表中选择"对称"修改器，调整对称轴心后的效果如图 12.74 所示。为了观察细分后的效果可以再添加"网格平滑"修改器。用同样的方法对翼子板模型做对称修改。

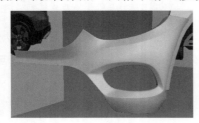

图 12.73

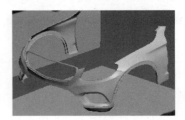

图 12.74

12.3 前下护板的制作

step 01 前下护板的位置如图 12.75 所示。创建一个长方体模型并将其转换为可编辑的多边形物体，删除左右以及背部的面，加线调整形状至图 12.76 所示。

图 12.75

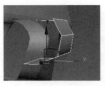

图 12.76

step 02 选择右侧的所有边，按住 Shift 键移动挤出面并调整位置和形状，如图 12.77 所示。

 注意

注意此时在透视图中观察时会发现与保险杠的接缝位置有很大的空隙，如图 12.78 所示。所以在前视图中挤出调整面的同时一定要在透视图或者其他视图中观察并调整好与其他部位的接缝位置。

图 12.77　　　　　　　　　　　　　　　　　　图 12.78

step 03 继续向下挤出下边缘的面，如图 12.79 所示。然后将图 12.80 所示的线段做切角处理。

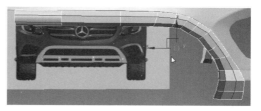

图 12.79　　　　　　　　　　　　　　　　　　图 12.80

step 04 选择部分面，按住 Shift 键向下移动复制，如图 12.81 所示。由于切线的原因，复制的面有些地方布线也较密，这样调整起来就比较麻烦，可以先精简移除切角位置的线段，然后用同样的方法挤出面并调整出所需要的形状，如图 12.82 所示。

图 12.81　　　　　　　　　　　　　　　　　　图 12.82

选择边继续挤出面并调整出图 12.83 所示的结构。

图 12.83

根据形状的需要，加线后将图 12.84 所示的面向后移动，然后挤出底部面的厚度。分别选择上下对应的面，单击"桥"按钮生成中间的面，如图 12.85 所示。

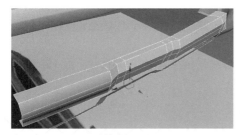

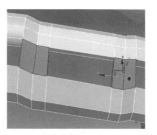

图 12.84　　　　　　　　　　　　　　　　　　图 12.85

step 05 整体形状调整好后，在需要表现棱角的地方分别做加线处理(边缘部分、拐角位置等)，如图 12.86 和图 12.87 所示。

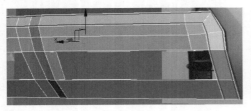

图 12.86

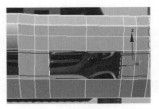

图 12.87

细分后的效果如图 12.88 所示。

step 06 制作车灯灯罩模型，效果如图 12.89 所示。创建一个面片物体，然后将其转换为可编辑的多边形物体，用石墨建模工具|"自由形式"|"绘制变形"下的"偏移"笔刷快速调整出所需要的形状，如图 12.90 所示。

然后选择外边缘的边界线，按住 Shift 键挤出边缘形状，如图 12.91 所示。最后镜像复制出另一半即可。整体效果如图 12.92 所示。

图 12.88

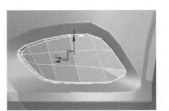

图 12.89

图 12.90

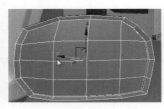

图 12.91

图 12.92

12.4　中网部分的制作

中网位置的制作稍微复杂一些，因为它的形状不规则，调整时要需考虑布线的美观。

step 01 创建一个圆柱体，删除背部所有的面，如图 12.93 所示。然后选择部分面并挤出面后进行调整，如图 12.94 所示。

step 02 删除挤出部分面的背部中的面，选择点调整形状至图 12.95 所示。按 2 键进入"边"级别，分别挤出面并调整至图 12.96 所示形状。

 提示

虽然此处一笔带过，但是在实际调整过程中要花费一些功夫和时间。它不只是在一个平面内的形状调整，同时还要考虑其他轴向的位置移动等，所以在调整时应配合坐标轴的切换等进行调节。

step 03 选择洞口位置的边界线向内挤出面，如图 12.97 所示。

注意

挤出面后要在边缘位置加线并调整布线。如图 12.98 所示上下圆圈内分别为调整布线和没有调整布线的对比。

step 04 在图 12.99 所示的位置加线，然后右击模型，在弹出的快捷菜单中选择"剪切"工具调整布线，如图 12.100 所示。

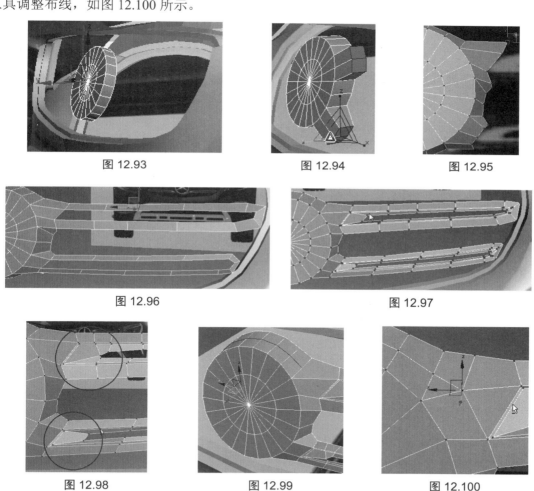

图 12.93　　　　　　　　　图 12.94　　　　　　　　　图 12.95

图 12.96　　　　　　　　　　　　　　图 12.97

图 12.98　　　　　　　　图 12.99　　　　　　　　图 12.100

选择洞口位置的边界线沿着背部方向挤出厚度，如图 12.101 所示。外侧边缘线段也向背部挤出厚度并调整，如图 12.102 所示。

step 05 选择图 12.103 所示的面并删除，然后选择该位置的边界线，分别向背部挤出厚度，细分后的效果如图 12.104 所示。

由于拐角位置没有切角，所以细分后圆角过大，此时将拐角位置的线段做切线处理，如图 12.105 所示。同时将图 12.106 所示的线段也做切角处理。

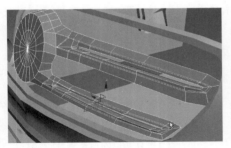

图 12.101

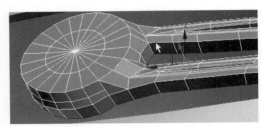

图 12.102

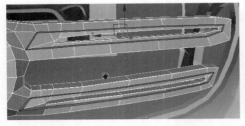

图 12.103

图 12.104

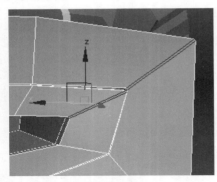

图 12.105

图 12.106

step 06 在中网的位置创建长方体并复制出中间的栅格模型，如图 12.107 所示。删除中心半圆部分一半的面，如图 12.108 所示。

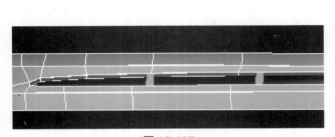

图 12.107

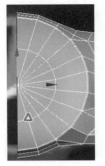

图 12.108

用附加工具将创建的长方体附加起来，然后在修改器下拉列表中选择"对称"修改器对称出另一半模型，整体效果如图 12.109 所示。

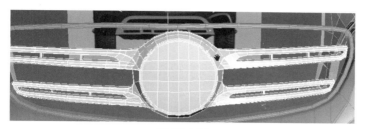

图 12.109

step 07 制作车标。在中网的中间位置创建一个圆环物体，如图 12.110 所示。此时先暂时不要旋转角度。然后在创建面板下的扩展基本体下单击"异面体"按钮，创建一个如图 12.111 所示的异面体。

将刚创建的异面体转换为可编辑的多边形物体后，删除底部的面，调整结构和位置如图 12.112 所示。切换到旋转工具，按 A 键打开角度捕捉，每隔 60° 旋转复制，复制后的效果如图 12.113 所示。

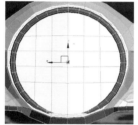
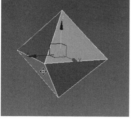
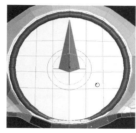

图 12.110　　　　　图 12.111　　　　　图 12.112　　　　　图 12.113

将旋转复制的物体附加起来，中心位置有些面重叠了，所以先调整中心位置重叠在一起的点，然后用"焊接"工具将点焊接起来，如图 12.114 所示。圆环和中间的物体旋转角度使其贴附在背部的表面上，如图 12.115 所示。

step 08 制作网状结构。网状结构大致如图 12.116 所示。

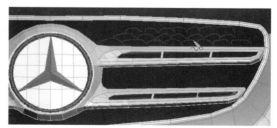

图 12.114　　　　　图 12.115　　　　　　　图 12.116

先创建一个管状体模型并删除底部不需要的面，如图 12.117 所示。然后依次向右复制，先复制出一排的结构，再选择整排的模型向上复制出其他部位结构，在复制的时候要注意调整它们的交叉位置，如图 12.118 所示。

选择"组"|"组"命令将复制的网状物体设置为一个组，然后添加"FFD3×3×3 修改器，进入"点"级别，通过调整控制点来调整整体的形状变化，如图 12.119 所示。

调整好一个部分的形状后，复制调整出剩余的网状结构，如图 12.120 所示。用同样的方法将灯罩表面的网状结构也调整出来，如图 12.121 所示。

step 09 制作保险杠下沿的栅格物体，如图 12.122 所示。这些结构的制作都比较简单，这里不再赘述。

图 12.117

图 12.118

图 12.119

图 12.120

图 12.121

图 12.122

同样创建出内部如图 12.123 所示的物体，该物体结构也比较简单，移动开观察的效果如图 12.124 所示。

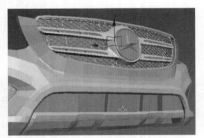

图 12.123

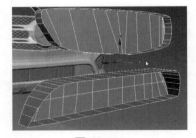

图 12.124

12.5　前引擎盖的制作

引擎盖也是基于面片物体制作调整的。

step 01 在顶视图中一侧的位置创建一个面片物体，如图 12.125 所示。按 Alt+X 快捷键透明化显示该物体，调整形状至图 12.126 所示。

挤出右边的面并向下适当移动调整形状，如图 12.127 所示。在调整时要注意图 12.128 所示方框中的区域与其他部件之间的衔接问题。

step 02 根据细节表现需要加线调整至图 12.129 所示，然后在图 12.130 所示的位置加线或者做切线处理。

图 12.125

图 12.126

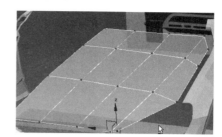

图 12.127

图 12.128

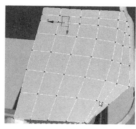

图 12.129

图 12.130

step 03　继续在图 12.131 所示的位置加线并向下移动形成一个向下的凹痕，细分后的效果如图 12.132 所示。用同样的方法将图 12.133 所示的线段做切角处理，再将中间的线段稍微向下移动形成一个凹槽。

使用"目标焊接"工具将图 12.134 所示切线位置的两端的点焊接起来，这样操作的目的是表现棱角的过渡效果，中间部分棱角较明显，然后过渡到圆圈位置棱角效果消失。细分后的效果如图 12.135 所示。

step 04　选择边界线并向下挤出边缘的厚度，如图 12.136 所示。

图 12.131

图 12.132

图 12.133

图 12.134

图 12.135

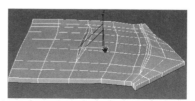

图 12.136

✎ 提示

　　该模型后期要通过对称的方法对称出另一半，所以对称中心位置的面一定要删除，也就是把刚挤出的厚度面的部分删除，如图 12.137 所示，这样在后期添加"对称"修改器时就不会出现问题。

　　在厚度边缘位置加线约束，如图 12.138 所示。

图 12.137

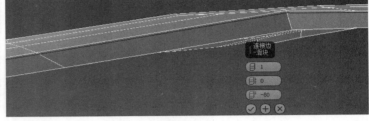

图 12.138

　　用同样的方法在其他位置边缘做加线处理，细分后的效果如图 12.139 所示。最后添加"对称"修改器对称出另一半模型，效果如图 12.140 所示。

图 12.139

图 12.140

12.6　顶部支架及后翼子板的制作

　　step 01　制作的模型部分如图 12.141 所示。创建一个面片物体并将其转换为可编辑的多边形物体，调整位置和形状至图 12.142 所示。

　　将后视图参考图替换掉前视图中的参考图，同时将参考图移动到汽车的头部前方位置，如图 12.143 和图 12.144 所示。

图 12.141

图 12.142

图 12.143

图 12.144

提示

因为制作后翼子板模型需要用到后视图参考图，所以要提前替换前视图参考图，同时要切换一下前后视图，如图 12.145 所示。之前的参考图位置势必会遮挡模型，所以解决的办法就是将参考图面片物体移动一下位置。

图 12.145

step 02　选择右侧的边，按住 Shift 键移动挤出面调整，过程如图 12.146 和图 12.147 所示。在制作该部分模型时可以将其他模型全部隐藏，用同样的方法挤出图 12.148 所示的面。

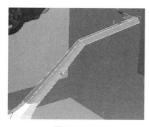
图 12.146

图 12.147

图 12.148

step 03　继续在左视图中向右挤出面，同时在前视图中也要注意观察调整位置，如图 12.149 和图 12.150 所示。

加线调整形状至图 12.151 所示。挤出调整底部左侧的面，如图 12.152 所示。

物体形状的调整不能只在一个视图中完成，一定要同时调整其他视图中的位置形状。选择底部的边向下挤出面并调整，如图 12.153 和图 12.154 所示。

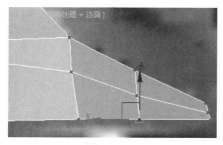
图 12.149

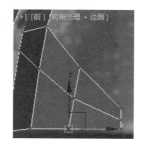
图 12.150

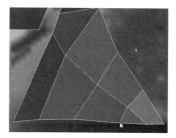
图 12.151

图 12.152

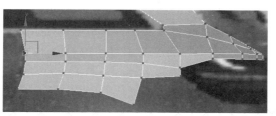
图 12.153

图 12.154

step 04 根据模型布线需要，右击模型，在弹出的快捷菜单中选择"剪切"工具手动剪切加线，如图 12.155 所示。然后挤出面并调整至图 12.156 所示形状。

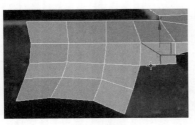

图 12.155

图 12.156

同样向下挤出面后将需要表现棱角的线段做切角处理，如图 12.157 所示。然后选择边界线向内挤出厚度，如图 12.158 所示。

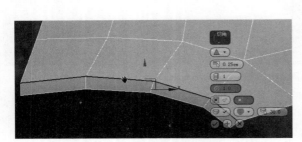

图 12.157

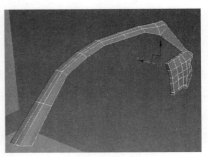

图 12.158

接下来，分别在边缘位置加线约束。创建出轮胎位置一圈的面，如图 12.159 所示。

图 12.159

12.7　车门的制作

接下来制作车门部位的模型。

step 01 创建一个面片并将其转换为可编辑的多边形物体，如图 12.160 所示。参考翼子板的棱角表现效果分别在该面片上加线并调整形状至图 12.161 所示。

step 02 选择右侧的边，按住 Shift 键移动挤出右侧的面，如图 12.162 所示。加线，使布线更加均匀，同时为制作门拉手模型做基础，如图 12.163 所示。

step 03 选择门把手位置的面并用"倒角"工具向内倒角挤出面，如图 12.164 所示。调整形状至图 12.165 所示。

图 12.160

图 12.161

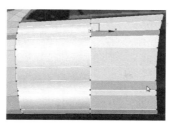
图 12.162

图 12.163

图 12.164

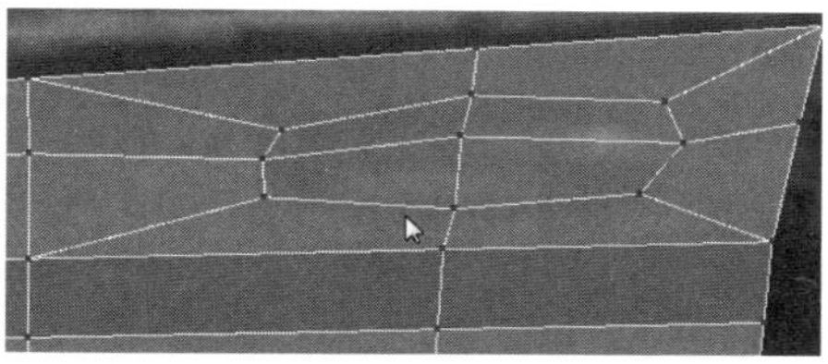

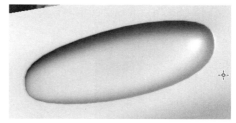
图 12.165

同样用倒角的方法向内挤出面，如图 12.166 所示。细分后的效果如图 12.167 所示。

 注意

在倒角挤出时可以先挤出小距离的面，然后挤出面并调整，这样做可以节省后期在边缘位置加线的调整时间。

图 12.166

图 12.167

step 04　创建一个长方体模型并将其转换为可编辑的多边形物体。单击"附加"工具拾取车门模型将两者附加在一起，如图 12.168 所示。编辑调整把手位置的模型，如图 12.169 所示。

在边缘棱角的位置加线，如图 12.170 所示。添加"对称"修改器对称出另一半模型，如图 12.171 所示。

将该物体塌陷后加线调整形状。在车门把手位置加线，如图 12.172 所示。同时对图 12.173 所示车门上标注的 3 条线段位置进行切线设置。效果如图 12.174 所示。

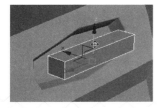
图 12.168

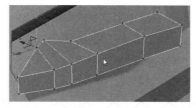
图 12.169

图 12.170

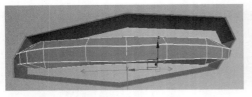
图 12.171

图 12.172

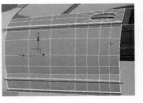
图 12.173

用同样的方法分别在上下左右边缘位置加线，然后用"目标焊接"工具将图 12.175 中所示线框中的点焊接调整，这样在细分后棱角会有一个过渡平滑的效果。

step 05 制作后车门。复制一个前车门到后车门位置，删除不需要的面，如图 12.176 所示。创建出轮胎外侧的面，如图 12.177 所示。

挤出面并调整至如图 12.178 所示。使用"目标焊接"工具对车门模型进行焊接调整，如图 12.179 所示。

图 12.174

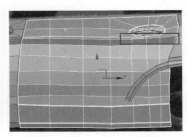
图 12.175

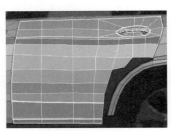
图 12.176

图 12.177

图 12.178

图 12.179

将图 12.180 所示的线段进行切线设置，用同样的方法将左侧位置的点分别焊接起来并简单调整布线，如图 12.181 所示。

 提示

在调整表面平滑度时可以使用石墨建模工具下的"自由形式"|"绘制变形"|"松弛柔化"笔刷，在物体表面进行雕刻柔化处理，使表面过渡更加自然。

接下来整体调整表面棱角以及平滑度，如图 12.182 所示标注的 2 条线的走向以及棱角的控制。

调整好后的细分效果如图 12.183 所示。

step 06 制作踏板模型。创建一个面片，如图 12.184 所示。

中间添加一条线段并适当向外侧移动距离，如图 12.185 所示。

图 12.180

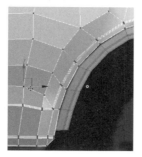

图 12.181

图 12.182

图 12.183

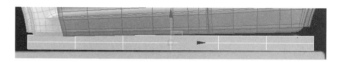

图 12.184

图 12.185

将该线段做切线处理，选择图 12.186 所示的面并用"挤出"工具向外挤出面，如图 12.187 所示。然后用"目标焊接"工具将两侧的点焊接并调整，如图 12.188 所示。

分别做加线处理，如图 12.189 和图 12.190 所示。

图 12.186

图 12.187

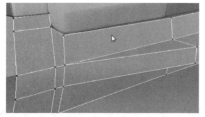

图 12.188

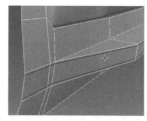

图 12.189

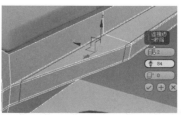

图 12.190

选择边界线挤出厚度边缘，然后在边缘位置加线约束，细分后的效果如图 12.191 所示。在踏板上方表面创建长方体并加线调整至图 12.192 所示的条状结构。

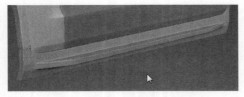
图 12.191

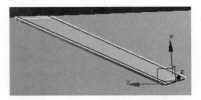
图 12.192

将该模型向右复制，并和踏板物体附加在一起，如图 12.193 所示，此时整体效果如图 12.194 所示。

图 12.193

图 12.194

12.8 车顶的制作

step 01 创建一个面片，然后挤出面调整边缘的形状至图 12.195 所示。

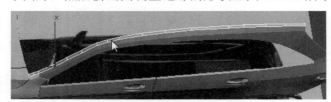
图 12.195

step 02 在上方位置再创建一个长方体模型并将其转换为可编辑的多边形物体，加线调整至图 12.196 所示形状。选择两端顶部的点并向下移动，然后在横向上中间部位加线，选择外侧线段向内侧适当移动并调整，效果如图 12.197 所示。

图 12.196

图 12.197

将横向方向中间的线段进行切角设置，如图 12.198 所示。同时在边缘位置加线，如图 12.199

所示。

图 12.198　　　　　　　　　　　图 12.199

　　将下方面片物体边界线向下挤出厚度，再在边缘位置加线，如图 12.200 所示。将其与顶部物体附加在一起后对称出另一半，如图 12.201 所示。

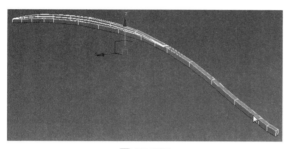

图 12.200　　　　　　　　　　　图 12.201

　　step 03 在顶视图中创建一个面片，删除一半的面，如图 12.202 所示。对保留的一半模型分别加线调整，使其顶部和边缘弧度保持一致，如图 12.203 所示。

　　车顶可以分成多个部分，如图 12.204 所示。中间红色线框的部分可以作为全景天窗，所以先把图 11.205 所示的线段做切线处理。

　　选择切角位置的面并将其删除，这样就把当前的面分成了 4 个部分。按 3 键进入"边界"级别，选择所有边界线，然后按 2 键进入"边"级别，按住 Alt 键减选对称中心位置的线段，再按住 Shift 键向下移动挤出厚度，如图 12.206 所示。挤出厚度后分别在顶部边缘、前后以及侧面边缘位置加线约束。

　　step 04 在车顶尾部位置创建并复制如图 12.307 所示的长方体物体。然后将制作好的车顶所有模型对称复制，效果如图 12.208 所示。

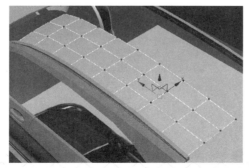

图 12.202　　　　　　　　图 12.203　　　　　　　　图 12.204

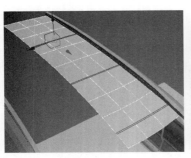

图 12.205

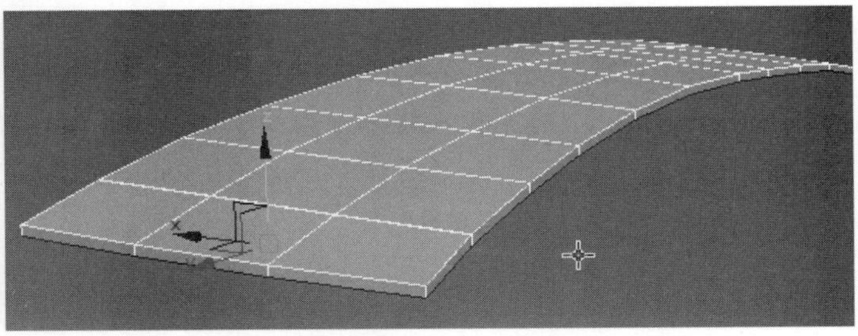

图 12.206

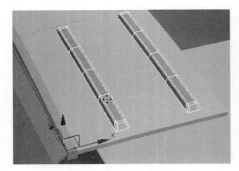

图 12.207

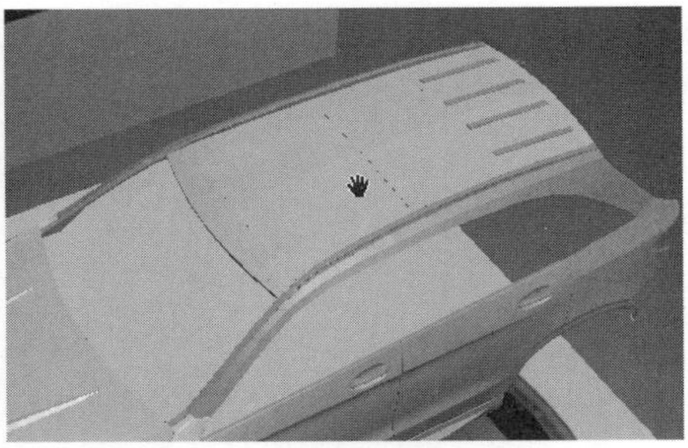

图 12.208

12.9 后保险杠的制作

后保险杠部位的制作也是基于一个简单的平面物体延伸而来的。

step 01 创建一个面片物体并将其转换为可编辑的多边形物体，如图 12.209 所示。选择其中的一个边，按住 Shift 键移动挤出面并调整，调整过程如图 12.210 和图 12.211 所示。

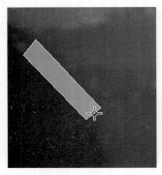

图 12.209

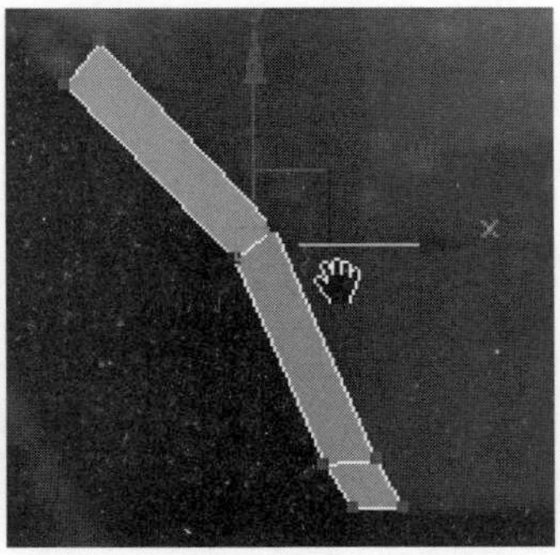

图 12.210

图 12.211

 注意

在调整图 12.211 所示的线段位置时，需要参考其他视图中的位置并移动到相对应的位置上，如图 12.212 所示。继续挤出面并调整至图 12.213 所示形状，然后将图 12.214 所示标注的一条线段调整至水平位置。这样调整是出于表现汽车尾部棱角的需要。

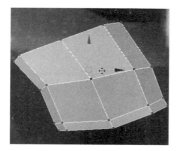
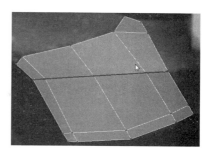

图 12.212　　　　　　　　　图 12.213　　　　　　　　　图 12.214

step 02 在前视图中选择右侧的边线并向右挤出面，如图 12.215 所示，然后分别加线调整至图 12.216 所示。

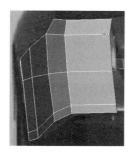
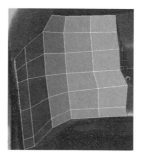

图 12.215　　　　　　　　　　　　　　　　图 12.216

用同样的方法挤出底部的面，如图 12.217 所示。右击模型，在弹出的快捷菜单中选择"剪切"工具手动剪切调整布线，如图 12.218 所示。

图 12.217　　　　　　　　　　　　　　　图 12.218

step 03 调整线段位置，使其该凸出的地方凸出、该凹陷的地方凹陷，如图 12.219 所示。调整好基本形状后，选择边界线向内侧挤出面并缩小调整，如图 12.220 所示，然后分别在边缘位置加线，如图 12.221 所示。

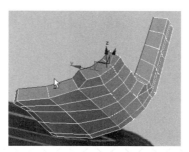
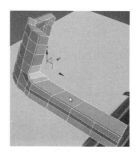

图 12.219　　　　　　　　　图 12.220　　　　　　　　　图 12.221

删除图 12.222 所示右侧对称中心位置的面，将图 12.223 所示的线段做切角处理。细分后的效果如图 12.224 所示。

此时边缘部分以及拐角位置圆角过大，所以分别在边缘和拐角位置加线约束处理，如图 12.225 所示。再次细分后的效果如图 12.226 所示。

step 04 利用将面片转换为可编辑的多边形物体后进行调整的方法制作出底部部分，如图 12.227 所示。

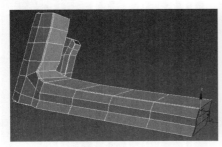
图 12.222

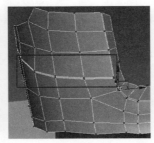
图 12.223

图 12.224

图 12.225

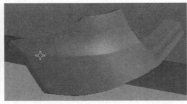
图 12.226

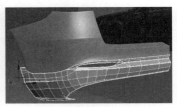
图 12.227

底部模型的制作可以通过先制作出图 12.228 所示的部分，然后选择顶部的边并向上挤出面，再挤出图 12.229 所示的面，再进行焊接调整，最后挤出厚度并调整。

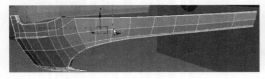
图 12.228

图 12.229

调整好后的整体效果如图 12.230 所示。

图 12.230

12.10　后车门的制作

接下来制作后车门模型。

step 01 同样创建一个面片物体并将其转换为可编辑的多边形物体，选择边，然后挤出面并调整，如图 12.231 和图 12.232 所示。

调整时要随时加线，尽可能使模型布线均匀，如图 12.233 所示。选择边界线挤出厚度调整形状，如图 12.234 所示。

再次选择边界线向内挤出厚度，如图 12.235 所示。用"目标焊接"工具将多余的点、线焊接调整，然后将需要表现棱角部位的线段分别做切线处理，效果如图 12.236 所示。

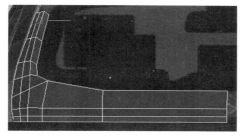

图 12.231　　　　　　　图 12.232　　　　　　　　图 12.233

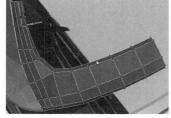
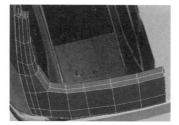
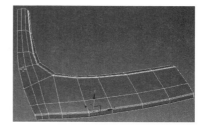

图 12.234　　　　　　　图 12.235　　　　　　　　图 12.236

step 02 创建一个面片物体，将其转换为可编辑的多边形物体后进行形状调整，如图 12.237 和图 12.238 所示。

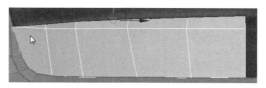

图 12.237　　　　　　　　　　　图 12.238

分别选择顶部的边，然后向上挤出面并调整至图 12.239 所示形状，右击模型，在弹出的快捷菜单中选择"剪切"工具手动加线调整，如图 12.240 所示。

继续挤出面并进行调整，如图 12.241 和图 12.242 所示。

step 03 将图 12.243 所示方框中的线段做切角处理，最后对称出另一半模型，细分后的效果如图 12.244 所示。

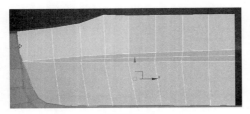

图 12.239

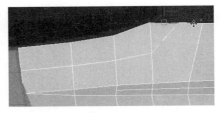

图 12.240

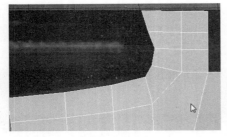

图 12.241

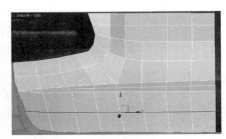

图 12.242

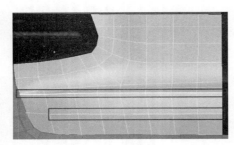

图 12.243

图 12.244

step 04 制作下护板。创建一个长方体并将其转换为可编辑的多边形物体，删除前后面，选择开口的边界线并缩放处理，如图 12.245 所示。给模型加线并调整形状至图 12.246 所示。

图 12.245

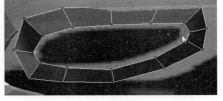

图 12.246

调整时要注意在透视图中同步作出调整，效果如图 12.247 所示。在调整时为了方便可以切换到"屏幕"坐标。选择边界线分别向内再向后挤出面并调整，如图 12.248 所示。

step 05 配合加线、手动切线调整出图 12.249 所示形状，然后选择右侧的边向右挤出面并调整，如图 12.250 所示。

继续向右挤出面并调整，在调整时要留出图 12.251 所示的开口位置，最后将开口位置的面制作出来，效果如图 12.252 所示。

图 12.247

图 12.248

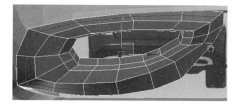

图 12.249

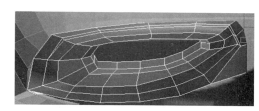

图 12.250

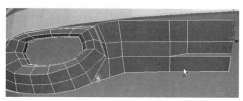

图 12.251

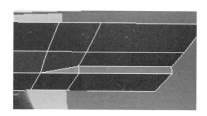

图 12.252

step 06 进一步调整形状，向内挤出面并调整至图 12.253 所示形状。然后将图 12.254 所示标注的 3 条线段位置的线段做切线处理，目的是使该区域的棱角表现更加明显。

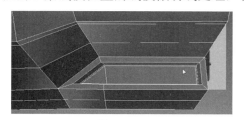

图 12.253

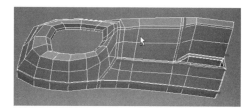

图 12.254

同样将图 12.255 和图 12.256 所示的线段做切角处理。

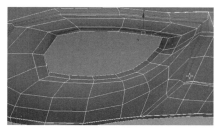

图 12.255

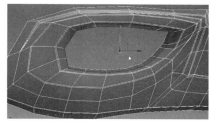

图 12.256

选择边界线并向内挤出厚度，细分后的效果如图 12.257 所示。

step 07 制作后玻璃顶部的尾翼模型，效果如图 12.258 所示。最后对称出另一半模型，整体效果如图 12.259 所示。

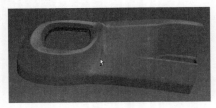

图 12.257

图 12.258

图 12.259

12.11 车窗及支柱的制作

在制作车窗之前首先制作出边缘支柱，可以用片面的方式制作，也可以直接创建出带有厚度的长方体盒子物体，删除右侧的面，选择边界线配合 Shift 键挤出面调整。

step 01 在左视图中根据图片位置调整好顶部边缘的形状，如图 12.260 所示。在透视图中调整 X 轴向上点的位置，使其与顶部支架贴合，如图 12.261 所示。

图 12.260

图 12.261

依次使用同样的方法将顶部边缘模型全部调整出来，如图 12.262 所示。

step 02 再用同样的方法调整出底部边缘位置模型，效果如图 12.263 所示。

图 12.262

图 12.263

在 B 柱的位置(汽车 B 柱一般位于第一个车门和第二个车门中间的位置)创建一个长方体模型并编辑复制调整至图 12.264 所示形状。加线细分后向右复制调整出 C 柱的支柱结构，如图 12.265 所示。

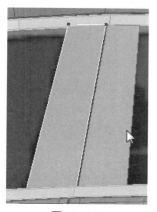

图 12.264

图 12.265

step 03 制作出密封条的模型，制作方法类似，效果如图 12.266 所示。

step 04 创建一个面片物体并移动调整到 A 柱和 B 柱之间，如图 12.267 所示。加线后用"松弛"笔刷雕刻使其表面更加松弛平滑，如图 12.268 所示。用同样的方法制作车窗玻璃的面，效果如图 12.269 所示。

图 12.266

图 12.267

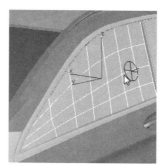

图 12.268

图 12.269

step 05 在前挡风玻璃位置创建一个面片并将其转换为可编辑的多边形物体，加线调整出一半的形状，如图 12.270 所示，然后对称复制出另一半玻璃模型，效果如图 12.271 所示。

图 12.270

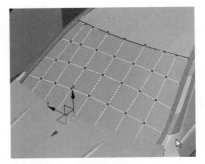
图 12.271

 提示

　　汽车挡风玻璃一般会有一圈较暗的花纹阴影区，这里最好将边缘的暗影区模型直接制作出来以便于后期的材质设定，它的大致形状如图 12.272 所示。该区域的模型制作可以直接由制作好的挡风玻璃复制调整得到，由于原有的玻璃物体的面数较少，所以先细分后将其塌陷，再选择图 12.272 所示的部分面，按住 Shift 键移动复制，在弹出的对话框中选择克隆的对象，物体复制出来后，再细致调整出形状。这样操作既能得到所要的形状，同时又能和原有的玻璃的面贴附在一起。制作好后的效果如图 12.273 所示。

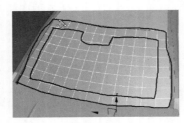
图 12.272

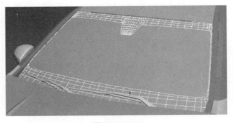
图 12.273

step 06 用同样的方法制作后挡风玻璃，如图 12.274 所示。对称出另一半，细分后塌陷为可编辑的多边形物体，再用同样的方法复制调整出图 12.275 所示的一圈模型。

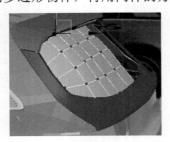
图 12.274

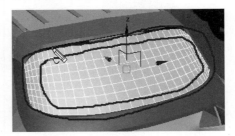
图 12.275

12.12　后视镜的制作

　　后视镜的制作是基于长方体盒子物体修改完成的，制作步骤如下。

step 01 创建一个长方体盒子物体并将其转换为可编辑的多边形物体，在创建时注意分段数，先大致调整出整体的形状(如图 12.276 所示)，然后加线进一步调整细节，如图 12.277 所示。

step 02 在图 12.278 所示的红色线段位置切线，然后选择切线位置的面并将其删除。右击模型，在弹出的快捷菜单中选择"剪切"工具手动加线并调整形状，然后选择图 12.279 所示的面，单击"分离"按钮将选择的面分离出来。

step 03 为了便于区分，将分离出的面换一种颜色显示。然后将图 12.280 所示的线段做切角处理。选择镜面底部部位的面，用"挤出"工具将面挤出并调整，如图 12.281 所示。再次挤出并调整，如图 12.282 所示。

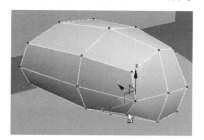

图 12.276

图 12.277

图 12.278

图 12.279

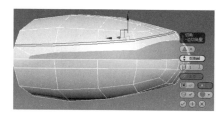

图 12.280

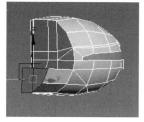

图 12.281

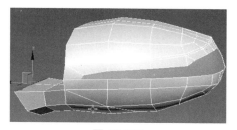

图 12.282

step 04 单独创建一个三角形的盒子物体作为后视镜的支撑面结构，如图 12.283 所示。

step 05 右击模型，在弹出的快捷菜单中选择"剪切"工具，在后视镜底部位置手动切线(见图 12.284)。选择图 12.285 所示的线段进行切角设置。

选择如图 12.286～图 11.288 所示的面并将其删除，删除后，后视镜被分为多个部分，按 5 键进入"元素"级别可以快速单独选择每一个部分，如图 12.289 所示。将后视镜分为不同的部分，便于后期的操作设定和材质设置。

step 06 将镜面的面删除，如图 12.290 所示。选择开口边界线，按住 Shift 键先向内再向后挤出面并调整，如图 12.291 所示。选择图 12.292 所示的面，按 Alt+I 快捷键将未选择的面隐藏起来，然后选择图 12.293 所示边界线，按住 Shift 键向内缩放挤出面后，在边缘的位置做

加线处理，效果如图 12.294 所示。用同样的方法将后视镜中绿色的面也做同样的处理，如图 12.295 所示。

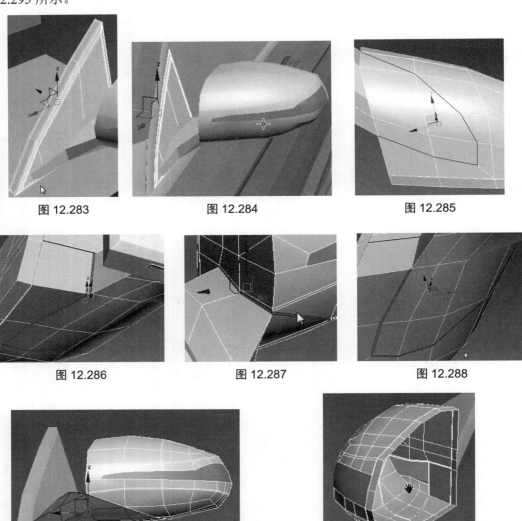

图 12.283　　　　　　　图 12.284　　　　　　　图 12.285

图 12.286　　　　　　　图 12.287　　　　　　　图 12.288

图 12.289　　　　　　　　　　图 12.290

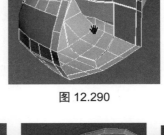

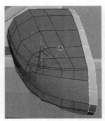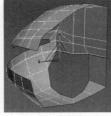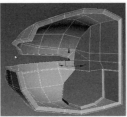

图 12.291　　　　图 12.292　　　　图 12.293　　　　图 12.294　　　　图 12.295

 step 07 再创建一个面片作为后视镜的镜片物体，并镜像复制出另一侧的后视镜模型。

12.13　底盘的制作

step 01 在前轮的位置创建一个圆柱体，如图 12.296 所示。删除正前方的面，如图 12.297 所示。

step 02 由于创建的圆柱体的法线方向向外，所以先要把法线翻转一下。选择所有的面，单击"翻转"按钮。选择左右对应的点，按 Ctrl+Shift+E 快捷键快速加线处理后，删除底部不需要的面，如图 12.298 所示。调整好后将该模型复制一个，调整后轮的位置时并附加在一起，如图 12.299 所示。

step 03 用"桥"命令先桥接出对应的面，然后选择边，沿 X 轴方向挤出面并调整至图 12.300 所示。同样分别挤出底盘前方位置和后方位置的面并调整形状至图 12.301 和图 12.302 所示。

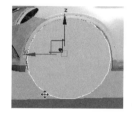

图 12.296

图 12.297

图 12.298

图 12.299

图 12.300

图 12.301

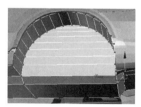

图 12.302

step 04 调整好形状后，在修改器下拉列表中选择"对称"修改器对称出另一半模型，然后将模型塌陷为可编辑的多边形物体，如图 12.303 所示。通过调整图 12.304 所示红色线框中的点的位置来调整模型的形状。

step 05 在底盘前方位置创建并复制出如图 12.305 所示的长方体物体，在制作出尾部的排气管形状，如图 12.306 所示。

图 12.303

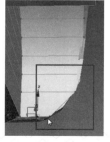

图 12.304

图 12.305

图 12.306

12.14 轮胎的制作

轮胎的制作相对较复杂一些，可以先分成几个部分，因为其他部位形状都相同，所以只需单独制作其中的一个部分即可。如图 12.307 所示，将轮毂分为 5 个部分，在制作时只需要制作部分 1 即可。

step 01 制作轮毂。在轮毂位置创建一个边数为 40 的管状体，如图 12.308 所示。

step 02 将该管状体转换为可编辑的多边形物体，删除多余的部分至保留图 12.309 所示的面，从左视图中观察它是一个面，但实际上它是有厚度的。在厚度上加线，然后选择面，向下挤出面并调整至图 12.310 所示。

继续加线向下适当移动，使其有一个弧形的过渡效果，如图 12.311 所示。

step 03 选择图 12.312 所示的面，使用"倒角"工具向下倒角挤出，如图 12.313 所示。调整好形状后，在挤出的面上分别加线调整形状至图 12.314 所示。

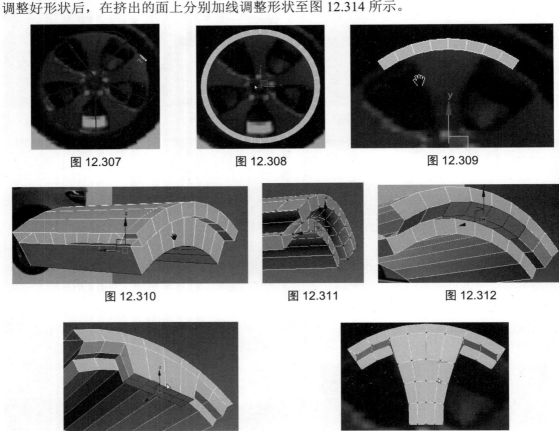

图 12.307   图 12.308   图 12.309

图 12.310   图 12.311   图 12.312

图 12.313   图 12.314

 注意

在图 12.315 所示的位置加线。其原因是，挤出的面和背部的面是独立的，如果此时细分的话，会出现过大的缝隙问题，所以此处加线，是为了删除背部重叠在一起的面，然后用焊

接工具将相邻的点焊接调整，如图 12.316 所示。

图 12.315

图 12.316

在调整时可以先删除一半模型，调整好后再通过"对称"的方法对称出来，将其塌陷为可编辑的多边形物体后，删除背部看不到的面(为了节省面数)，如图 12.317 和图 12.318 所示。

在图 12.319 所示的位置创建一个多边形圆柱体作为参考物体，参考多边形中顶点的位置调整轮毂中点的位置，如图 12.320 所示。

调整好后，继续向下挤出面，然后删除多边形物体，如图 12.321 所示。将左侧的面挤出并调整，如图 12.322 所示。

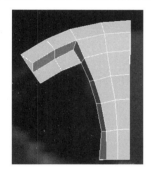

图 12.317

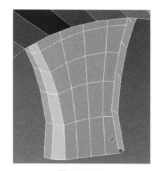

图 12.318

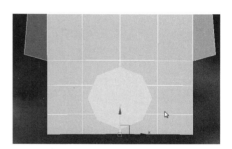

图 12.319

图 12.320

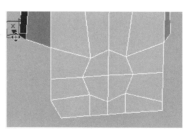

图 12.321

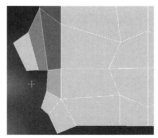

图 12.322

继续创建一个多边形圆柱体作为参考物体进行调整，如图 12.323 所示。调整后的效果如图 12.324 所示。

在修改器下拉列表中选择"对称"修改器对称出另一半模型后将其塌陷，如图 12.325 所示。然后选择调整好的多边形面向内倒角挤出，如图 12.326 所示。

图 12.323

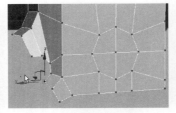
图 12.324

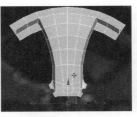
图 12.325

图 12.326

step 07 切换到旋转工具,按住 Shift 键旋转 72° 复制,复制后中间的部分面重叠在了一起,如图 12.327 所示。所以此时需要根据复制的模型和原有的模型作为参考,调整重叠在一起的面的大小及形状,如图 12.328 所示。

为了使调整效果更加精确,同样可以创建圆柱体作为参考物体来调整,如图 12.329 所示方框中的部分。图 12.329 所示圆圈内的部分暂时不用考虑,后面可以用更加快捷的方法来调整。调整后对称出另一半模型,效果如图 12.330 所示。

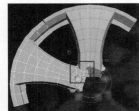

图 12.327

图 12.328

图 12.329

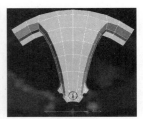
图 12.330

step 08 将该模型塌陷为可编辑的多边形物体,单击“工具”|“阵列”工具,阵列复制出剩余的部分,参数和效果如图 12.331 和图 12.332 所示。

单击“附加”工具将所有模型附加在一起,将所有边缘对应的点焊接起来,如图 12.333 所示。焊接时可以选择图 12.334 中要焊接的点,单击“焊接”后方的小方框按钮,在弹出的参数中调整焊接的距离值即可(焊接值不能太大也不能太小)。

焊接调整后对于一些不规则的洞口重新创建圆柱体作为参考物体并逐个调整,当然也可以使用“石墨建模”工具|“建模”|“循环”|“循环”工具,单击“呈圆形”按钮快速将不规则的线段设置为正圆形,如图 12.335 和图 12.336 所示。

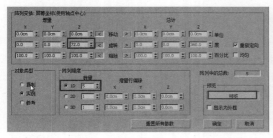
图 12.331

图 12.332

图 12.333

图 12.334

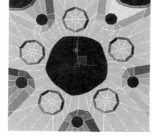
图 12.335

图 12.336

step 09　选择洞口的边界线，按住 Shift 键向内侧挤出面并调整，如图 12.337 所示。然后分别选择轮毂上边缘的线段做切角处理，如图 12.338 所示。

用同样的方法将图 12.339 所示相同位置的线段也做切角处理，最后的细分效果如图 12.340 所示。

step 10　制作刹车盘和刹车片模型，效果如图 12.341 所示。刹车盘的结构如图 12.342 所示。

step 11　制作轮胎。在轮毂外侧创建一个如图 12.343 所示的管状体并将其转换为可编辑的多边形物体，然后分别加线并调整形状，使中间偏厚、两边稍微薄一些，如图 12.344 所示。

图 12.337　　　　　　图 12.338　　　　　　图 12.339　　　　　　图 12.340

图 12.341　　　　　　图 12.342　　　　　　图 12.343　　　　　　图 12.344

删除内侧所有的面并向内挤出面进行调整(如图 12.345 所示)，细分后的效果如图 12.346 所示。

step 12　在轮胎表面创建一个长方体模型，如图 12.347 所示，将其转换为可编辑的多边形物体，加线调整至图 12.348 所示的形状。

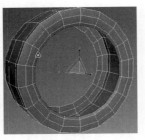
图 12.345

图 12.346

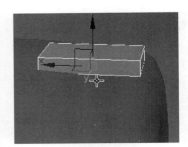
图 12.347

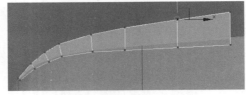
图 12.348

在修改器下拉列表中选择"FFD2×2×2"修改器，选择控制点并调整形状至图 12.349 所示。然后将模型塌陷，再创建出另一个花纹模型，如图 12.350 所示。

加线挤出面调整至图 12.351 所示，用同样的方法将另一个花纹模型也做面的挤出调整，如图 12.352 所示。

调整后的效果如图 12.353 所示。将这两个物体镜像复制调整到另一侧，如图 12.354 所示。

step 13 在轮胎中央位置创建并复制出如图 12.355 所示的管状体，然后将两侧的纹路模型附加在一起，如图 12.356 所示。

图 12.349

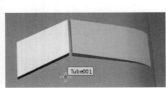
图 12.350

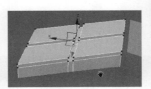
图 12.351

图 12.352

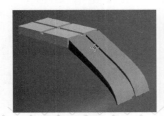
图 12.353

图 12.354

图 12.355

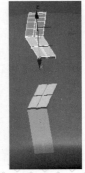
图 12.356

选择纹路模型，单击"工具" | "阵列"工具阵列复制出剩余的纹路模型，参数和效果如图 12.357 所示。单击"附加"按钮，将所有的纹路模型附加起来，如图 12.358 所示。

step 14 复制调整出剩余的轮胎模型，整体效果如图 12.359 所示。

至此，所有外部大的结构全部制作完毕。

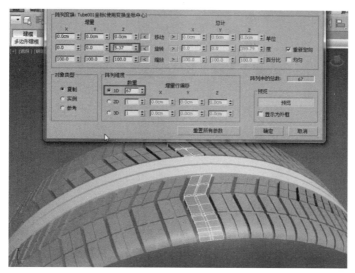

图 12.357

图 12.358

图 12.359

12.15　其他部位的制作及调整

其他部位的模型制作不是本章的重点，这里只简单地说明一下。

step 01 后挡风玻璃的边缘部分和前挡风玻璃一样，需要单独创建出一圈的模型以便于后期的材质设定，如图 12.360 所示。

step 02 创建出汽车的内饰部分，如图 12.361 所示。

step 03 创建出雨刷器模型，如图 12.362 所示。

step 04 创建出尾部的车标及标识物体，如图 12.363 所示。

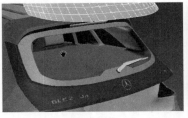

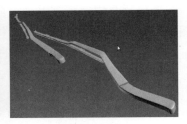

图 12.360 图 12.361 图 12.362

step 05 车灯内部结构，如图 12.364 和图 12.365 所示。

这些结构都比较复杂，如果要单独讲解的话，非常占用资源和时间。总体上制作方法大致相同，都是利用多边形建模方法进行制作。

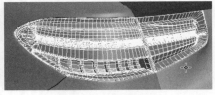

图 12.363 图 12.364 图 12.365

step 06 创建出内部的方向盘和座椅部分，如图 12.366 和图 12.367 所示。

最终的模型效果如图 12.368 所示。

图 12.366 图 12.367 图 12.368

12.16　材质设置及渲染

本实例中其他类似金属、车胎等材质前面几章已经介绍得很详细了，这里不再赘述。下面着重介绍 VRay 车漆材质。

VRay 车漆材质(VRayCarpaintMtl)可以用来模拟金属车漆。这个材质由三个材质层混合而成，分别为基础层、雪花层和镀膜层。VRay 车漆材质的参数面板如图 12.369 所示。

其实 VRay 车漆材质看似参数比较多，但是系统已经把需要设置的参数基本上调整好了。也就是说，默认的参数基本上就能达到一个比较理想的效果。

1. 基础层参数

● 基础颜色：基础层的漫反射颜色。用于调整车主体颜色。
● 基础反射：基础层的反射率。

图 12.369

- 基础光泽度：基础层的反射光泽度，和 VRay 下的反射光泽度相同。
- 基础跟踪反射：控制是否开启全局照明。当关闭时，基础层仅产生镜面高光而没有反射光泽度。

2. 雪花层参数

雪花层是用来表现车漆中一些小的类似雪花状的金属颜色。

- 雪花颜色：用于调整雪花的颜色。
- 雪花光泽度：该数值设置到 0.9 以上，会产生不真实感。
- 雪花方向：控制雪花与建模物体表面法线的相对方向。当数值为 0 时，所有雪花将完全与建模表面一致；当数值为 1 时，所有雪花将与建模表面完全不一致，且随机发生旋转。该数值设置到 0.5 以上，会产生不真实感。
- 雪花密度：控制雪花的密度。值越低，雪花数越少；反之，雪花数量越高。
- 雪花比例：雪花结构的整体比例。该数值是在密度和大小基础之上起作用的，值越低，密度越大，尺寸越小。反之，密度越小，尺寸越大。
- 雪花大小：控制雪花的大小。值越低，雪花越小；反之，雪花越大。需要注意的是，该数值不影响薄片的密度。
- 雪花种子：产生雪花的随机种子数量。令雪花结构产生不同的随机分布。
- 雪花过滤：决定以何种方式对雪花薄片进行过滤(影响抗锯齿效果)。对于以尽可能少的工作量来获得清晰的图像，滤镜起到极其重要的作用。雪花过滤两个选项，简单和方向型。
  - ◆ 简单：这种方法快速且占用内存小，但结果不准确。该方法没有使用滤镜和抗锯齿，会产生非常多的噪点。
  - ◆ 方向型：这种方法稍慢且占用内存较多，但结果更准确。
- 雪花贴图大小、雪花贴图类型、雪花贴图通道：主要用来控制以贴图的形式替代雪花的效果。很少用，这里不作详细讲解。
- 雪花跟踪反射：当关闭时，仅产生镜面高光，而没有真实的反射。

3. 镀膜层参数

镀膜层像是在车漆表面镀了一层膜，有些汽车看起来光泽度非常好，就是因为镀膜的结果。

- 镀膜颜色：镀膜层的基本颜色。
- 镀膜强度：镀膜层的反射强度。
- 镀膜光泽度：镀膜层的光泽度。

这几个参数很简单，但是也会对渲染的效果产生直接影响。

除了这三层参数外，还有一些选项参数和贴图通道参数，主要用以控制整体的运算效果。一般情况下保持默认即可。

了解车漆的参数后，我们来看一下本实例中的参数数值。

本实例的车漆材质参数设置如图 12.370 所示。主要更改了挤出层颜色、基础反射值、雪花颜色、雪花光泽度、雪花密度、雪花大小(默认的雪花有点大，可调小一些)、镀膜强度等。

本实例还应用了一些 VRay 标准材质调整金属材质、轮胎材质、车灯材质和玻璃材质的方法，这些材质调整比较简单，这里不再详细说明，有兴趣的用户可以打开最终的渲染文件应进行学习。

渲染出图的参数设置如图 12.371 和图 12.372 所示。

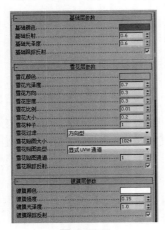

图 12.370

图 12.371

图 12.372

 注意

在"环境"卷展栏中的"反射/折射环境"可以使用 HDRI 贴图的方式来模拟反射环境，设置如图 12.373 所示。

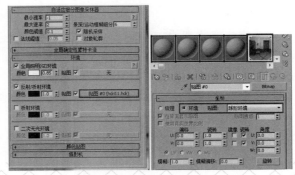

图 12.373

另外在渲染时，模型中的三盏灯默认都是开启"影响反射"的，如果觉得开启该参数会造成局部过亮的话，可以考虑将其关闭。如图 12.374 和图 12.375 所示为三盏灯开启和关闭时，"影响反射"的不同渲染效果。

图 12.374

图 12.375

此外，在调整好一个渲染角度后，可以匹配一台摄像机，然后将摄像机的角度适当旋转进行调整，如图 12.376 所示。这样渲染出来的图像会更加具有艺术感。

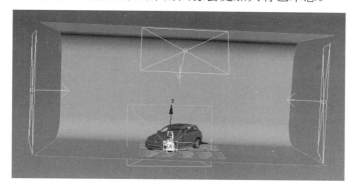

图 12.376

全部设置完毕，将渲染尺寸设置为所需要的大小之后渲染即可。最终效果如图 12.377 和图 12.378 所示。

图 12.377

图 12.378

本 章 小 结

本章中模型的制作基本上是采用面片多边形建模方法完成的，说起来简单，但实际制作起来还是比较有难度的。特别是一些边棱边角地方的细节要把握好，还有一些光滑硬边的处

理也是一个要特别注意的地方。除此之外，本章中模型的难点在车头和车尾拐角位置的制作，因为其涉及不同轴向上的形状控制，缺乏经验的制作者一般会在这一部分遇到不知道怎样下手调节的问题。可以很明确地告诉大家，不能完全把希望寄托在参考图上，因为在制作时参考图的细节等根本不可能都看清楚，所以最重要的还是要凭感觉。

在渲染和材质设置时，依靠 VRay 提供的内部材质进行调节即可，重点学习掌握车漆材质的使用。